·四川大学精品立项教材·

软件体系架构
原理与应用

RUANJIAN TIXI JIAGOU YUANLI YU
YINGYONG

余　谅　编著

四川大学出版社

项目策划：毕　潜
责任编辑：毕　潜
责任校对：杨　果
封面设计：墨创文化
责任印制：王　炜

图书在版编目（CIP）数据

软件体系架构原理与应用 / 余谅编著． — 成都：
四川大学出版社，2020.5
ISBN 978-7-5614-7823-3

Ⅰ．①软… Ⅱ．①余… Ⅲ．①软件－系统结构 Ⅳ.
① TP311.5

中国版本图书馆 CIP 数据核字（2020）第 065607 号

书名　软件体系架构原理与应用

编　　著	余　谅
出　　版	四川大学出版社
地　　址	成都市一环路南一段 24 号（610065）
发　　行	四川大学出版社
书　　号	ISBN 978-7-5614-7823-3
印前制作	四川胜翔数码印务设计有限公司
印　　刷	郫县犀浦印刷厂
成品尺寸	185mm×260mm
印　　张	17.25
字　　数	442 千字
版　　次	2020 年 6 月第 1 版
印　　次	2020 年 6 月第 1 次印刷
定　　价	69.00 元

版权所有 ◆ 侵权必究

◆ 读者邮购本书，请与本社发行科联系。
　电话：(028)85408408/(028)85401670/
　(028)86408023　邮政编码：610065
◆ 本社图书如有印装质量问题，请寄回出版社调换。
◆ 网址：http://press.scu.edu.cn

四川大学出版社
微信公众号

前　言

随着软件工程的迅速发展，软件体系架构逐渐成长起来，成为计算机科学的一个重要学科分支，在软件系统开发中占有越来越重要的地位，是当今业界和学术界的研究热点。目前，大型软件开发项目都会在建立一个软件体系架构的基础上进行。

当我们第一次进行软件项目架构设计并想成为一名合格的软件架构师的时候，总是希望能够借助一些软件架构手册来更好地进行软件体系架构的设计。遗憾的是，现在很少有指导性的书籍来帮助架构师做好他们的工作。

软件技术发展迅速，很多书籍的内容在几年之后就过时了。不可否认的是，无论是J2EE、CORBA、.NET，还是Web服务、面向对象、通用软件体系架构，都有大量关于这些技术介绍的书籍，但是这些书籍中的内容的主要目标在于制定适用于各种系统的原则，因此都是采用相当一般的术语编写的，而本书则针对以下内容编写：

（1）如何理解软件体系架构，为什么架构师的角色对于项目的成功交付至关重要。

（2）如何确定哪些利益相关者对软件体系架构感兴趣，了解对于他们来说最重要和最关心的问题，并设计一个软件体系架构能反映和平衡他们的不同需求。

（3）如何专注于软件体系架构上最重要的部分，既安全地设计软件体系架构，又不忽略性能、弹性和位置等问题。

（4）作为架构师最需要进行的重要活动有哪些，例如识别和吸引利益相关者、使用场景、创建模型，以及记录和验证软件体系架构。

软件架构师是软件架构的设计者，要想成为一名优秀的架构师，首要的任务就是理解和掌握好软件架构的基础理论和知识。在过去的二十多年时间里，一些语言被设计出来用于描述软件架构，促进以架构为中心的应用程序的发展。这些语言提供了描述和分析软件系统的正式或半正式符号，通常附带设计用于分析、模拟，有时还为建模系统生成代码的工具。软件体系架构在复杂分布式系统的开发中做出了重要的贡献。一方面，它们能够管理系统中的抽象级别和表达级别；另一方面，它们能够考虑系统的结构和行为的建模。目前，在任何复杂软件系统的设计和开发中，一个被广泛接受的关键问题是其架构，即构成它的架构元素的组织。良好的软件体系架构可以促进系统关键特性（如可靠性、可移植性、互操作性等）的产生，而糟糕的架构会对系统造成灾难性的后果。

如今，新的工程应用程序，特别是那些致力于设计和开发面向对象、基于组件、面向服务、面向代理和基于模型的分布式信息系统的应用程序，已经开始强调与之相关的可操作架构元素和结构的演化性质。这种系统的可持续性、适应性和可扩展性已成为一个非常重要的经济问题。事实上，这些系统在开发和更新过程中时常需要花费几年的时间，对于这些系统来说，允许后续的生存和发展，特别是响应软件架构制造商、应用程序构建者和最终用户不断变化的需求，是非常必要的。软件体系架构对于复杂系统的内在需求提供了良好的响应，例如：

（1）在不同环境和上下文中使用和重用这些系统的需求，为此，必须能够适应、进化和再造，这样既可以满足其特定的需求（如分布式基础设施、有限的资源和不同的观点在不同的功能中的组成），又可以满足新的技术要求（如组件、服务架构视图等）。

（2）通过将这些系统设计为可重用和可重用架构元素（对象、组件、服务和代理）的组合来降低开发和维护成本的需求，可以从现有系统中识别和提取这些架构元素，以便在将来的开发中重用。

（3）以最小的成本快速更新这些系统的需求，在这种情况下，有必要自动化转换过程，并促进这些活动的重用。

（4）需要控制这些系统的复杂性，同时用高层次的抽象来处理它们。

鉴于此，出现了许多基于组件和服务的架构（SOA）、面向代理的架构和基于模型的架构。无论在何种情况下，都必须提高架构的质量和生产力，并满足软件开发的工业化需求。

本书共 10 章。第 1~3 章介绍了软件体系架构的基本问题，即基本概念、基本认识以及要成为软件架构师应具有的基本技能；第 4~7 章介绍了软件体系架构的基本原理，即软件体系架构的质量、模型、设计和文档化；第 8~10 章讨论了软件体系架构的几个难题，包括软件体系架构的分析、文档化和评估。在附录中通过实例来引导学生，将书中所学内容应用于实践，起到理论与实践相结合的作用。

本书是四川大学教材建设和选用审核委员会专家评审批准的精品立项教材，适合不同层次的读者阅读，包括计算机和软件专业大学教师，本科、硕士以及博士学生，软件架构师、设计师，项目经理、项目所有者，软件工程师、软件开发人员和用户。

由于软件体系架构理论抽象，加之作者水平有限，时间较紧，书中难免存在不足之处，恳请读者多多包涵并提出宝贵意见。

编　者

2020 年 5 月

目　录

第1章　软件体系架构概述

第1章作为本书的引入部分，我们主要从什么是软件体系架构（简称软件架构）、软件架构的作用、软件架构的意义、软件架构的基本概念、软件架构的研究现状和发展意义等方面进行介绍。本章是本书内容的一个简要概括，很多内容我们将会在后面的章节中进行更加详细的介绍。

1.1　软件架构的产生

软件架构的产生源于优秀的软件架构师。数年来，软件设计者对系统的软件架构设计完全按照系统的需求来进行，因此就产生了需求—设计—系统这一完整流程。随着软件系统的发展，开发者认识到这种设计模式的缺陷，因此又提出了反馈机制。但是，这并没有改变设计源于需求这个一般性的假设。软件架构设计源于需求这个观点是否正确呢？显然，这个观念是错误的，在形成软件架构的过程中，还有许多其他的因素，如构建系统的环境、技术等。总体来说，软件架构是技术、商业、社会等诸多因素共同作用的结果，而这种软件架构反过来又影响技术、商业、社会以及未来的软件架构。

什么是软件架构？软件架构的生命周期是什么？是否伴随着软件系统生命周期的结束而终结？为什么软件架构很重要？软件架构的意义有哪些？这些问题我们将在之后的内容中一一进行说明。

软件架构是软件系统的核心，其对软件开发整个生命周期的影响都是深远的，并随着软件系统生命周期的结束而终结。同样的，软件架构对从事软件开发的组织也将产生深远的影响。软件架构及其开发组织者是相互影响，相互帮助，共同发展。

1.2　什么是软件架构

1.2.1　什么是架构

随着软件系统规模和复杂性的增加，对软件系统的整体结构（数据和控制的逻辑）进行分析和描述成为大型系统开发中一个不可缺少的重要部分。显然，使用流程图是无法达到这个目标的，我们必须使用新的方法和概念来对系统的整体结构进行把握。

架构，包括一组部件以及部件之间的联系。1964年，G. Amdahl首次提出架构这个概念，人们对计算机系统开始有了统一而清晰的认识，为此后计算机系统的设计与开发奠定了良好的基础。近几十年来，架构学科得到了长足的发展，其内涵和外延得到了极大的丰富。特别是网络计算技术的发展，使得网络计算架构成为当今一种主要的计算模式结构。

架构与系统软件、应用软件、程序设计语言的紧密结合与相互作用也使今天的计算机与以往有很大的不同，并触发了大量的前沿技术、相关产品开发与基础研究课题。例如，在计算机网络技术中，网络的架构是指通信系统的总体设计，其目的是为网络的硬件、软件、协议、访问控制和拓扑提供标准。现在它被广泛地用作开放式系统互联（Open System Interconnect，OSI）的参考模型。开放式系统互联在物理层、数据链路层、网络层、传输层、对话层、表示层和应用层七个层次上描述了网络结构。

1.2.2 软件架构的定义

通过网络搜索、查阅相关书籍和文献，我们可以发现存在很多软件架构的定义。

定义 1 IEEE 610.12—1990 软件工程标准词汇中的定义

软件架构是以构件（component）、构件之间的关系、构件与环境之间的关系为内容的某一系统的基本组织以及指导上述内容设计与演化的原理。

定义 2 Perry&Wolf 的定义

Perry 和 Wolf 提出：软件架构是具有一定形式的结构化元素，包括处理元素、数据元素和连接元素。处理元素负责对数据进行加工，数据元素是被加工的信息，连接元素把软件架构的不同部分组合连接起来。软件架构形式由专有特性和关系组成。专有特性用于限制软件架构元素的选择，关系用于限制软件架构元素组合的拓扑结构。

定义 3 Boehm 的定义

Barry Boehm 提出，软件架构包括：系统构件，互联及约束的集合；系统需求说明的集合；一个基本原理用以说明这一构件，互联和约束能够满足系统需求。

定义 4 Len Bass，Paul Clements，Rick Kazman 的定义

Len Bass，Paul Clements，Rick Kazman 提出：系统的软件架构是系统进行推理所需的一组结构，其中包括软件元素、它们之间的关系以及两者的属性。

通常情况下，软件架构决策都需要在早期做出，但并不是所有的决策都是在敏捷或螺旋式的项目开发过程中做出的。我们通常很难做出一个决定，并且去判断它是否重要，只有时间能够证明我们做出的决定是否是重要的。由于软件架构师最重要的职责之一是记录软件架构，因此，我们就需要知道软件架构包含哪些决策。另外，结构在软件中很容易识别，并且它们还构成了系统设计的强大工具。基于上述理由，我们采用定义 4 作为本书软件架构的定义。

1.2.3 软件架构在软件生命周期中的位置

软件架构在软件系统开发中扮演了一个重要角色，大部分软件架构设计工作都在需求分析和设计实现初始阶段。图 1—1 阐述了软件架构在迭代模型生命周期中的位置。在这个生命周期中，软件架构设计理论上跟在收集需求和分析之后，并且也有一个从软件架构到需求分析的迭代返回。

周期演化是一个迭代生命周期模型，而且第一个迭代开发可以被用来开发系统的关键软件架构元素。在这次迭代末，关键子系统、通信基础设施、扩展库和其他包，以及系统启动和关闭机制应该部署好。此外，静态结构，比如目录结构、回归测试基础，以及配置管理也应该部署好。在随后的迭代中，功能将添加以充实这个"骨架"。在这个特定生命

周期模型中，每次迭代会添加一部分预先计划好的关于特性和功能的集合，这样便于开发团队和用户来评估以进行下一次迭代计划。图中虽然没有显示软件架构元素，但是软件架构元素可能也会被改变，这会使得费用随着迭代次数的增加而递增。

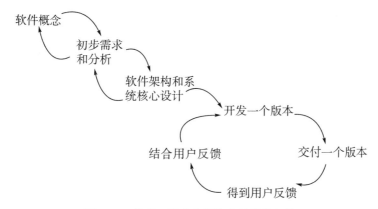

图1-1　软件开发生命周期中的软件架构

1.2.4　软件架构在软件业务中扮演的角色

软件系统的目的和它要完成的具体需求不可避免地要和组织性开发系统的目标和期望相联系。一个软件系统的动机、形式和结构都是系统成功的关键，也是组织性开发系统的关键。这将软件架构牢牢地安置在了开发软件系统的机构的软件业务场景中。

软件开发业务是一个协调不同的利益相关者（客户、用户、设计人员、开发人员、管理人员、投资者等）的过程。软件架构与它所完成的功能一样，定位于需要什么（软件需求）和如何处理那些需求（软件设计）的接触面上，它可以提供不同利益相关者之间的通信媒介。

一个系统的软件架构视图可以用来说服投资者确信系统的长期相关性和生存能力。软件架构设计可以用来向用户阐述系统能够以满足用户的方式来完成它的任务。用户可以根据它的软件架构来增加对系统的交互了解。

软件架构具有一个关键作用，就是促进商业环境的沟通，这是由软件架构师来完成的。因此，软件架构师与软件开发企业中的所有关键利益相关者都享有一个广泛的专业关系。

图1-2是一个视频处理系统的软件架构，通过此系统的软件架构图可以加深对软件架构的理解。

在这个系统中，质量属性会变得很重要，包括响应时间（用户通常不想为一个网页等待超过2秒）、可扩展性（添加新处理模块后，系统可能需要许多处理器来支持传输）和可用性（因为它是一个网站，人们期望它可以一直工作）。

视频处理系统有实时要求，因为视频是实时地通过拍摄接口而来的。每个处理流水线的后续阶段包括缩放、识别和压缩，对视频数据的每一帧执行一个独立的处理步骤。在图1-2中，类似时钟的小图标表示一个有实时要求的构件。在系统实现中，某些专门调度的构件需要保证系统传输效率没有下降。

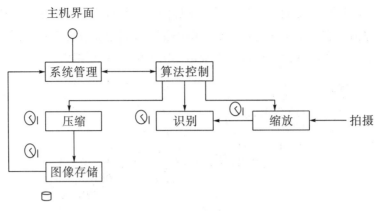

图1-2 一个视频处理系统的软件架构

在这个系统中，质量属性很有可能与性能相挂钩，也就是说，系统必须能够处理在指定速率下接收所有帧。可扩展性也很重要，因为需要考虑在以后可能会使用更好的处理算法，所以它必须相对容易地添加新处理模块。

1.3 敏捷软件架构

传统瀑布式开发的特征在于其由一系列有明确的开始和结束时间的阶段构成，每个阶段包含确定的活动集。所有阶段串接在一起，每个阶段严重依赖于前一个阶段的交付产出。软件架构工作通常在软件需求确定后开始启动，因为在此时，关于系统应做什么，已经确定好了。下一步是审查负责软件架构的人以及当前阶段的实际输出结果。

传统瀑布式软件架构的性质是一次性活动，活动有明确的起止时间，而敏捷软件架构是一个持续不断的过程，也许没有终点。敏捷软件架构是具备可持续概念的软件架构，系统支持在项目复杂度不断增加的同时，以渐进式的、简单的和可维护的方法进行扩展。敏捷软件架构使我们可以对架构设计实施更改，如果需要的话，可以定期实施。Scrum是迭代式增量软件开发过程，通常用于敏捷软件开发。Scrum包括了一系列实践和预定义角色的过程骨架。Scrum中的主要角色有同项目经理类似的Scrum主管角色，其负责维护过程和任务，产品负责人代表利益所有者，开发团队包括了所有开发人员。虽然Scrum是为管理软件开发项目而开发的，它同样可以用于运行软件维护团队，或者作为计划管理方法。

在Scrum里，迭代被称为Sprint，如图1-3所示，一个典型的Sprint的周期为2~4个星期。周期窗口如此小，所以能对提出的任何改变做快速讨论。此外，Scrum非常关注团队的协作，团队成员之间存在的任何问题应立即解决，以防止出现误解及沟通不畅的情况。

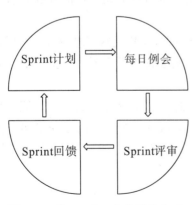

图1-3 Scrum中一个典型的Sprint

软件架构设计作为系统的骨干支柱，对变化非常敏感。比如，在项目中期，你觉得你能更改项目使用的平台或编程语言吗？这样的更改需要通过多轮的迭代才能完成，这种改变甚至能把你重新拉回到项目的启动阶段。当涉及软件架构设计时，有些类型的变化就比较困难，需要较多的执行时间。

软件架构定义了未来系统的骨架，它不只是由点、线组成的图画，而是一系列管理支配着系统开发的完整决策，包括代码本身。软件架构设计师应细致地考虑每一个做出的决策，每一个决策都是一种权衡折中。敏捷理念要求对变化持开放心态，甚至是来自项目晚期的变化，而传统的瀑布式模型希望需求比较稳定。敏捷软件架构要求综合全面地看待宏图远景和"现在"，构建出一个每个人都能在上面添砖加瓦的可持续的平台。

1.4　软件架构的作用

目前，软件架构尚处在迅速发展之中，越来越多的研究人员正在把注意力投向软件架构的研究。用于对软件架构进行规格描述的模型、标记法和工具仍很不正规，许多项目都是在回顾时才发现问题出在结构上，因结构局限性付出太大的代价。软件架构的作用主要体现在以下几方面：

（1）软件架构与需求是密切相关的。明确的需求可以制定明确的软件规格，根据明确的规格设计出来的软件架构更清晰。需求的变更也是必须要考虑的，明确的变更趋势也可以更早地在设计中体现出来。

（2）在定制软件规格的阶段要考虑一个问题，就是这个项目中的关键技术，应验证这些技术是否可行，如果稳定可靠才能采用，这样制定的规格才能符合实际。这个工作应作为结构设计上的重要参考。

（3）如果有明确的需求和规格，应进行详细的结构设计，从用例图到类图，再到关键部分的序列图、活动图等，越详细越好。多与别人交流，尽量让更多的人了解你的设计，为设计提出建议。结构设计应注重体系的灵活性，一定要考虑各种变更的可能性。这是最关键的阶段，但这通常是理想状态，一般来说，客户不会给出太明确的需求。例如，如果需要写出一个原型，首先应该写出界面，不实现具体功能，让用户试用。如果没有用户界面，试写一个能工作的最小系统，同样给用户试用。这样你和用户才能对这个软件有感性认识。然后与用户讨论，记录用户的反馈。这是一个不断循环的过程。因此，开发人员必须对这个体系有深入的了解，了解它的内部结构和如何扩展，记录遇到的问题。测试人员可针对这个体系设计测试程序，如可能的性能缺陷等。在测试时期，记录软件架构导致的问题以便借鉴。

（4）软件架构层的软件重用。最有效的软件重用是在软件架构层的重用。软件架构层的重用是指将软件的框架组织、全局结构等作为一个整体加以重用。与软件逻辑结构相比，软件架构更着重于系统与各子系统、各子系统之间的相互关系而非数据结构和算法。应用生成器和可重用软件架构均是重用系统设计，但应用生成器一般只适用于特定应用领域，隐含重用架构的信息，而可重用软件架构则通常是显式重用软件架构，并可以通过集成其他架构建立新的更高层次的软件架构。软件架构的抽象直接来源于应用领域，可以用领域语言描述。从领域语言描述到实现可以全部通过自动映射来实现，开发者可通过选择特定的软件架构来适应不同应用的需求。软件架构层的重用吸取了其他软件可重用对象的优点，是目前最理想的可重用软件对象。建立一个完备的软件架构库，以及用于支持管理软件架构的软件开发环境，形成一种新的基于软件重用的软件开发基准，将对今后的软件开发产生重要的影响。

1.5 软件架构的意义

（1）能够保证概念的完整性和系统的质量。软件架构能够在变更中保持概念的完整性和系统的质量，它保证了系统所要求的所有功能和质量属性，满足了客户的需求，融合了技术的更新。同时也延长了系统的寿命，使系统更容易进化，增加了系统的弹性以及应变能力。

（2）控制了系统实现的复杂性，排除了分解到构件的复杂度，并且隐藏了软件实施的细节，封装性更好，同时也满足了不同的专业技术人员的需求。

（3）使系统实现了可预见性，主要包括过程可预见性和行为可预见性。允许用户收集度量指标、开发成本度量指标以及进度的度量指标，同时也迭代排除了关键风险。

（4）使系统具有可测试性。构件化的系统具有更好的支持能力，更容易诊断错误，有更好的跟踪能力和发现错误的能力。

（5）使系统的重用性更好。软件架构定义了替换规则，构件的接口定义了物理边界，同时软件架构使得各种粒度的重用成为可能。

（6）丰富了沟通的方式和渠道。软件架构支持利益相关者之间的沟通，不同的视图定位了不同利益相关者的关注点。

1.6 软件架构的基本概念

虽然非正式术语在引入概念方面起着作用，但结果的不确定性可能会阻碍更深入的理解。因此，本节的目的是定义软件架构领域的关键术语和思想，为本书其余部分的讨论奠定基础。以结构为中心的设计的关键要素及其相互关系，开发软件系统软件架构的基本技术和流程，以及利益相关者及其在基于软件架构的软件开发中的作用，都通过简单的例子进行了介绍和说明。

下面介绍该领域的关键术语，探讨软件架构本身以及与之相关的几个概念，例如软件架构退化，探讨软件架构的主要组成元素，包括结构、构件和连接件（connector，也叫连接器）。

1.6.1 结构

在前面部分我们介绍了什么是软件架构，下面我们来了解一下什么是结构。

结构是由一系列的元素和它们之间的关系组成的，而软件系统就是由许多这样的结构组成的。一个单独的结构不能被称为是一个软件架构，毕竟软件架构是一系列结构的集合。那么也可以这么理解，一个软件系统对应一个软件架构，而一个软件架构对应的是软件结构的集合。以下三类结构在对软件架构的设计、记录和分析中起到了重要的作用。

第一类结构：把系统按照功能分为不同的实现单元，我们把这些实现单元称为"模块"（module）。模块有各自的任务，并被分配给不同的任务团队去实现。同时，对于那些比较复杂的模块，还可以继续进行划分，在模块内部产生划分结构，比如类图、层等，并分配给子团队去实现。

第二类结构：这类结构是动态的，更多地关注于元素在交互过程中产生的系统功能，我们把这样的结构称为"构件—联系结构 C&C"，术语构件理解为一个实体。

第三类结构：描述了软件结构和系统之间的映射，比如模块和系统硬件方面的映射，这些映射通常也被称为是分配结构。

1.6.2 构件

软件架构的决策包含丰富的相互作用和许多不同元素的组合，这些要素解决了关键系统问题，包括：

- 处理，也可以称为功能或行为。
- 状态，也可以称为信息或数据。
- 交互，也可以称为互连、通信、协调或调解。

封装系统软件架构中的处理和数据的元素称为软件构件。

定义：软件构件是一种软件架构实体，它封装系统功能或数据的子集，通过显式定义的接口限制对该子集的访问，以及明确定义其所需执行上下文的依赖性。

换句话说，软件构件是系统中的计算和状态的轨迹。构件可以像单个操作一样简单，也可以像整个系统一样复杂，具体取决于软件架构、设计者所采用的视角以及给定系统的需求。任何构件的关键方面是它可以被用户"看到"，无论是人类还是软件，但只能从外部看到，并且只能通过它（或者更确切地说，它的开发者）选择公开的界面，否则它会显示为"黑匣子"。因此，软件构件是封装、抽象和模块化的软件工程原理的实施，这对构件的可组合性、可重用性有许多积极的影响。

软件构件的另一个关键方面是可以跨应用程序使用和重用，是对构件所依赖的执行上下文以及它所依赖的执行上下文的明确处理。构件捕获的上下文的范围包括：

- 构件所需的接口，即系统中其他构件提供的服务接口，该构件依赖于执行其操作的能力。
- 构件所依赖的特定资源（如数据文件或目录）的可用性。
- 所需的系统软件，如编程语言运行时的环境、中间件平台、操作系统、网络协议和设备驱动程序等。
- 执行构件所需的硬件配置。

构件通常针对特定应用程序的处理和数据捕获需求，也就是说，它被认为是特定于应用程序的。例如，货物路径系统中的车辆和仓库是特定于应用程序的构件，虽然它们可能在其他类似系统中有用，但它们是专门设计和实现的，以满足该应用程序的需要。

然而，并非总是如此。有时，构件旨在满足特定类别的应用程序或问题域中的多个应用程序的需求。例如，Web 服务器是任何基于 Web 的系统的组成部分，人们可能会下载、安装和配置现有的 Web 服务器，而不是开发自己的 Web 服务器。

另外，某些软件构件是所需的实用程序，可以在众多应用程序中重用，而不考虑特定的应用程序特征。可重用实用程序构件的常见示例是数学库和 GUI 工具包，例如 Java 的 Swing 工具包。可任意重复使用的构件的另一个示例包括常用的现成应用程序，例如文字处理器、电子表格和绘图包。虽然它们通常提供任何系统特定的需求，但软件架构师可能会选择集成它们而不是重新实现所需的确切功能。

1.6.3 连接件

构件负责处理和数据，或同时负责两者。软件系统的一个基本方面是系统构建块之间的交互。许多现代系统是由大量复杂构件构建的，分布在多个可能的移动主机上，并在很长一段时间内动态更新。在这样的系统中，确保构件之间的适当交互对于开发人员而言可能变得比单个构件的功能更加重要和具有挑战性。换句话说，系统中的交互成为主要问题，而软件连接件是负责管理构件交互的软件架构抽象。

定义：软件连接件是一种软件架构元素，其任务是实现和调节构件之间的交互。

在传统的桌面软件系统中，连接件通常表现为简单的过程调用或共享数据访问，并且在软件架构方面通常被视为短暂的或不可见的。这是盒子和线条图的象征，其中盒子（即构件）占主导地位，而连接件被降级为次要角色，因此表示为没有标识的线条。此外，这些简单的连接件通常被限制为能够实现构件对的交互。但是，随着软件系统变得越来越复杂，连接件也越来越复杂，具有各自的身份、角色和实现级代码体，以及同时为许多不同构件提供服务的能力。

连接件是软件架构中一个关键的但在很大程度上被低估的元素，在这里，我们简单地说明一些读者可能熟悉的连接件。

最简单和最广泛使用的连接件类型是过程调用。过程调用直接在编程语言中实现，它们通常在构件对之间实现数据的同步交换和控制，即调用构件（调用者）将控制线程以及调用参数形式的数据传递给被调用构件（被调用者）。在完成所请求的操作之后，被调用者将控件以及操作的任何结果返回给调用者。

另一种非常常见的连接件类型是共享数据访问。这种连接件类型以非局部变量或共享存储器的形式体现在软件系统中。这种类型的连接件允许多个软件构件通过读取和写入共享设施进行交互。交互是及时分布的，也就是说，它是异步的，编写者不需要任何时间依赖关系或对读者施加任何时间约束，反之亦然。

现代软件系统中的一类重要连接件是分配连接件。这些连接件通常封装网络库应用程序编程接口（API），以使分布式系统中的构件能够进行交互。分配连接件通常与更基本的连接件耦合，以使交互构件与系统分布细节隔离。例如，远程过程调用（RPC）连接件将分发支持与过程调用耦合在一起。

许多软件系统是由预先存在的构件构成的，这些构件可能不是为给定系统量身定制的。在这种情况下，构件可能需要帮助以彼此集成和交互。为达到此目的，需要根据它们的特性和使用它们的上下文使用适配器连接件。包装器和代码是两种常见的适配器连接件，读者可能熟悉它们。

需要注意的是，虽然构件主要提供特定于应用程序的服务，但连接件通常与应用程序无关，我们可以独立于它们服务的构件讨论过程调用、分发器、适配器等的特性。例如，"发布—订阅""异步事件通知""远程过程调用"具有相关的意义和特征，这些意义和特征在很大程度上独立于使用它们的上下文。这样的连接件可以在没有特定目的的情况下构建，然后重复使用。

1.6.4　参考软件架构

参考软件架构是指捕捉指定领域中一组系统架构精华的特殊软件架构，其目的主要是为系统架构的开发、标准化和演化提供指导。它们为不同的领域和目的而设计，对软件系统开发的影响越来越大，例如系统的生产率和质量。因此，参考软件架构对软件开发的重要性已经有了事实依据，被视为在不远的将来最有前景的学科之一。

从这一角度出发，当一组类似软件系统的设计方法上有了一定的知识和经验（可能来自过去的项目），一种沟通或者重用这些知识与经验的手段成为必要时，建立参考软件架构是很有益处的。因此，个人、研究组织、公司、联盟和其他感兴趣的团体都可能提出参考软件架构，有效的参考软件架构还应该持续对经验和知识进行更新。

参考软件架构是设计特定应用领域具体系统架构的知识架构，因此它必须处理业务规则、架构风格（能处理参考架构中的质量属性）、软件开发最佳实践（如架构决策、领域约束、法规与标准）以及支持该领域系统开发的软件要素。所有这些必须得到统一、明确、广泛理解的领域术语的支持。

有时候，"参考软件架构"和"参考模型"这两个术语可以互换使用，因为有时候构建一个参考模型是可取的，而其他时候我们的意图是构建参考软件架构。参考模型可以看作一种抽象框架，代表特定问题领域中的一组底层概念、原理和关系，独立于具体标准、技术、实现或者其他具体细节。介绍概念及其关系以及指定领域本体的概念模型可以视为一个参考模型。与软件元素（它们协同实现参考模型中定义的功能）和它们之间的数据流对应的参考模型可以视为参考软件架构。

图 1-4 展示了参考模型和参考软件架构的关系。根据一个或者多个现有参考模型和其他元素（如领域专业知识、架构风格和软件元素），可以创建一个参考软件架构。以这个参考软件架构为基础，可以创建具体的软件架构。但是，值得一提的是，创建这些软件架构不一定需要事先拥有模型。

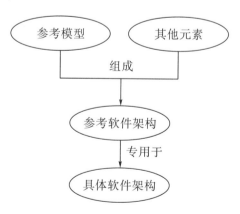

图 1-4　参考模型和参考软件架构的关系

参考软件架构本身是一个相对新颖的研究领域，重要的成就是在过去的十年中取得的，而且主要集中在最近一两年内。但是，多个领域（如航空电子、汽车、机器人和Web 系统）已经提出了参考软件架构，包含了不同用途的架构。一般来说，大部分架构都使用特殊的方法设计，用非正式的技术表示，并且在未经评估的情况下使用。

目前，参考软件架构的实用性和影响对系统开发的贡献体现在参考软件架构的设计、表示、评估和使用等方面。但是，专门针对参考软件架构演化的工作还有欠缺，在这个领域中还需要进行多项研究。这一领域的发展极其重要，因为软件系统、技术和开发方法在不断变化，如果想要不断更新，继续为软件系统的开发做出贡献，参考软件架构就必须与时俱进。

1.6.5 软件架构风格

随着软件工程师在众多应用领域内构建了许多不同的系统，他们观察到在特定情况下，某些设计选择会定期产生具有卓越性能的解决方案。与其他可能的替代方案相比，这些解决方案更优雅、有效、高效、可靠，且可扩展。

定义：软件架构风格是软件架构设计决策的命名集合，适用于给定的开发环境，约束特定于该环境中特定系统的软件架构设计决策，在每个结果系统中引出有益的品质。

软件架构设计的一个核心问题是能否使用重复的软件架构模式，即能否达到软件架构级的软件重用。也就是说，能否在不同的软件系统中使用同一个软件架构。基于这个目的，学者们开始研究和实践软件架构的风格问题。

软件架构风格是描述某一特定应用领域中系统组织方式的惯用模式。软件架构风格定义了一个系统家族，即一个软件架构定义一个词汇表和一组约束。词汇表中包含一些构件和连接件类型，而这组约束指出系统是如何将这些构件和连接件组合起来的。软件架构风格反映了该领域中众多系统所共有的结构和语义特性，并指导如何将各个模块和子系统有效地组织成一个完整的系统。按这种方式理解，软件架构风格定义了用于描述系统的术语表和一组指导构建系统的规则。

对软件架构风格的研究和实践促进了对设计的重用，一些经过实践证实的解决方案也可以可靠地用于解决新的问题。软件架构风格的不变部分使不同的系统可以共享同一个实现代码，只要系统是使用常用的、规范的方法来组织，就可使别的设计师很容易地理解系统的软件架构。例如，如果某人把系统描述为客户—服务器模式，则不必给出设计细节，相关人员立刻就会明白系统是如何组织和工作的。

软件架构风格为大粒度的软件重用提供了可能。然而，对于应用软件架构风格来说，由于视点的不同，系统设计师有很大的选择余地。要为系统选择或设计某一个软件架构风格，必须根据特定项目的具体特点，进行分析比较后再确定，软件架构风格的使用几乎完全是特定的。

1.6.6 软件架构模式

软件架构风格提供了一般的设计决策，既可以约束，也可能需要将其细化为额外的、通常更具体的设计决策，以便应用于系统。相比之下，软件架构模式提供了一组特定的设计决策，这些决策已被确定为有效组织某些类别的软件系统，或者更典型的特定的子系统。这些设计决策可以被认为是可配置的，因为它们需要使用特定于应用程序的构件和连接件进行实例化。

定义：软件架构模式是适用于重复设计问题的软件架构设计决策的命名集合，参数化以考虑出现该问题的不同软件开发环境。

从表面上看，这个定义让人联想到软件架构风格的定义，事实上，这两个概念是相似的，并不总是能够确定它们之间的清晰边界。但是，一般来说，风格和模式至少在以下三个方面有所不同：

·范围：软件架构风格适用于开发上下文（如"高度分布式系统"或"GUI 密集型"），而软件架构模式适用于特定设计问题（如"系统的状态必须以多种方式呈现"或"系统的业务逻辑必须与数据管理分开"）。问题比上下文更具体。更简洁地说，软件架构风格是战略性的，而软件架构模式是战术设计工具。

·抽象：一种软件架构风格有助于约束一个人对系统的软件架构设计决策，然而，软件架构风格需要人工解释。为了将所捕获的设计指南联系起来，以反映开发环境的一般特征以及与手头的特定系统有关的设计问题，如果风格本身过于抽象，则无法产生具体的系统设计。相比之下，模式是参数化的软件架构碎片，可以被认为是设计的具体部分。

·关系：模式可能不会"可用"，因为它们被参数化以考虑给定问题出现的不同上下文，这意味着可以将单个模式应用于根据多个样式的指南设计的系统。相反，根据单一样式的规则设计的系统可能涉及使用多种模式。

在现代分布式系统中，广泛使用的示例模式是三层系统模式。三层模式适用于分布式用户需要处理、存储和检索大量数据的许多类型的系统，例如科学（如癌症研究、天文学、地质学、天气学）、银行业务、电子商务和广泛不同领域的预订系统（如旅行、娱乐、医疗）。图 1-5 显示了此模式的非正式图形视图。

图 1-5　三层系统软件架构模式的图形视图

在此模式中，第一层（通常称为前端层或客户端层）包含访问系统服务所需的功能，通常由人类用户访问。因此，前端层将包含系统的 GUI，并且能够缓存数据并执行一些次要的本地处理。假设前端层部署在标准主机（如台式 PC）上，可能具有有限的计算和存储容量。

第二层（通常称为中间层、应用程序层或业务逻辑层）包含应用程序的主要功能。中间层负责所有重要的处理，包括来自前端层的服务请求、访问和来自后端层的数据。假设中间层将部署在一组功能强大的服务器主机上，但是，中间层主机的数量通常明显少于前端层主机的数量。

第三层（通常称为后端层或数据层）包含应用程序的数据访问和存储功能。通常，此层将托管一个功能强大的数据库，该数据库能够并行处理许多数据的访问请求。

层级之间的交互原则上遵循请求、回复模式。例如，可以设计和实现三层兼容系统，以严格遵守同步，请求触发，单请求单回复交互；可以允许多个请求导致单个回复，响应于单个请求发出多个回复，从后端层和中间层发布到前端层的定期更新；等等。

三层系统软件架构模式可用于确定特定分布式软件系统的软件架构。软件架构师需要指定的内容包括：需要哪个应用程序、特定用户界面来处理数据访问和存储设施，如何在每个层中组织它们；应该使用哪些机制来实现跨层的交互。

11

相比之下，使用软件架构风格来解决相同的问题需要系统软件架构师更多的关注，并提供较少的直接支持。事实上，三层系统软件架构模式可以被认为是两种特定的软件架构，它们根据客户端—服务器样式设计并叠加在一起：前端层是中间层的客户端，而中间层是后台的客户端，因此，中间层是客户端—服务器软件架构中的服务器。遵循客户端—服务器风格的系统有时被称为双层系统。

1.6.7　软件架构模型

定义：软件架构模型是一种工件，可捕获构成系统软件架构的部分或全部设计决策。软件架构建模是这些设计决策的具体化和记录。

软件架构模型是模型活动的结果，它构成了软件架构师职责的重要部分。一个系统可能有许多与之相关的不同模型。模型的捕获细节数量，捕获的具体软件架构视角（如结构与行为、静态与动态、整个系统与特定构件或子系统），它们使用的符号类型等，都可能不同。

定义：软件架构建模符号是捕获设计决策的语言或手段。

用于建模软件架构的符号通常被称为软件架构描述语言，可以是文本或图形等。软件架构模型用作基于软件架构的软件开发过程中大多数其他活动的基础，如分析、系统实现、部署和动态适应等。

三层系统软件架构的示例如图 1-6 所示。

1.6.8　过程

软件架构不是一个软件工程生命周期阶段，它遵循需求获取并先于低级设计和系统实现。它是软件系统开发的一个组成部分，并且不断受其影响。从这个意义上讲，软件架构有助于锚定与不同开发活动相关的过程。

如果允许发生退化，软件开发组织很可能会被迫恢复系统的软件架构。如果这种情况发生在系统生命周期的时间，则对系统的更改变得过于昂贵而无法实现，并且它们的影响难以预测，因为预期的软件架构已经过时而无法使用，有时甚至是误导。

软件架构恢复是从其实现工件确定软件系统软件架构的过程。就其本质而言，软件架构恢复过程提取了系统的描述性软件架构，该软件架构如果补充了软件架构师原始意图的陈述，原则上可用于恢复系统的规范软件架构。然而，由于原始软件架构可能不能用，并且它们的原始意图可能没有被记录下来，通常也不可能恢复系统的规范软件架构。

尽管实践中使用的软件架构恢复工具和技术的细节超出了本章的范围，但读者应该意识到恢复是一个非常耗时且复杂的过程。此外，大多数软件系统的复杂性使得评估给定实现对其声称的软件架构的遵从性的任务非常困难，这就是为什么软件架构师和工程师在系统的整个生命周期的每一步都要保持软件架构完整性的原因。一旦软件架构退化，通过比较，阻止该降级的所有后续解决方案都将更加昂贵并且更容易出错。

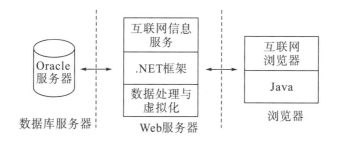

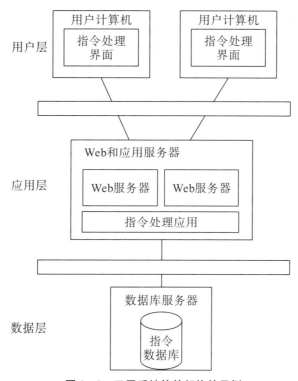

图 1-6 三层系统软件架构的示例

1.6.9 利益相关者

软件架构师是一个明显的利益相关者。软件架构师构思系统的软件架构，然后模拟、评估、原型开发并发展它。软件架构师维护系统的概念完整性，因此是系统的关键利益相关者。

软件开发人员是软件架构师产品（即软件架构）的主要消费者，他们将通过生成系统来实现软件架构中体现的主要设计决策。

从软件架构的角度来看，软件经理的角色是为软件架构师提供项目监督和支持。在一个组织中，软件架构师通常承担着系统成功的责任，而没有相应的权限。这就是为什么软件架构师和管理人员密切合作，以及管理人员进行关键的软件架构决策，并在必要时代表软件架构师施加权力的关键。因此，经理也是关键的利益相关者。

给定系统的客户——最终利益相关者的底线目标是在预算范围内按时交付满足其要求的高质量系统。项目能够实现该目标的一个重要决定因素是系统的软件架构。简而言之，一个有效的软件架构将造就一个成功的项目，而一个无效的软件架构将严重妨碍项目的成功。

1.7 软件架构的研究现状及发展方向

自 20 世纪 90 年代后期以来，对于软件架构的研究成为一个热点，广大软件工作者已经认识到软件架构研究的重大意义及其对软件系统设计开发的重要性，并就此开展了很多研究和实践工作。目前，软件架构尚处在迅速发展之中，越来越多的研究人员正在把注意力投向软件架构的研究。

1.7.1 软件架构的研究现状

软件架构一直是一个热点研究方向，目前已经有很多成熟的研究工作，下面我们来看一看软件架构的研究现状。

1. 软件架构的形式化方法研究

为支持基于软件架构的开发，需要有形式化建模符号、软件架构说明的分析与开发工具。从软件架构研究的现状来看，该领域近来已经有不少进展，其中比较有代表性的是美国卡耐基梅隆大学的 Robert J. Allen 于 1997 年提出的 Wright 系统。Wright 是一种结构描述语言，该语言基于一种形式化的、抽象的系统模型，为描述和分析软件架构和结构化方法提供了一种实用的工具。Wright 主要侧重于描述系统的软件构件和连接的结构、配置和方法。它使用显式的、独立的连接模型作为交互的方式，这使得该系统可以用逻辑谓词符号系统，而不依赖特定的系统实例来描述系统的抽象行为。该系统还可以通过组静态检查来判断系统结构规格说明的一致性和完整性。从这些特性的分析来看，Wright 系统适用于对大型系统进行描述和分析。

2. 软件架构的建模研究

软件架构研究的一个重要问题是如何表示软件架构，即如何对软件架构建模。根据建模的侧重点不同，可以将软件架构的模型分为五种，即结构模型、框架模型、动态模型、过程模型和功能模型。在这五种模型中，最常用的是结构模型和动态模型。

这五种模型各有所长。1995 年，Philippe Kruchten 在 *IEEE Software* 上发表了题为"The 4+1 View Model of Architecture"的论文，论文中提出了一个"4+1"的视图模型。"4+1"模型从五个不同的视图，即逻辑视图、过程视图、物理视图、开发视图和场景视图来描述软件架构，引起了业界的极大关注，并最终被 RUP 采纳。

3. 发展基于软件架构的软件开发模型

传统的软件开发过程可以划分为从概念直到实现的若干个阶段，包括问题定义、需求分析、软件设计、软件实现及软件测试等。如果采用传统的软件开发模型，则软件架构的建立应在需求分析之后，概要设计之前。传统软件开发模型存在开发效率不高、不能很好地支持软件重用等缺点。目前，常见的软件开发模型大致可分为以下三种类型：

- 以软件需求完全确定为前提的瀑布模型。
- 在软件开发初始阶段只能提供基本需求时采用的渐进式开发模型。
- 以形式化开发方法为基础的变换模型。

所有开发方法都是要解决需求与实现之间的差距。但是，这三种类型的软件开发模型都存在着这样或那样的缺陷，不能很好地支持基于软件架构的开发过程。因此，研究人员在发展基于软件架构的软件开发模型方面做了一定的工作。

4. 软件架构描述语言

为了提高软件工程师对软件系统的描述和理解能力，通常需要一些描述来辅助理解以完成设计工作。为了解决这个问题，用于描述和推理的形式化语言得以发展，这些语言称为软件架构描述语言（Architecture Description Language，ADL）。ADL 寻求增加软件架构设计的可理解性和重用性。

ADL 就是提供一种规范化的软件架构描述，使得软件架构可自动化分析。研究人员已经提出了若干适用于特定领域的 ADL，典型的有 C2、Wright、Aesop、Unicon、Rapide、Weaves 等。2006 年，软件架构研究的先驱者 Mary Shaw 和 Paul Clements 联合发表的综述文章 The Golden Age of Software Architecture：A Comprehensive Survey 指出，现今已进入软件架构研究与实践的繁荣时期。Mary Shaw 还指出，一个好的 ADL 的框架应具备组装性、抽象性、重用性、可分析性等特点。

5. 基于软件架构的软件开发

软件架构是对软件需求的一种抽象解决方案。在引入了软件架构的软件开发之后，应用系统的构造过程变为"问题定义→软件需求→软件架构→软件设计→软件实现"，可见软件架构更有利于软件需求与软件设计的交互。

目前，基于软件架构的软件开发已逐渐成为主流开发方法，并已经出现了基于构件的软件工程。但对软件架构的描述表示、设计和分析以及验证等内容的研究还相对不足，随着需求的复杂化及其演化，切实可行的软件架构设计规则与方法将更为重要。

6. 软件产品线软件架构

软件架构的开发是大型软件系统开发的关键环节。软件架构在软件产品线的开发中具有至关重要的作用，在这种开发生产中，基于同一个软件架构可以创建具有不同功能的多个系统。在软件产品族之间共享软件架构和一组可重用的构件，可以降低开发和维护的成本。

软件产品线是一个十分适合专业的软件开发组织的软件开发方法，可有效地提高软件生产率和质量，缩短开发时间，降低开发成本。软件架构有利于形成完整的软件产品线。

1.7.2　软件架构的发展方向

虽然软件架构的研究已经取得了很大的成果，也比较成熟了，但是软件架构的研究还在不断地发展。目前软件架构的发展方向主要体现在如下几个方面。

1. 各种 ADLs 之间的信息互换

现有的 ADLs 大多是与领域相关的，所以不利于对不同领域的软件架构进行说明。但这些针对不同领域的 ADLs 在某些方面又大同小异，造成资源的冗余。其实，大多数 ADLs 具有一系列的共同概念。如何用一种公共形式把各种语言综合起来，使得能够交换各种软件架构描述信息，将是今后软件架构研究和实践的重点之一。

2. 提供特定领域的软件架构框架

目前，开发特定的领域从而为产品提供可重用框架日益受到关注。这些开发基于这样的想法，可以提取相关系统中的共同方面，以便通过低成本把这些共同的设计实例化来构建新系统。常见的例子如下：

• 编译器的标准分解。这个方法可以使一个本科生在一个学期时间内构造一个新的语言编译系统。

• 标准化的通信协议。这个方法可以使厂家通过在不同层次的抽象上提供服务来互相操纵。

• 用户界面工具和框架。这个方法为开发者提供了一个可重用框架，以及像菜单、对话框这样的可重用构件的集合。

软件架构充当一个理解系统构件和它们之间关系的框架。这个理解对于现在系统的分析和未来系统的综合很有必要。在分析和支持下，软件架构抓住领域知识和实际的一致，促进设计的评估和构件的实施，减少仿真和构造原型。在综合的支持下，软件架构提供了建立系列产品的基础，以可预测的方式利用领域知识构造和维护模块、子系统和系统。

3. 基于软件架构的软件开发方法学

软件开发包括很多方面，通过列出软件架构在软件生命周期的核心功能，可以有效地组织软件的开发、部署、维护和评估，把一个复杂问题的求解过程分阶段进行，而且这种分解是自顶向下、逐层进行的，使得每个阶段处理的问题都控制在人们容易理解和处理的范围内。结构化方法的基本要点是自顶向下、逐步求精、模块化设计。结构化分析方法是以自顶向下、逐步求精为基点，以一系列经过实践的考验被认为是正确的原理和技术为支撑，以数据流图、数据字典、结构化语言、判定表、判定树等图形表达为主要手段，强调开发方法的结构合理性和系统的结构合理性的软件分析方法。因此，基于软件架构的软件开发方法学也是研究的一个重点。

4. 设计工具和环境

软件架构设计作为软件工程的一部分，对于计算机辅助实现手段是相当重要的。应当开发出一些软件工具来实现软件架构的描述和分析。开发阶段转换工具，以实现阶段成果的自动转换，如把需求规格说明自动转换为构件等。目前关于这方面的研究成果很少，特别是可以应用到实际项目开发中的工具和环境更少。

小结

在本章，我们给出了很多软件架构的定义，其中包括一些经典权威的定义，我们更倾向的定义为：系统的软件架构是系统进行推理所需的一组结构，其中包括软件元素、它们之间的关系以及两者的属性。本章还介绍了软件架构在软件生命周期中的位置和在软件业务中扮演的角色，总结了软件架构的作用和意义，介绍了软件架构的基本概念，总结了软件架构的研究现状和发展方向。

练习

1. 软件架构通常与建筑物的架构作为概念类比进行比较。这个类比的优点是什么？
2. 你熟悉的软件架构是否有不同的定义？如果有，请将其与本章中给出的定义进行比较。
3. 参考软件架构和参考模型有什么关系？
4. 软件架构的可重用指的是什么？
5. 软件架构的意义主要体现在哪些方面？
6. 用"敏捷"来描述一个软件的架构的含义是什么？你如何面向"敏捷"进行设计？
7. 软件架构重要吗？为什么？作用是什么？

第 2 章　软件架构师

软件架构师作为软件架构的设计者，参与软件架构从提出到实现的每一个环节，优秀的软件架构离不开一个优秀的软件架构师团队。本章将从软件架构师需要具备的能力、软件架构师应杜绝的不良习惯、软件架构师的工作职责、软件架构师的工作技巧和管理团队成员关系等方面来介绍软件架构师这一重要角色。

2.1　软件架构师需要具备的能力

在软件开发组织中，软件工程师被授予诸如"软件架构师""高级软件架构师""首席系统架构师"等头衔，这样的头衔已经变得非常普遍，似乎带有一定的威望。一般认为，拥有这个头衔的工程师将在软件系统设计中表现出卓越的能力，他们熟悉现代开发技术，能够完成项目设计规划，能高效地与用户和管理人员沟通，并领导他的团队成功完成项目。但如果更深入了解构建一个软件项目架构的相关知识后，就会发现一个公司和另一个公司在构建软件项目架构的方法上有很大不同，甚至同一个公司的不同项目在构建软件架构的方法上也会不一样，这就意味着，仅仅拥有相关头衔并不能使一个人真正有构建软件架构的资格。

软件架构师与电子工程师和软件工程师有很大的不同，成为一个架构师通常需要至少完成一个相关专业的大学四年学习，还需要几年的实际经验来进行额外的培训。因此，拥有"软件架构师"头衔的人可能不是一个受过培训的软件工程师，这是很正常的。这种情况形成了一个重要的观念，即识别、培养和提升一个软件架构师类似于构建一个底层的软件系统。在软件开发中，这种情况有时被称为 IKIWISI（I know it when I see it）综合征或者"当我看到它的时候我就知道了"。发现正确的软件系统就像发现一个优秀的软件架构师一样，为了培养一个优秀的软件架构师，可能会耗费很多时间，承担巨大风险，付出过高成本。此外，人们还不清楚如何才能成为一个合格的软件架构师，"软件架构师"这个头衔往往是在一个团队中由职责划分而被授予的，而不是通过考取证书来获得的。

2.1.1　软件架构师需是一位全能型专家

软件架构师必须掌握多个领域的技能，虽然除软件架构领域外的技能不需要精通，但必须了解。

大部分优秀的软件架构师都有软件开发背景，这并不意味着他们是团队中最好的程序员，虽然他们能够在技术实现和架构设计之间灵活切换。他们不仅有着深厚的技术积累，还有从多年构建软件的经历中获得的丰富经验。但软件架构师不可能精通所有知识，且很难找到一个只使用单一技术开发的软件系统。虽然一般性的设计知识、技巧、模式和方法通常适用于许多不同的技术，但在细节上的实际开发错误将直接导致项目开发的延误，甚至导致不可预见的后果。软件架构师无法对任何特定软件系统中使用的所有技术都掌握，正确地解决这个问题的途径是找到这些方面的专家，与他们紧密合作，共同协作完成软件开发。

2.1.2　软件架构师需是一位领域专家

许多软件开发组织在相同的应用程序域内生成了多个系统。例如，Microsoft 主要在桌面应用程序领域内工作，Google 的主要领域是通过互联网传播和搜索信息，像波音和洛克希德马丁这样的公司则非常关注嵌入式系统。因此，软件架构师对自己将要设计的软件架构领域要足够专业，能够了解该领域的相关软件的特点。

在某些情况下，重点领域将伴随一个或多个特定领域软件架构（Domain Specific Software Architectures，DSSA），并在其中编写正在解决的问题的特征以及作为回应而开发的解决方案。在这样的系统中，软件架构师将不再需要承担熟悉应用领域的障碍以及不适当和无效解决方案的最大风险，他们只需要熟悉并遵守 DSSA 中包含的原则。

但是，一些公司正在开发的系统只会松散地联系起来，因此它们不能合并为 DSSA。在这些情况下，每个系统都会产生自己的风险。在这样的系统上工作的软件架构师需要对每个应用领域的主要属性和特性有深入的了解，否则无论他们的技能如何，都可能制定出不适合当前任务的设计。他们可能在与其他利益相关者，包括其他工程师沟通时遇到问题。当他们的架构面临问题时，他们可能无法利用自己熟知的软件架构领域的方法来解决问题。

2.1.3　软件架构师需是一名工程经济学家

优秀的软件设计师不一定是优秀的软件架构师，他的设计在某一方面可能确实是最好的，但是在一个特定的组织或项目的背景下，这些设计可能是不切实际、成本过高、技术上太过于激进的，违反某些技术协议或法律法规。换句话说，软件架构师不能仅仅是一个优秀的软件设计师。一个优秀的软件架构师必须产生一个架构，有效地解决当前的问题，同时不违背项目上的约束。如果二者权衡失败，那么很可能会导致一个项目的失败。

在这种情况下，当为正在开发的软件系统生成架构时，软件架构师不仅必须知道经济约束，而且必须确定其解决方案能够在项目预算内有效地实施。这意味着软件架构师必须对软件开发的经济学有一些基本的理解，并且随着他的设计决策预估出其实现可能付出的代价。预算考虑也可能导致软件架构师选择采用或适应现有的架构和现成的功能，能够为所有这些决定提供适当的经济理由是软件架构师工作的一个组成部分。此外，软件架构师必须不断意识到他提出的解决方案在技术上可能是次优的。

2.1.4　软件架构师需是一名软件技术专家

一位软件架构师必须明白，他的解决方案一旦开发完成就必须能够顺利运行，就像架构师需要确保他的设计能够被构建一样，所以软件架构师需要确保有合适的软件技术存在来支持他的想法。一个优秀的设计如果无法实现，那么就是无用的设计。

经验表明，优秀的程序员不一定是杰出的架构师，但同时，架构师不能完全脱离编程。架构师必须逐步将设计概念阐述为具体的元素，为此，他们可能需要对其解决方案的具体要素进行原型设计，以确保这些要素在实践中按照设计被实现。他们可能需要在系统运行的确切执行平台上测试，通过展示其在实践中的优点，架构师可能还需要说服管理人员或开发人员认同一个值得追求的但有争议的设计。

软件架构师还必须保证软件开发人员的通用功能在实施架构时可以随意使用，这可能包括最终应用程序将运行的操作系统和编程语言的详细信息。软件架构师还可能需要熟悉软件库、框架、中间件平台、网络解决方案等方面的最新进展。软件架构师的工作不仅要确保他的想法能够有效地实施，而且要保证创建该实施的过程是高效的。

由于工作的性质，软件架构师必须指导团队里的其他成员工作。软件架构师通常不是一位被明确赋予权力的管理者，因此必须想办法获得该指导权，而扮演技术专家可以从管理层获得该权力。此外，工程师通常都是受过高等教育和熟练的技术人员，他们对自身的工作能力非常有信心，并且可能认为他们能够像架构师一样解决特定的问题，而他们没有意识到自己缺乏真正的软件架构师的能力。架构师偶尔展示技术实力将有助于提醒工程师，自己也懂技术，有工程经验。

2.1.5 软件架构师需是一名标准遵循者

许多政府、法律和工程机构制定了发展组织必须遵守的标准，其中一些标准是外部授权的，并且是合同投标的先决条件。公司管理层可能还需要其他标准，例如，公司可能决定将 UML2 作为架构文档。

无论哪种情况，软件架构师都必须非常了解相关标准。他们必须能够准确评估和传达特定标准的重要价值。他们必须理解既定标准对架构和最终产品的预期影响，无论该影响是正面的还是负面的，并且能够向其他利益相关者解释这种影响。另外，他们必须能够保证他们的架构解决方案符合任何选定的标准。

软件架构师还应该遵循新发起的标准。标准组织可能会产生一项技术，该技术将大大简化未来产品的开发，改进现有架构的建模和分析功能，或确保与重要的第三方软件的轻松交互操作性。此外，参与标准化工作可能有助于防止对未来项目和软件架构师施加不适当的构想和浪费。

然而，即使是最好的工程师，有时也可能无法确保给定架构完全符合给定的标准。出现这种情况有两个原因。首先，标准可能会被不严谨地定义。它只是提供一套通用而笼统的指导方针，而不是一个组织可以遵循和使用的严格规定的表示、技术或过程。一个不严谨定义标准的例子是 UML 本身，虽然其语法是精确定义的，但它的语义不是。其次，为支持该标准而构建的工具事实上可能偏离该标准。例如，一个流行的基于 UML 的软件建模环境是 IBM/Rational Rose，然而，在整个 UML 自 20 世纪 90 年代后期以来的存在和发展过程中，Rose 倾向于偏离对象管理组织（Object Management Group，OMG）标准，即使只是以微妙的方式。在这种情况下，购买 Rose 模拟其软件系统的组织将被诱导偏离标准 UML。

2.1.6 软件架构师需是一名软件设计专家

软件架构师必须是软件系统的优秀设计师。他必须能够识别、重用或发明有效的设计解决方案并适当地应用它们，必须熟悉构成软件架构规范的关键架构风格和模式。软件架构师甚至可能拥有某些模式，这些模式是属于他本人设计工具的一部分，是他在特定领域或应用系列中工作时随着时间推移积累的经验结果。此外，软件架构师还必须能够识别无效或次优的设计、不合适的模式以及带有"附加条件"的设计决策。

在理想的情况下，一位优秀的软件架构师总是能够为他所有的决定提供理论基础。然而，我们也应该认识到，真正优秀的软件架构师往往在集成传统智慧的同时也会留下自己的印记。例如，当他们面临前所未有的问题，或者当他们意识到可以用更好的方式解决现有问题时，他们的决定难以用现有的理论来解释。

一位优秀的软件架构师必须拥有丰富的经验，因为他必须为当前的问题寻求最有效的解决方法。例如，如果正在处理一个全新的系统，他可能需要依靠多年来处理许多不同类型问题的直觉，并应用通用方法；如果正在处理已知问题的变种，他将能够直接利用他的经验，并应用以前系统的特定方法和重用解决方案。

软件架构师还必须具备欣赏美学的能力，那些在现实世界中培养这种欣赏设计能力的人在软件世界的设计上做得更好。优美的设计让包括开发人员在内的利益相关者对项目感兴趣，它们很容易被记住、研究和仿效，平庸的设计则不会。

2.1.7 软件架构师需是一名优秀的团队沟通者

与软件架构师相关的所有技能中，沟通是最重要的软技能。项目开发过程中随时需要沟通，软件架构师必须精通所有的沟通技巧，尤其是高效准确的口头、书面表达能力。能够有效沟通是项目成功的基础。与利益相关者的沟通对于理解他们的需求及与他们就架构达成一致来说非常重要。与项目团队沟通也很重要，因为软件架构师不是简单地负责把信息传达给团队，还要激励团队。此外，软件架构师还负责传达系统的愿景，以便项目愿景被大家认可，而不是只有架构师能理解并相信。

2.2 软件架构师应杜绝的不良习惯

（1）过分追求完美。架构师工作中固有的约束往往会使为给定的问题产生完美的架构变得不可能实现。在任何给定的时间内，架构师很可能只拥有部分信息，随着时间的推移，这些信息可能会改变，因为架构师发现了他正在处理的系统的新细节，先前的设计变得无效。在这样的不断变化的环境中过分追求完美是不切实际的。事实上，一个人承认、回应甚至接受变革的能力将是软件架构师成功的标志。

（2）缺乏灵活性。架构师应该避免坚持单一的方式来构建一个系统。当建造一座建筑、桥梁或水坝时，建设中的工地能充分反映建筑师和工程师的设计，但软件项目不是这样的，很少有大型系统是从零开始构建的，使用单一的架构风格、模式、标准中间件、编程语言、操作系统和硬件平台。软件架构师可能需要混合甚至发明模式，寻找更有效的解决新问题的新中间件平台，在多个平台上解决多语言开发问题。其原因可能是合法的技术考虑，也可能是许多冲突、变化的要求以及系统利益相关者的意见。

（3）对微观管理的冲动。架构师设计的架构可能涉及许多系统开发的团队，他们可能来自许多组织。在一个特定的时间段，确保一切都很完美，每个人在所有时间点都坚持架构师的设计是不可能的，这也不是架构师的工作。一个好的架构师会意识到他的同事是有能力的高级工程师，他们中的大多数人都能比自己更好地完成工作，架构师在他们的工作领域指手画脚可能会让他们产生不满，进而不严格实现架构师的设计。

（4）架构师不应该孤立自己。架构师可能感觉到自己是项目的第一负责人，至少在项目的早期，他承受着最大的压力。架构师必须记住他是一个更大的团队的一部分，而他的工作的一个组成部分是观察、倾听和交流。架构师可以在这个过程中解决其他工程师的具体问题，他还需从利益相关者那里获得信任，营造一种共同设计架构的感觉，为架构的最终实现奠定基础。把自己孤立于团队其他成员之外，很可能会造成相反的效果。

孤立自己的另一个方面是坚持设计和使用自己的解决方案。尽管有时架构师可能需要发明新的设计技术、符号、图案或样式，但伴随的风险是即使不必要也非要这样做。这通常被称为"一定要提出新的方案综合征"。架构师有时不知道或者故意忽略已知的有效解决方案，而坚持提出自己的解决方案。与此密切相关的是"我们一直这样做"综合征。次优甚至无效的解决方案被反复应用，因为它们可能被证明在过去有效（可能在非常不同的背景和非常不同的问题上）但现在无效。这两种情况都是危险、成本过高的，并且经常导致重复别人已经做过的工作，甚至是产生劣质的解决方案。

2.3 软件架构师的工作职责

作为一个优秀的软件架构师，将需要展示多种多样的技能。不管项目的类型、经验水平、组织类型、应用领域或工作的行业领域，架构师都有四个任务需要执行，即领导团队建设、研发项目战略、完成系统设计以及与利益相关者沟通。

2.3.1 领导团队建设

架构师需做出许多决策，这些决策对项目的成功至关重要，并且必须说服团队成员。有些决策可能不受欢迎，但架构师需要从所有主要利益相关者那里得到认可，并且必须在整个项目的生命周期中不断地进行强调。在某些情况下，只得到认可是不够的，架构师还需要激发项目参与者的兴趣。

要做到这一点，架构师必须是一个领导者。虽然学习领导力很难，但领导力是一种可以被培养和提炼的技能。要成为一个有效的领导者，架构师必须做到：

（1）对项目的成功具有信心。

（2）对项目规划非常明确。

（3）表现出对任何技术问题承担全部责任的准备。

（4）准备好阐明设计决策的技术基础。

（5）能够进一步开发项目的详细架构。

（6）承认他人的贡献。

（7）避免自负。

在任何时候，架构师都必须把项目的利益放在前面，身先士卒。开发一个复杂的软件需要工程师付出大量的时间和精力，并且确保项目人员得到尊重和认可。

2.3.2　研发项目战略

一个有能力的软件设计师将能够为手头的问题提供一个优秀的技术解决方案，然而，这个方案可能不是解决项目问题的最佳方案。一个有能力的软件架构师必须认识到两者之间的区别，并制定一个全面的项目战略。这一战略如果适当实施，将是一个很好的技术解决方案，也会成为一个有价值的产品开发实例。

研发项目战略需要了解项目方的经济背景、市场的竞争以及组织必须遵守的所有标准和规章。最重要的是，架构师必须熟悉人和技术资源在项目中的配置。如果需要购买大量昂贵的新技术，重新培训现有工程师或雇佣新员工，那么一个优秀的设计将很有可能失败。

2.3.3　完成系统设计

整个项目战略的核心部分是系统架构的设计。这可能是架构师在工作中最喜欢的部分，同时，也是最有压力的部分。

架构师可能会喜欢设计系统，因为他将有机会利用他的想象力和创造力，实现他的想法。然而，架构师仍然需要频繁地与其他利益相关者联系，收集来自他们的信息，并响应他们的请求。软件架构师的工作是半连续性的次优决策。架构师还必须在规定时间内产生一个简单完善的设计，超越其他利益相关者的认知。

2.3.4　与利益相关者沟通

在研发项目战略和架构设计的整个过程中，架构师将与系统的各个利益相关者频繁接触，其中可能包括开发人员、测试员、技术领导、各级管理人员、客户和用户。项目成功的主要因素之一是架构师能正确规划并确保所得到的系统持续、连贯。从这个意义上说，他的工作与销售人员有着共同之处，即以许多不同的方式将项目"销售"给不同类型的客户。架构师可能需要反复地与各种利益相关者交互，特别是在一个长期的项目中，整体的框架可能会在细节中暂时丢失。在这种情况下，架构师需要维护不同利益相关者的士气，对各利益相关者的竞争利益表现出显著的意识和政治悟性，以便有效地执行这项任务。

虽然架构师可以使用不同的沟通方式来与不同的利益相关者进行沟通，并且可以根据情况来关注项目的不同方面，但在整个过程中，架构师必须做出妥协，确保项目架构的完整性。

2.4　软件架构师的工作技巧

架构师可以单独工作，或者更可能是团队的一部分。架构团队的确切组成及其在各个项目阶段的精确角色可能是从一个组织到另一个组织，甚至从一个项目到另一个项目。然而，团队应该建立在某些普遍适用的指导方针上，包括技能平衡、对项目和组织的忠诚度以及项目持续时间的能力。

2.4.1　选择合理的团队结构

根据软件开发组织的规模，确定同时工作的项目数量和类型以及自身的管理结构，架构团队可以采用不同的方式进行组织。下面我们将简要讨论构建架构团队的三种主要方法。

（1）平面模型。平面模型通常适用于小型组织，其中架构师没有以任何方式分层，并且不具有相当的影响力和责任感。这是一个平等主义的组织，与成熟的专业人士相配合。如果存在熟练度较低但负责任的人，或能力成熟但不负责任的人，那么平面模型就有可能导致问题。由于责任分工不明确或分工不足，它也可能压垮架构师。这种模式无法很好地适应大型团队和大型项目。一个平面化架构团队模型的极端例子就是一个由单个软件架构师组成的项目。

（2）分层模型。在大型组织中更实用的模型是分层模型。在这个模型中，架构团队通常由首席架构师或高级架构师领导，并配备一些初级架构师。在一些很大的组织中，架构团队可能会进一步分层，例如，企业架构师可能负责该组织所有不同项目的架构。分层模型中的职责和权限分工明确，这使得它可以更容易地扩展到大型团队。潜在的不利之处在于，架构团队必须实际承担内部管理结构，并与组织的其他部门分离。

（3）矩阵模型。在矩阵模型中，架构师可以同时处理多个项目。跨部门的技能适用于跨部门的项目。根据所需的专业知识，单个项目在其生命周期内可能会有多个不断变化的架构团队。矩阵模型与平面模型和分层模型都是正交的，架构团队可以但不必需分层。这种模式的主要优点是非常灵活，但是，它应该被视为临时解决方案。它带来的风险是架构师会超负荷工作，需要处理同时发生的许多问题而不断分心，而无法集中关注任何项目。

2.4.2 团队成员需要领域互补

软件架构团队必须由具有互补性的人组成，一个人不可能同时是杰出的设计师、领域专家、技术专家、沟通者和领导者。更有可能的是，每一个架构师都有自己的优势。

将大量具有类似技能的人员组成一个架构团队是不好的。一方面，如果某些项目有其他方面的需求，但架构师只熟悉彼此的方式，那么其他方面的架构就有可能会受到影响。另一方面，团队的架构师收集的信息和架构决策既不能被不同的团队成员正确理解，也不能整合成一个连贯的整体。

2.4.3 需全身心投入项目

软件架构团队应该是项目的一个组成部分，并且应该在整个生命周期中与项目紧密联系。架构团队和其他利益相关者都必须理解，架构团队致力于项目的成功。对于架构师来说，这是非常重要的，因为架构团队需要在任何时候都能对所有主要设计决策施加影响。对于程序员来说，这也是很重要的，因为他们必须感觉到软件架构师是"我们中的一员"。对于管理者和客户来说，这也是很重要的，因为他们可以清楚地看到做出架构决策的依据。

我们应该认识到，在项目需要一个现成的软件架构团队，组织需要利用最有经验的、最优秀的和高效的架构师跨多个项目时，资源必然会出现紧张，这个问题没有简单的解决办法，不同的组织可能尝试用不同的方式来解决。例如，经验丰富的高级架构师在给定的架构相当稳定的情况下可能会转移到另一个项目，而初级架构师将继续参与该项目，承担额外的责任，并进一步磨炼他们的技能。

2.4.4　灵活地采用架构团队

"软件架构师"一词有时会出现在咨询公司的网站上。这些公司专门为其他软件开发公司提供软件架构"服务"。他们的运作模式是进入一个组织，熟悉项目和可能的问题域，并帮助开发系统的架构。

在这种情况下，真正的问题是，是否最好采用一个永久的软件架构团队，它将是软件开发组织的一部分，完全对项目负责。传统的经验表明，拥有一个本地软件架构团队是最好的。

在有许多其他开发机构的情况下，是否雇佣软件架构团队的问题变得更加复杂。原因在于一个典型的软件项目将使用许多现成的技术，甚至应用程序级构件。在这样的情况下，谁真正拥有并控制软件架构？已经证明，这样的技术直接影响系统的架构。因此，通过引入现成的有能力的团队，一个组织部分地导入一个架构。但要注意的是，如果选择一个第三方的技术团队来控制架构，则实际上该组织放弃了对项目的控制。

在决定是否维护内部架构团队时，可以考虑的因素是软件开发模型，即外包。通常开发组织会发现在外部雇佣开发人员实施系统的部分在经济上是有利的。通过扩展，系统的架构也可以外包。从表面上看，这类似于聘请外部架构团队，然而，组织仍然需要了解项目的细节及其需求，与其他系统利益相关者紧密合作，获得他们的认可，并监督架构的实现和演进。简单地从第三方购买一个项目的假定架构通常是不可行的，除非该组织分支到一个新的业务区域，它有一个完善的现有架构。

2.4.5　持续关注项目开发

在架构设计活动结束后，软件架构团队不会解散或解除与项目的关联。尽管可能会有这样的冲动，因为团队的任务被认为已经完成，其他项目可能需要该架构师的帮助。然而，将团队转移到其他项目中的效果与将团队视为咨询实体的效果类似。更重要的是，把软件架构看作在项目早期完成的"阶段"是不合适的。虽然大多数主要的架构决策都可能在项目的早期阶段进行，但对于不断变化和发展的项目而言，架构仍然是一个变化的、几乎动态的过程。从项目中移除架构团队可能会导致许多关键的架构决策被随意地改变，如果文档记录得比较完善，架构师的架构决策可能被部分理解。

架构团队在整个项目生命周期中密切参与项目，一旦架构变得相当稳定，为架构团队的一些成员重新分配其他项目是可行的。但是，至少有一部分架构团队应该留在项目中。在某些情况下，架构团队的成员可能被指定为开发团队的联络人，或者成为不同开发团队的领导者，这使得架构团队可以直接监督项目的进展情况。当遇到困难时，客户和用户可以向领导者寻求帮助。它还有助于强化架构团队对项目的责任感，从而提升士气。

2.5　管理团队成员关系

软件架构师既不在组织之外，也不在组织之上。架构师是软件开发团队、项目和组织的组成部分。架构师委派并依靠同事，与经理沟通并获得支持，根据需要保持客户和用户在项目过程中的参与。

2.5.1 架构师和工程师

一个大型项目通常会有许多工程团队参与其中。不同的团队可能会受到系统的不同方面的限制，并且可能会包含专门的软件工程子学科的专家，如需求、质量保证、实施和跨应用中间件。

架构师必须与所有工程师有密切的关系，这种关系可能比其他人（如软件测试人员）更自然，更加需要相互协调，共同的目标是项目的全面成功。

也许组织中最重要的成员是程序员。程序员将认识并完善架构师的设计，他们还可以作为架构的验证者。如果架构设计决策有不可预见的后果，程序员可能会首先注意到。在这种情况下，架构师和程序员之间的密切合作关系至关重要，如果缺乏，架构退化将很快发生。

在许多公司中，架构师还必须与系统工程师、硬件工程师等紧密合作。架构师与这些工程师的关系可能与软件工程师的关系不同，其中一个原因是软件架构师为给定系统的软件部分创建了总体愿景和设计，但对系统的其余部分没有类似的控制。另一个原因是系统工程师和硬件工程师缺乏软件工程方面的培训，他们可能对系统软件架构设计的细微差别没能适当地理解，从而产生错误判断，因为软件在原则上是无限可变的，所以软件应该随时改变以适应其他系统构件的需求。现在应该清楚，频繁的变化对系统而言，特别是仓促进行的话，往往会使关键的架构设计决策无效，并导致架构性能下降。

软件架构师与非软件工程师之间可能出现的问题是缺乏对项目重要性的尊重。所有从事特定项目工作的工程师可能都具有很强的能力，并且有资格担任自己专注领域的专家，他们可能因此感觉到自己比软件架构师更了解任务的细微差别。此外，他们可能不会看到严格遵守架构的直接好处，他们通常更感兴趣的是对整个项目的有限理解而实现局部最优化。

2.5.2 架构师和管理层

有时候，架构师必须在面对怀疑甚至不合作的工程师时实现自己的目标，并且通常必须在没有任何正式权力的情况下，这样架构师可能不得不凭借个人能力和领导力赢得他们的信服。显然，如果他也得到了组织管理层的支持，情况可能会更加顺利。

软件开发组织越来越多地开始了解软件架构和软件架构师的重要性。管理层必须努力确保项目的成功，并且在理想的情况下，这意味着要确保系统的架构，即架构师的愿景得到充分有效的实现。这就要求架构师和管理人员经常进行互动并密切合作。这可能意味着管理人员必须根据架构师的技术考虑因素调整他们对项目的期望，并且可能还需要架构师根据组织的实际情况调整他们的期望和架构本身。

然而，管理者和架构师并不总是一起工作。管理者有可能没有意识到架构师在项目中的重要性，也可能根本就缺乏掌握架构师设计决策重要性的技术知识。因此，尽管管理者原则上可能会支持架构师，但他可能会在不知不觉中破坏架构。

管理者可能无法考虑其行为的所有后果，这也可能对系统的架构产生负面影响。他可能会承诺购买和使用不适合该架构的第三方构件、框架或中间件，决定遵守那些无法轻松融入公司现有架构的标准。架构师必须时刻注意并可能被迫应对这些挑战。

2.5.3 其他相关者

软件架构师还必须与组织内外的其他利益相关者进行互动，特别重要的是他们与市场部门的关系。在许多组织中，创新往往是由市场需求和压力驱动的。当然，这是可以理解的，因为公司的主要目标是销售产品。在这样的安排中，营销部门研究当前的营销条件和客户需求，并将其报告给公司的管理层或工程师；同时，软件架构师会利用他们的技能来设计最能利用市场条件并满足客户需求的系统。因此，营销推动产品的开发并推动其架构并不罕见：它可能决定需要构建的系统、确切的特性、开发优先级和发布日期等。

同时，这种关系存在某些缺陷，架构师和营销人员可能无法正确理解对方的动机、能力和专业知识。架构师可能会拒绝被告知该怎么做，特别是如果他们不理解市场条件时会妨碍为系统创造最佳的架构。例如，如果一个潜在的竞争对手已经被识别出来，那么架构师的任务将会直接受到影响，另外发布一个比原来计划的产品更具优势的产品就势在必行。因此，如果观察到正在建设中的系统的主要客户群正在转移到不同的计算平台，或者预计的客户群显著扩张或缩小，则架构师别无选择，只能适应这种非技术性的现实。

如果营销部门无法理解系统架构不能随意或突然修改以纳入新确定的需求，则可能会引发问题。市场营销可能会追求不切实际的目标和不合理的期限，并可能在未充分理解技术挑战和现实的情况下试图推动工程流程。在最极端的情况下，市场营销可能会要求在给定时间内工程师无法完成的产品。无论是哪种情况，架构师和营销团队之间缺乏适当的沟通都可能导致对抗关系，保持健康的关系应该是一个重要的定期目标。

对于系统的客户和用户，架构师可能需要与他们直接对接。事实上，就客户和用户而言，他们是项目的使用者，架构师可以向他们展示项目愿景，确保他们的需求正确地反映在系统的蓝图中，并最终在系统中反映出来，解决他们的问题和疑虑。

如果建立和培育得当，这可能是一种非常富有成效的关系，有助于确保系统的最终验收，并且在施工期间解决所有主要问题。另外，客户和用户可能会有一些特殊的要求，对软件的性质以及其发展的细微差别缺乏足够的了解。因此，除了向组织内部的利益相关者（开发人员、测试人员和管理人员）提供架构的基本原理之外，架构师可能还需要为对技术不太了解的客户和用户量身定制理论基础。

小结

软件架构师的工作充满了独特的挑战和重大的责任。架构师可以单独工作，或者作为团队的一部分工作。他的工作描述可能有些不准确，但涉及许多技术技能：架构建模和分析，对架构风格和图案的认识和熟练程度，熟悉产品线和领域特定的架构，了解相关的实施、部署和演化技术，等等。软件架构师的工作也需要许多技能，包括与许多不同类型的利益相关者进行有效沟通的能力，确保遵守有关法律、法规和标准，领导能力，确保架构的经济可行性。

软件系统的关键成功因素是该系统的架构，因此，架构师的技能和架构团队的组成将对项目和组织的成功产生直接和显著的影响。每个架构师都必须拥有大量不同的技能，而架构团队必须全面平衡这些技能。

优秀的设计师必须被发现、挑选和培育，但是，正如我们所看到的，架构师的工作不限于设计，他必须具备广泛的技能，这些技能都可以通过学习和实践来改进。因此，为架构师提供适当的培训，努力实现架构团队的平衡也很重要。拥有熟练架构师和精心组建的架构团队的公司将有更多的机会在市场中取得成功。

练习

1. 软件架构师应具备的必备技能是什么？

2. 什么是软件架构师一些额外的有用技能？

3. 本章讨论了软件架构师可能会出现的一些不良习惯。你能找出其他的吗？证明你的答案。

4. 你的组织已经确定了一位杰出的年轻软件设计师，并且希望将他晋升为软件架构师。那么，还需要对他进行哪些额外的培训才能实现这一目标？你如何建议你的组织？

5. 根据本章讨论，提出为什么购买架构可能成为失败的开始。

6. 外包软件开发已被证明是许多组织的成功策略。组织还应该外包架构设计吗？请详细陈述你的观点。

第3章　软件架构视图类型和风格

对于绝大部分系统来说，质量属性或项目目标（如性能、可靠性等）与保证软件计算得到正确结果同样重要。软件架构的任务就是要达到其项目目标，而软件架构视图则是用来传达这些目标如何实现的，因此，读者需要了解视图的类型和风格并加以掌握。

3.1　简介

3.1.1　软件架构文档

软件架构文档必须能为各种用途服务。一个软件架构文档必须具体到足以用其作为构建的蓝图，或者抽象到新进人员能迅速理解它。因此，它应包含足够多的信息，以使其能作为分析的基础。

软件架构文档不仅仅用于指示性，而且也用于说明性。对于某些读者而言，软件架构文档能够指示哪些是正确的，并且能够为制定决策提供约束。而对于另一些读者，软件架构文档能够指示什么是正确的，并且能够详细阐述对系统设计定制的决策。也就是说，我们打算交付给实现者的软件架构文档、关注于分析性能的软件架构文档以及提供给新加入者的文档，这三者是不相同的。因此，在设计、编写和审核的过程中，应该能够保证支持其全部的需求。

因为软件架构文档的用途决定了其形式，所以了解其用途是很重要的事情。软件架构文档一般有以下三种用途：

（1）软件架构文档能够作为介绍工具，包括向新加入者介绍整个系统。

（2）软件架构文档能够作为利益相关者之间的主要通信交流工具。

（3）软件架构文档能够作为对系统进行分析的基础。

3.1.2　视图

在软件架构编档中，视图是首要的概念。因为软件架构作为一种比较复杂的概念，是无法以简单的方式进行说明的。

视图是对一组系统元素及其关系的描述。软件架构编档其实就是为相关视图进行编档，接着加入同时适用于多个视图的文档。如果视图不相同，则其会在不同程度上表现出不同的质量属性。因此，作为在整个系统的开发过程中最受关心的部分——质量属性，将会影响编档视图时对视图的选择。例如，如果你想向其他人说明系统的可移植性，可以选择分层视图。而相对于不同的视图，其支持的目标和用途也是不同的，因此这也是不推荐采用特定视图或特定视图集的根本原因。

使用单一的视图不能够完整地表达软件架构，而单用分散的多视图来观察系统也不太合适，因为视图之间可能有某些直接关系。软件架构视图的实质就是缩减当前任务不需要的信息，因此，视图中的软件架构不会完整展现自身，而是每次展现其中的一两个方面。软件架构视图的优势是在每个视图强调了系统的某一方面的同时，不强调或直接忽视了其他方面。但单个的视图无法记录系统的整个软件架构，为解决这一问题，就必须具备完整视图集及视图以外的信息。

视图文档主要包括以下内容：

（1）一种主要表述，描述了主要元素和视图之间的关系，一般用图形表示。

（2）定义及说明视图展示的元素，并以目录列出其属性中的元素。

（3）基本原理和设计信息。

（4）元素的接口，以及行为规范。

（5）一种多样性指南，说明了对于软件架构进行裁剪的内部机制。

适用于所有视图的文档主要包括以下内容：

（1）对整个文档包的介绍，包括能够帮助利益相关者迅速查询所需信息的指南。

（2）阐述了视图之间、视图和整个系统如何相互联系的信息。

（3）对整体软件架构的约束以及基本原理。

（4）能够有效维护整个文档包所需的管理信息。

3.1.3 视图类型

尽管特定视图集不适用于每个系统，但是广泛的指导原则能够帮助我们获得一个立足点。作为一个软件架构师，必须用以下三种方式对自己的软件进行考虑：

（1）作为一个实现单元集，如何构建。

（2）作为一个拥有运行行为和交互的元素集，如何构建。

（3）如何在自己的环境中与非软件结构产生联系。

我们假设使用的视图均属于以下三种类型中的一种，将这三种类型称为视图类型，即可以从特定角度来描述软件系统架构的元素和关系类型。

（1）模块视图类型。该视图类型能编档系统的主要实现单元。

（2）构件和连接件（C&C）视图类型。该视图类型能编档系统的执行单元。

（3）分配视图类型。该视图类型能编档系统软件与其开发和执行环境之间的关系。

3.1.4 风格

在视图类型的范围中，即使为完全不同的系统进行编档，仍会有一些被广泛遵守的形式重复出现。正是因为这些形式有很高的出现频率，所以完全有必要编写和了解它们。这些形式可能有其他格式所没有的重要属性，或者可能代表一种重要并经常使用的视图类型，我们称这些形式为软件架构风格或者风格，即对元素和关系类型的特殊化，以及包括如何使用这些元素和关系类型的一组约束。

风格能够定义一簇满足某些约束的软件架构，允许把特定的设计知识应用于特定类型的系统当中，也允许我们使用特定风格的工具、分析方法和实现方案来支撑这类系统的设计。在为系统选择风格时，我们必须承担编写文档的任务，以便于能够记录所选风格加入的具体化的约束条件，以及风格赋予系统的特性。我们称文档的这一部分为风格指南，即对软件架构风格的描述，能够指定设计符号集（元素和关系类型集），以及如何使用这些符号集的规则（布局和语义约束条件集）。一般来说，为风格编档的任务能够通过引用文献中的描述来完成，但是，如果想要尝试创造属于自己的风格，就必须为它编写风格指南。

任何系统都不会在其构建时只使用单一的风格，恰恰相反，我们可以视系统为许多不同风格的组合。这些组合具有以下三个特点：

（1）在系统中，不同的"区域"可能会呈现不同的风格。

（2）如果一个元素在某种风格中起作用，可能这个元素本身是由另一种风格中部署的元素组合而来的。

（3）对于同一个系统，我们可以用完全不同的视角来看，如同通过滤光镜来观察物体一样。在此种情况下，对于风格滤光镜的选择，取决于我们和利益相关者打算赋予文档的作用。

3.1.5　常规文档的七种规则

编写软件架构文档，与我们在软件项目开发过程中编写的其他文档类似。因此，软件架构文档也要遵守以下基本规则：

（1）从读者的角度编写文档。

（2）避免不必要的重复。

（3）避免歧义。

（4）使用标准结构。

（5）记录基本原理。

（6）使文档保持更新，但更新频率不要太高。

（7）针对目标的合适性对文档进行审核。

3.2　模块视图类型

模块是实现一个功能集的代码单元，它可以是类、类集、层或者其他代码单元的分解。对模块结构进行编档，并在其中枚举主要实现单元或模块及其之间的关系，称为模块视图。模块视图主要包括以下风格：

（1）分解风格。在分解风格中，会将代码分解成系统、子系统，子系统甚至还可以分解成更小的子系统，这表示了一种自顶向下的视图。分解风格能够帮助团队的新加入者了解自己的角色，因此，它通常是工作任务和完成措施的基础。

（2）使用风格。使用风格由使用关系决定，这是依赖关系的特殊形式。因为使用风格允许识别能提前实现的有用的系统子集，所以它支持增量开发。

（3）泛化风格。泛化风格可以说明不同的代码单元之间是如何互相联系的。在通常情况下，它用于表示面向对象设计和支持各类形式的维护工作。

（4）分层风格。分层风格可以将代码组织为一些互不相交的层，而根据预设的规则，处于较高层的代码可以使用处于较低层的代码。分层风格可以用来培训，以及提供对可移植性的支持。

3.2.1 元素、关系和属性

表 3-1 总结了模块视图类型的元素、关系和属性。

表 3-1　模块视图类型的元素、关系和属性

元素	模块视图的元素是模块，是一种软件实现并提供了内聚功能的单元
关系	在模块视图中，关系通常有以下三种形式： •部分关系。部分关系定义了子模块 A——部分或者子模块，以及聚集模块 B——整体或者父模块之间的部分/整体关系。在最一般的形式中，部分关系仅仅表示聚集，但它还具有某些更为具体的形式，比如模块分解风格中的分解关系 •依赖关系。依赖关系定义了 A 模块和 B 模块之间的依赖性关系。在特定的模块风格中将阐述依赖性的具体含义。通常情况下，依赖关系用于设计的初期阶段，即依赖性的精确形式还未决定之时 •特化关系。特化关系定义了一个较为特定的模块——子模块 A，和较为一般的模块——父模块 B 之间的一种泛化关系。在特化关系中，子模块能够在父模块所处的上下文中使用
元素属性	一个模块的属性包括： •模块名称。可能必须遵循命名规则。模块名称是用来称呼模块的首选方式，它通常能够指出一些关于模块在系统中作用的信息 •模块责任。相对于模块名称，模块责任能更加可靠地确定其身份 •实现信息。比如实现模块的代码单元集。严格意义上，这类信息并不属于软件架构的范围，但方便起见，可以在模块定义软件架构文档中对它进行记录，一般包括： ◆代码单元的映射。映射信息能够确认模块实现方案中的信息 ◆测试信息。用来存储模块的测试所需的信息 ◆管理信息。可以用来让管理者对模块的预计完成进度和预算进行估计 ◆实现约束条件。可能保存了模块的实现策略或者实现过程中必须遵循的约束条件
关系属性	•部分关系拥有的属性包括与其相关的可见性。可见性确定了子模块在聚集模块之外是否可见 •依赖关系拥有的属性包括分配的约束条件。这些可以更详细地确定两个模块之间的依赖性关系 •特化关系拥有实现属性。实现属性定义了一个较为特定的模块（子模块 A），其继承了较为一般的模块（父模块 B）的实现。但是，子模块 A 并不保证会支持父模块 B 的接口，因此，无法为父模块 B 提供可替代性
拓扑	模块视图类型没有继承而来的约束条件

为了描述模块的特征，我们将会列举一个责任集，这些责任在模块的属性中是最为重要的。对于软件单元有可能提供的各类功能，这种概括性的"责任"都将会涉及。

模块能聚集，同时也能分解。在不同的模块视图中，根据不同的风格标准可以确定不同的模块集，以及对它们所进行的聚集或者分解。例如，泛化风格能基于模块本身所具有的共性来确定以及聚集它们。

3.2.2 支持和不支持做什么

如果使用模块视图，应该了解以下三点：

（1）构建。模块视图可以提供源代码的蓝图。

（2）分析。需求跟踪和影响分析是两项重要的分析技术。因为可以用模块来划分系统，所以可以确定模块责任支持系统功能需求的方式。而影响分析则有助于预测修改系统产生的影响。

（3）通信。模块视图可以向不了解系统的人展示系统的功能性。

另外，使用模块视图类型来推断运行时的行为不是一件容易的事，因为模块视图类型仅仅是对软件功能进行划分，所以模块视图通常不可以用来分析性能、可靠性或其他运行属性。相对而言，通常可以选择构件和连接件（C&C）视图以及分配视图来对运行属性进行分析。

3.2.3 与其他视图类型的关系

通常模块视图会映射到构件和连接件视图中，在这种映射中，模块视图中的实现单元可以映射到运行时执行的构件中。在某些时候，此类映射相当直接，甚至是一对一的。如果一个模块作为多个构件而被复制，那么这是一种一对多的映射，也是直接映射。但如果模块片段和构件片段对应，则可能非常复杂。

但是，当模块视图包含了其他视图类型的信息时，会超载。这种问题很常见，它虽然很有用，但也会导致混乱。模块视图表示的是软件的划分，所以在模块视图中不能展示多个对象实例。

3.2.4 表示法

在统一建模语言（Unified Modeling Language，UML）中提供了各种结构，可以用来表示模块及其关系。图 3-1 展示了如何用 UML 表示法来表示模块视图及其固有关系。

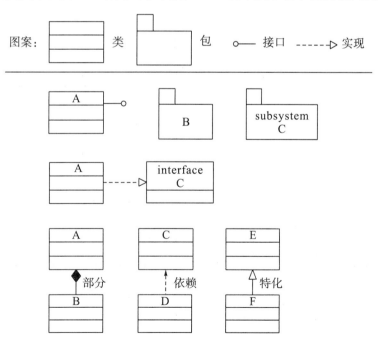

图 3-1 用 UML 表示法来表示模块视图及其固有关系

3.3 模块视图类型的风格

3.3.1 分解风格

如果采用模块视图类型中的元素和属性，并强调其部分关系，就可以获得分解风格。分解风格可以用来说明系统功能如何划分为模块，以及模块如何分解成子模块。相对于其他模块视图类型的风格，分解风格对视图类型本身的限制很微弱。但由于以下原因，它仍被区分开来，当作一个独立的风格：

（1）几乎所有的软件架构在开始时都会采用模块分解风格。

（2）分解风格的模块视图还可以作为一种沟通工具，用来将软件架构整体情况传达给新加入者。

（3）分解风格可以对修改型进行处理，即如果要将可修改型嵌入软件架构，可以向软件架构中特定的位置分配功能。

如果需要将模块分解成更小的模块，其标准取决于分解的目的：

（1）某些质量属性的实现。比如，为了支持可修改型，信息隐藏设计原则需要对独立模块中的可变部分进行封装，以使修改造成的影响局部化。

（2）"构建或购买"决策。某些模块可以通过商业市场购买，或者重用以前项目中的模块。因此，就必须围绕这些既定模块来对其余功能进行分解。

（3）产品线实现。为了支持系列产品的有效实现，就必须将系列产品中的一般性模块和特定产品的可变性模块进行区分。

表3-2总结了分解风格的特征，其中，主要关系——分解关系是部分关系的特殊形式，它能够保证一个元素是最多一个聚集模块的组成部分，这是分解关系的主要约束条件。

表3-2　分解风格的特征

元素	模块。模块由模块视图类型定义。有时候如果一个模块聚集了其他模块，则称为子系统
关系	分解关系。分解关系是部分关系的特殊形式。文档的义务应包括指定用来定义分解的标准
元素属性	由模块视图类型定义
关系属性	可见性。可见性是指模块被父模块之外的模块了解的程度，以及模块的功能对这些模块的可用程度。如果某个模块能被父模块之外的模块所使用，那么称这个模块为可见模块
拓扑	• 在分解图中不允许出现循环 • 在一个视图中，一个模块不能同时属于多个模块。也就是说，在分解风格的模块视图中，模块最多只能有一个父模块

在分解风格的模块视图中，呈现了递归细化的智能部分管理，因此，可以传达越来越多的细节，这种方式很适合学习系统过程。因此，除了能让软件架构师支持设计工作外，对于项目的新加入者也是一种优秀的学习工具。此外，该风格展示的功能还可以在管理框架内为配置项目打下基础。

分解风格经常用作系统工作任务视图的输入，还可以在软件实现层为分析修改产生的影响提供某些支持，但因为这种视图并不展示所有模块之间的依赖性，所以我们无法进行全面的影响分析。如果想要进行全面的影响分析，就必须使用能够对依赖性进行详细阐述的视图，比如风格视图。

在 UML 中，有以下三种方式来描述聚集：

（1）通过模块的嵌套，如图 3-2（a）所示。

（2）两个图之间的继承很有可能是连接，第二个图中将有对第一个图中所展示内容的描述。

（3）可以在父模块和子模块之间绘制一个表示组合的弧，如图 3-2（b）所示。在 UML 中的组合，代表部分会随整体的存在（消失）而存在（消失）。在使用 UML 中的组合时，应该确定自己会满意这种特性。

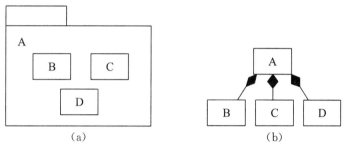

图 3-2 在 UML 中，用嵌套或弧来表示聚集

模块分解视图与构件和连接件视图之间可以相互映射，而提供这种映射的目的在于描述软件实现结构如何映射到运行结构，通常是多对多的关系。模块分解风格也与工作任务风格有密切关系，后者属于分配视图类型，因为工作任务风格可以将分解产生的模块映射到负责实现和测试这些模块的团队。

3.3.2 使用风格

如果要具体地使用依赖关系，就要考虑使用模块视图类型中的使用风格，而且软件架构师可能会通过这一风格来对软件架构的实现进行约束。在使用风格中，可以向开发者说明为了使自己负责的系统部分能正常工作，必须具备其他哪些模块。使用风格允许在一个完整系统中进行有用子集的增量开发和部署。

表 3-3 总结了使用风格的特征。与模块视图类型一样，使用风格中的元素也是模块。

表 3-3 使用风格的特征

元素	由模块视图类型定义的模块
关系	使用关系。使用关系是依赖关系的精华形式，如果模块 A 依赖于存在功能正常的模块 B 来满足自己的需求，那就可以说模块 A 在使用模块 B
元素属性	由模块视图类型定义
关系属性	使用关系拥有描述属性，这种属性可以更加详细地阐述一个模块会以何种方式来使用另一个模块
拓扑	使用风格中不存在拓扑约束，但如果在这种关系中的循环包含有许多元素，那么将会削弱以增量子集来产生软件架构的能力

使用风格适合计划增强开发、系统扩展、子集调试测试和评估特定修改产生的影响。

在 UML 中，子系统可以用来表示模块，user 可以将使用关系描述成一种依赖性。在图 3-3 (a) 中，用户接口模块是一个聚集模块，它对数据库模块有使用依赖性。如果一个模块属于聚集，那么在分解过程中，必须将所有涉及聚集模块的使用关系映射到使用这一关系的子模块中。在图 3-3 (b) 中，用户接口模块被分解成模块 A、B 和 C，在这三个模块中，至少有一个必须依赖于数据库模块，否则在分解过程中就无法保持一致性。

使用视图还可以说明某些约束，这些约束展示接口并能将其与实现它们的元素分离开。在图 3-4 中，数据库模块有两个接口，分别由用户接口模块和管理系统模块所使用。

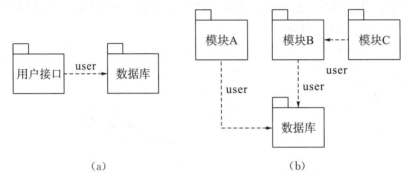

图 3-3　用户接口与数据库模块的使用依赖性

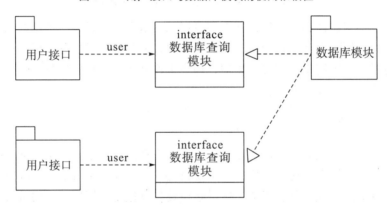

图 3-4　用 UML 来表示使用视图以及明确展示接口

使用风格与分层风格有密切的关系，在其中，允许使用关系有支配作用。通常情况下，会先确定允许使用关系，它包含为实现者所定义的自由度的粗粒度指示。如果做出了实现选择，使用视图会开始形成，并且会控制增量子集的产生。

3.3.3　泛化风格

如果要采用泛化的一种特化——特化关系，就要考虑采用模块视图类型中的泛化风格。在泛化风格中，会支持软件架构和单个元素的扩展和演化。在定义泛化风格的模块中，可以捕捉共性和差异性。如果在模块之间存在泛化关系，那么父模块就是子模块更加一般的形式（在分解风格中，父模块由子模块构成；而在泛化风格中，父模块和子模块有部分相同的内容）。父模块和子模块分别表现出共性和差异性，在这种情形下，如果想要扩展，就要增加、删除或修改子模块。如果父模块有修改，那么继承它的子模块会自动修改，从而支持模块演化。如果存在泛化，那么子模块继承了接口和实现方案，包括父模块的结构、行为以及约束条件。在软件架构中，相对于实现方案，更需要强调的是接口的共享和重用。

表 3-4 对泛化风格的特征进行了总结。

表 3-4　泛化风格的特征

元素	由模块视图类型定义的模块
关系	泛化。泛化即模块视图类型中的"特化关系"。如果第一个模块是第二个模块的特化，那么第二个模块就是第一个模块的泛化
元素属性	除了模块视图类型中定义的属性外，还有抽象属性。抽象属性中定义了只拥有接口而没有实现方案的模块
关系属性	泛化关系中，有能区分接口和实现继承的属性。也就是说，如果将模块定义为拥有抽象属性，则把泛化关系限制为实现继承没有意义
拓扑	• 在泛化风格中，一个模块可以拥有多个父模块，但是从安全角度来说，这不是一种好的设计方式 • 在泛化风格中不允许有循环，或者说在一个视图中，子模块不能是一个或多个父模块的泛化。同时，在传递闭包中，继承信息的模块不能够继承自身所提供的信息

在泛化风格中，有以下实现策略的方式：

（1）接口继承。接口继承是指新的接口定义是基于以前的一个或多个接口的，而新的接口通常是其继承的接口集的子集。如果模块 A 的接口继承模块 B 的接口，那么至少 A 会遵守 B 的公共接口，至于 B 的实现行为，有可能会继承，但不会在接口继承中定义。如果一个模块变体需要有不同的实现方案，且实现方案能够互相代替而不会产生影响，就可以使用这种策略。

（2）实现继承。实现继承是指新的实现方案是基于以前的一个或多个实现方案的，而新的实现方案通常是对其继承的实现方案的修改。在实现继承中，模块可以通过继承其祖先的行为并修改，来获得自己专有的行为。如果在泛化关系中不能保证遵守父模块的接口，则可能会违反可置换性。

泛化风格可以支持的功能如下：

（1）面向对象的设计。在基于继承性的面向对象的系统设计中，泛化风格是主要表示方法。

（2）扩展和演化。了解一个新模块与已知模块有何不同比从头开始了解这个新模块更简单，因此，泛化是一种增量描述的机制，为了完整描述一个模块。

（3）局部修改或变化。泛化能够在较高层定义共性，将差异性定义为子模块。

（4）重用。抽象模块能够创造重用的机会，因为适当的抽象可以只重用接口层或者包括实现方案。

在 UML 中，表示泛化是其核心功能。图 3-5 展示了表示法，图 3-6 展示了接口继承和实现继承，图 3-7 展示了多重继承。

继承关系能够作为其他模块视图类型关系的补充，因此，在复杂的设计方案中，应该把各种类型的关系分开来展示。

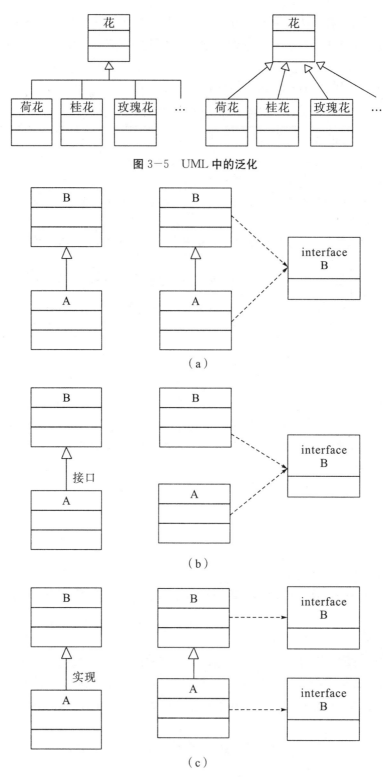

图 3-5　UML 中的泛化

（a）

（b）

（c）

图 3-6　UML 中的接口继承和实现继承

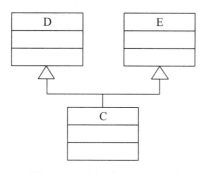

图 3-7　UML 中的多重继承

3.3.4　分层风格

分层风格中反映了把软件划分成单元的过程，而单元就是层，表示了一个虚拟机。虚拟机是抽象设备，一般能够充当软件和硬件（或者虚拟机）之间的接口。真正的分层系统有很好的可修改性和可移植性，所以许多软件架构师都喜欢将系统以分层系统来展示，尽管并不是真正的分层系统。

使用层可以划分一组软件，划分的部分构成虚拟机，拥有一个公共接口，并提供内聚服务集。而制作虚拟机是为了依据严格的定序关系来交互操作，而这也是层的核心概念和基本特性。

在分层风格中，因为定义层之间相互使用的关系会存在一些漏洞。比如，在某些分层方案中，允许某个层使用任何比其低层的设施，而不是离它最近的较低层的设施。而在另外一些分层方案中，允许层作为一个工具集，可以被任何层使用。但是，如果不对这种使用施加任何约束，会破坏我们期望的分层结构所赋予软件架构的特性。因此，在所有可以成为分层软件架构的架构中，都会对这种情况有所约束。

表 3-5 对分层风格的特征进行了总结。

表 3-5　分层风格的特征

元素	层
关系	允许使用。允许使用是模块视图类型中对依赖关系的特化。也就是说，如果在层 A 和层 B 中存在允许使用关系，那么 A 中的所有模块都可以使用 B 中的所有模块，而分层图的最终目的也是定义这种关系
元素属性	•名称 •内容。层的内容包括了层中所包含的软件单元 •允许层使用的软件。如果文档中使用了分层风格，就必须对层的使用关系做出说明 •内聚。内聚意味着文档必须说明对层提供功能内聚虚拟机的方式
关系属性	针对模块视图类型
拓扑	在分层风格中，如果层 A 处于层 B 之上，则不能有层 B 在层 A 之上

使用分层风格会带来以下好处：

（1）可以帮助提供某些质量属性，比如可修改性和可移植性。

（2）层是软件架构在系统构建蓝图中扮演角色的一部分。

（3）层是软件架构扮演的通信角色的一部分。

（4）层对软件架构的分析作用有协助作用。

在 UML 中，并不具备层的图形，但可以用包来描述。图 3-8 展示了用包来描述层。

图 3-9 展示了 UML 中表示分段层的方案。如果需要用 UML 来表示层，必须注意：

（1）如果一个元素出现在一个包中，那么就不能再在其他包中出现。也就是说，一个元素只能属于一个包。

（2）用 UML 表示回调并不明确。回调是一种交互操作的常见方法，在不同层的模块之间使用。

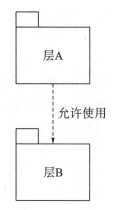

图 3-8　用包来描述层

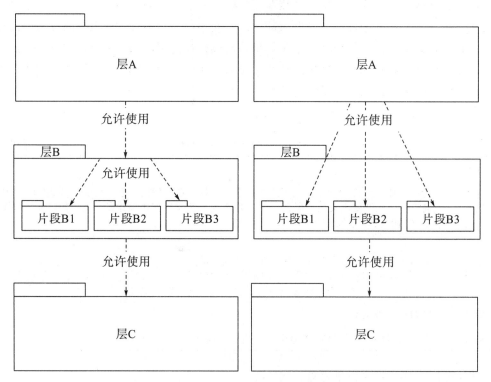

图 3-9　UML 中表示分段层的方案

需要注意的是，在某些情况下，分层风格容易和其他风格相混淆：

（1）模块视图中的分解风格。许多人经常会把层和分解风格中的模块相混淆，但事实上，层不一定是模块。因为虽然模块会分解成其他的模块，但层并不会分解成更小的层。

（2）N 级客户端——服务器中的级。层和级是不相同的，因为通常级图都倾向于表示分配机器资源、元素之间的数据流和通信信道的存在，这些是无法在层图中加以区分的，层图实际上更便于修改和建立子集。也就是说，层图和级图所服务的相关问题是不同的。

（3）模块视图中的使用风格。因为层有"允许使用"关系，所以它是非常符合使用风格的。但是，"使用"关系不能违反"允许使用"关系。

（4）子系统。通过使用子系统概念，层可以跨越概念路径。也就是说，在某些情况下，子系统可以由顶层段和它可以使用的较低层中的段来构建。

3.4　构件和连接件视图类型

构件和连接件（C&C）视图中，定义了那些由拥有运行时存在的元素构成的模型，比如对象、进程、客户机、服务器以及数据存储。除此之外，还包括了元素的交互路径，比如通信链路和协议、共享存储器访问和信息流。因此，构件和连接件视图描述的是运行时实体可能的交互操作，并且可能会包含有同一个构件类型的许多实例。相对于定义元素类型的类图，构件和连接件视图更类似于对象图或协作图。

在软件架构师的任务中包含选择计算元素之间合适的交互形式，而这也是一项关键任务。在构件和连接件视图中，这些交互操作会作为其中的连接件被捕捉。因此，构件和连接件视图在实际操作中经常用到。

3.4.1　元素、关系和属性

表 3-6 对构件和连接件视图的特征进行了总结。

表 3-6　构件和连接件视图的特征

元素	• 构件类型。构件类型主要处理单元和数据存储器 • 连接件类型。连接件类型是交互机制
关系	连接。连接是指构件的端口和特定连接件角色相关联。如果一个构件通过它的端口所描述的接口来和某一连接件交互，而且符合连接件所描述的预期状态，那么该端口就和该连接件连接
元素属性	构件： 　• 名称。在构件和连接件视图中，每个构件都有各自的名称。通常名称可以指出构件的预期功能，而且我们可以把图形元素和支持文档通过名称关联起来 　• 类型。构件的类型定义了构件的一般功能、端口数量和所需的属性。在构件和连接件视图中，构件实例可以定义实例所属类型中不需要的附加端口，或者以不在该实例定义内的附加结构形式关联一个实现方案 　• 其他属性。构件类型会定义一些构件所需的属性，可能包括性能、可靠性等 连接件： • 名称。连接件的名称应该反映连接件的交互性质 • 类型。连接件的类型定义了由连接件支持的交互性质以及连接件可以采用什么形式 • 其他属性。连接件类型会定义一些所需的属性，可能包括性能、交互协议等
拓扑	没有固有约束

虽然构件本身具有类型，但它不应该出现在视图中，构件和连接件视图中包含的应该

是构件实例。构件具有接口，被称为端口，以便于与其他接口相区别。那些有助于产生构件和连接件视图的构件和连接件类型集应该在所用风格的风格指南中明确枚举和定义，或者通过在构件属性中定义构件的类型来完成。

3.4.2 支持和不支持做什么

通过构件和连接件视图可以推断系统在运行时的质量属性。如果给出对于单个元素和交互特性的估计或测度，那么一个编档优秀的视图就可以让软件架构师预测整体系统的性能。同样，对于软件架构师来说，了解单个元素和通信信道的可靠性，可以估算整体系统的可靠性。通过构件和连接件视图可以了解以下的问题：

（1）系统的主要执行构件和交互方法。

（2）主要共享数据存储器。

（3）系统被复制的部分和复制次数。

（4）在系统运行时，数据经过系统的方式。

（5）通信实体所使用的交互协议。

（6）通过并行方式来运行的系统部分。

（7）系统运行过程中结构可能产生的变化。

构件和连接件视图不适合用来表示没有运行时存在的设计元素。

3.4.3 与其他视图类型的关系

在一个系统的构件和连接件视图与模块视图之间可能存在着非常复杂的关系。比如，同一个代码模块可以被构件和连接件视图的许多元素执行，而构件和连接件视图中的单一构件也可以是许多模块中的可执行代码。同样，一个构件也可能会有许多点来与环境交互，这些点都由同一个模块接口定义。

在某些情况下，构件和连接件与模块视图之间有更加密切的对应性：

第一，每一个模块都有一个相关联的单一运行时构件，在这种情况下，连接件被限制为"调用过程"。

第二，在面向对象的系统架构模型中，每个类都只能有一个运行时的实例，我们会用对等风格来描述构件和连接件视图。

第三，"基于构件的系统"由可执行模块（即目标代码）构成，这些模块可以提供多个被其他模块使用的面向服务的接口。

3.5 构件和连接件视图类型的风格

构件和连接件风格是其视图的特化，使用的方法是确定一个特定的构件和连接件类型集，并且制定这些类型中元素的组合规则。通常来说，风格的选择取决于系统内运行时结构的性质和预期用途。

3.5.1 管道和过滤器风格

在管道和过滤器风格中，交互模式表现出了数据流连续变换的特征。其中，数据在达到过滤器后，经过转换并由管道传递给下一个过滤器，单个的过滤器可以通过多个端口来传递数据。

表 3-7 对管道和过滤器风格的特征进行了总结。

表 3-7　管道和过滤器风格的特征

元素	• 构件类型：过滤器。过滤器可以对由一个或多个管道接收到的数据加以变换，并通过一个或多个管道传递结果。它的端口必须是输入或输出端口 • 连接件类型：管道。管道可以把数据流从一个过滤器的输出端口传递到另一个过滤器的输入端口，拥有数据输入和输出角色
关系	连接关系。连接关系可以使过滤器的输出端口与某个管道的数据输入角色关联，输入端口与多个管道的输出角色关联，还可以确定交互过滤器的图形
计算模型	• 过滤器是一种数据转换器，它把从输入端口读取的数据流写入输出端口 • 管道把数据流从一个过滤器传递到另一个过滤器
属性	同构件和连接件视图中定义的属性
拓扑	通过管道，可以把过滤器的输出端口同过滤器的输入端口相连接。通过这种风格的特化，可以限制构件和非循环图或者线性顺序的关联

在通信期间，管道可以缓冲数据，所以过滤器可以有异步、并发或者独立操作。过滤器没有必要了解上下游过滤器的身份，因此，在管道和过滤器系统中，整体计算可以堪称过滤器组合的功能组合。如果一个系统具有管道和过滤器风格，那么它在很大程度上倾向于数据变换。输入/输出流等待时间、管道缓冲需求、可调度性这些系统性能的推断，以及导出过滤器图提供的聚集变换，都属于管道和过滤器风格中的分析。

3.5.2　共享数据风格

在共享数据风格中，其交互模式都是由持久数据的交换来支配的。通常这类数据都有多个存取器和至少一个共享数据存储器，用来保留持久数据。我们所熟知的数据库系统属于共享数据风格的系统，它有一个特征，即通过它，数据消费者可以了解自己感兴趣的数据是不是可用。表 3-8 对共享数据风格的特征进行了总结。

表 3-8　共享数据风格的特征

元素	• 构件类型：数据存取器和共享数据存储库 • 连接件类型：数据读写
关系	连接关系。连接关系可以确定数据存取器会连接到哪些数据存储库
计算模型	由共享数据存储库来完成数据存取器之间的通信。由数据存取器或者数据存储器来启动控制过程
属性	由构件和连接件视图定义。通常可以进行精化： • 存储数据类型 • 面向性能的数据属性 • 数据分配
拓扑	从数据存取器到数据存储器的连接件连接

如果考虑单纯的共享数据系统，那么数据存取器只可以由共享数据存储器来进行交互。但是许多的共享数据系统中，非存储器元素也可以直接交互，其数据存储构件可以提

供关于数据的共享访问，并且支持数据持久性、管理数据并发访问、访问控制、提供容错性和处理数据值的分配及缓存。

如果数据项有多个存取器，且具有持久性，就可以使用共享数据风格，相关的分析通常都集中于性能、安全保密性、可靠性和兼容性。共享数据风格同客户机—服务器风格存在某些共性。在此种风格中，如果是信息管理应用程序，其数据存储器通常是关系数据库，可以通过客户机—服务器的交互来提供关系查询和更新。

3.5.3 发布—订阅风格

表3-9对发布—订阅风格的特征进行了总结。

表3-9　发布—订阅风格的特征

元素	• 构件类型：所有具有可以发布或者订阅事件的接口的构件和连接件构件类型 • 连接件类型：发布—订阅
关系	连接关系。连接关系可以把构件和发布—订阅连接件相关联
计算模型	宣布事件并且可以对其他已宣布事件做出反应的独立构件系统
属性	由构件和连接件视图定义，通常可以进行精化： • 哪些事件由哪些构件宣布或订阅 • 何时允许构件订阅事件
拓扑	所有的构件都连接到一个事件分配器，可以把其看成总线—连接件或构件

通常最好是把发布—订阅风格中的计算模型看成是一种主要由独立进程或对象构成的系统，其中，那些独立进程或对象做出对环境产生的事件的反应，并且依次引起其他构件的反应，顺便以此作为它的事件来宣布。以下是发布—订阅风格的两种形式：

（1）隐式调用。在这种形式下，构件拥有过程接口，并能通过把其过程之一同每个订阅的事件相关联来注册某事件。在宣布了事件后，就可以通过由运行时基础结构确定的顺序来调用被订阅构件的关联过程。

（2）事件只路由到适当构件，由构件来推断事件处理方法。在这种形式下，单一构件将有更多的负担，但相对于隐式调用，它可以混合存在更多构件种类。

通过发布—订阅风格，可以向未知接受者发送事件和消息，而这样的好处是可以添加新接受者而不修改生产者。如果使用这种风格来发布消息，就可以把它看成没有持久性的共享数据风格。如果构件拥有独立控制线程，则就是通信—进程风格的精化。而发布—订阅风格的隐式调用则通常和对等连接风格相联合，使得构件既可以利用过程或函数调用完成显式交换，也可以通过事件宣布完成隐式交互。

3.5.4 客户机—服务器风格

在客户机—服务器风格中，构件通过请求其他构件的服务来进行交互，其实质是通信一般由客户机发起，而且通常成对。表3-10对客户机—服务器风格的特征进行了总结。

表 3-10　客户机—服务器风格的特征

元素	• 构件类型：客户机：请求其他构件服务。服务器：提供其他构件服务 • 连接件类型：请求/应答，即客户机对服务器的非对称调用
关系	连接关系。关联客户机和连接件的请求角色，使得服务器和连接件的应答角色关联，确定何种服务可以由何种客户机请求
计算模型	客户机可以启动各项活动，并向服务器请求所需的服务，等待请求结果
属性	由构件和连接件视图定义，通常可以进行精化： • 可以连接的客户机数量、类型和性能属性
拓扑	一般没有约束，特化后可以添加如下约束： • 同给定端口或角色的连接数量 • 服务器之间允许存在的关系

单纯的客户机—服务器风格系统的计算流并不是对称的，客户机可以请求服务器的服务来启动动作，因此客户机必须了解服务器的身份。另外，还可以启动所有交互操作。相反，服务器在收到服务请求之时无法了解客户机的身份，而且必须响应已经启动了的客户机请求。

客户机—服务器风格表示的是一种分离客户应用程序和它们所使用服务的视图。正是因为它对服务进行了分离，所以可以理解系统，它通常可以分析确定系统服务器是否提供客户要求的服务。同其他风格一样，客户机—服务器风格可以分离服务产生者和消费者。

3.5.5　对等连接风格

在对等连接风格中，构件可以作为同位体通过服务交换来直接交互。它的通信是一种请求/应答交互，具有对称性，因此，原则上任何构件都能通过请求其他任何构件的服务来和该构件交互。表 3-11 对对等连接风格的特征进行了总结。

表 3-11　对等连接风格的特征

元素	• 构件类型：同位体 • 连接件类型：调用过程
关系	连接关系。可以把同位体和调用过程连接件关联，并可以确定可能的构件交互图
计算模型	同位体提供接口，封装状态。相互请求服务的同位体协作完成计算
属性	由构件和连接件视图定义，但会强调交互协议和面向性能的属性。连接在运行时可能变化
拓扑	可能有如下约束： • 同任何给定端口或角色的允许连接数量 • 其他可见性约束，以便约束哪些组件可以了解其他构件

对等连接风格表示了一种用协作区域划分应用的系统视图。在对等连接风格中，同位体可以直接进行交互，它们可以扮演客户机或者服务器角色。因为同位体具有访问最新数据的权限，所以服务器构件的负荷会减小，同样，也可以分散可能需要更多服务器容量和接触结构支持的责任，但是，付出的代价是只能在本地存储数据。

3.5.6 通信—进程风格

在通信—进程风格中，并发执行构件会通过各种连接件机制来交互。表 3-12 对通信—进程风格的特征进行了总结。

表 3-12 通信—进程风格的特征

元素	• 构件类型：并发单元，如任务、进程或者线程 • 连接件类型：数据交换、同步、消息传递、控制和其他通信类型
关系	连接关系。同构件和连接件视图类型中定义
计算模型	并发执行构件，通过特定连接件机制来交互
元素属性	• 并发单元： ◆ 可抢占性。可抢占性表示了一个并发单元可以抢占另一个并发单元的执行，或者并发单元执行到自愿中止 ◆ 优先性。优先性可以影响调度 ◆ 时间参数。包括周期、最后期限等 • 数据交换：缓冲。缓冲表示了会把不能立即处理的消息保存起来，用于通信"协议"
拓扑	任意图

通信—进程风格一般用于了解在一个系统中，哪些部分可以进行并行操作、构件和进程的捆绑、系统内的控制线程，因此，它可以用来分析性能和可靠性。通信—进程风格的实质是元素可以进行相对独立的操作，其中并发是理解系统工作的重要部分。在实际操作上，通信—进程风格很少单一地使用，通常会和其他风格结合使用。

3.5.7 构件和连接件视图类型的风格表示法

在 UML 中，编档构件和连接件视图有许多种策略，我们主要介绍三种策略。

1. 将构件类型用作类，将构件实例用作对象

类可以用来描述系统的概念词汇，而且类和对象之间的关系也类似于软件架构类型和实例之间的关系。图 3-10 说明了这些一般概念。架构构件的属性表示为类属性，也可以通过关联来表示，UML 行为模型可以用来表示行为，而泛化则可以用来把一组构件类型相联系。在 UML 中，使用这种策略有五种表示端口的方法，如图 3-11 所示。

• 方案一：不明确表示。虽然这样做无法特化端口名称和属性，但如果构件只有一个端口，或者端口可以推断，又或者在其他地方有对此处的精化，则这样仍然合理。

• 方案二：用注解表示端口。注解提供了所给涉及端口的信息。虽然注解因没有语义而无法进行分析，但如果端口的特征不属于关注对象，则这样仍然合理。

• 方案三：用类/对象属性表示端口。这样可以使它们成为形式结构模型的一部分，但正因为它们实质上是名称和类型，所以这样会限制该方案的表达能力。

• 方案四：用 UML 接口表示端口。这样做的优点是端口和接口可以特化实体和环境的交互方式和各个方面，UML 接口可以利用描述构件类型的类图来对端口进行简单描述，而且这样做也一目了然。

• 方案五：用类表示端口。这样做虽然可以表示端口的子结构，可以说明某构件类型

有许多同类型端口，但会产生混乱，因为端口和构件之间没有明显区别。

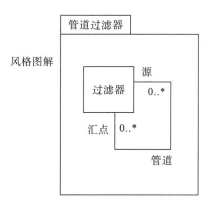

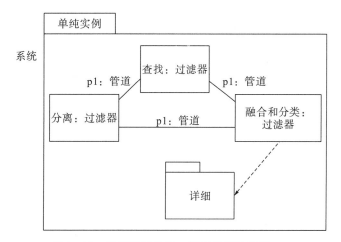

图 3-10　用类表示类型，用对象表示实例

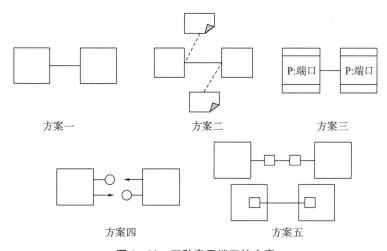

图 3-11　五种表示端口的方案

同样，在此策略中，有三种表示连接件的可选方案。

- 方案一：用关联来表示连接件类型，用链接来表示连接件实例。
- 方案二：用关联类来表示连接件类型。

• 方案三：用类来表示连接件类型，用对象来表示连接件实例。

把构件和连接件视图封装成系统有以下三种可选方案：

• 方案一：用 UML 的子系统来表示。

• 方案二：用被包容的对象来表示。

• 方案三：用协作来表示。

2. 用子系统来表示

正是因为子系统可以把粗细度元素描述成 UML 模型集，所以这种策略很受欢迎。图 3-12 中，用子系统来表示过滤器类型，用子系统实例来表示过滤器实例。

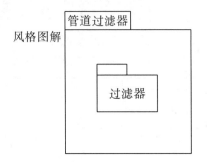

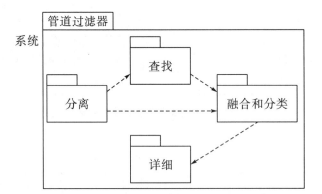

图 3-12　用子系统来表示构件

如果使用这种方法来描述，可以把结构作为类、对象或者行为模型来纳入。但是，因为子系统没有属于自己的行为，所以必须把发送给封闭子系统的通信内容重新指向子系统内的实例。

3. 用 UML 实时语义框架

UML 实时（UML-RT）语义框架是一个由构造性、约束条件和标记值组成的集合，通过组合它们可以得到一种特定领域语言的特化。表 3-13 总结了从构件和连接件视图到 UML-RT 的映射。图 3-13 展示了简单的管道和过滤器系统。

表 3−13　构件和连接件视图到 UML−RT 的映射

构件和连接件	UML−RT
构件类型	容器实例 容器类
端口类型	端口实例 协议角色类
连接件类型 （行为约束）	连接件（链接） 关联类 协议类
角色类型	无显式映射；隐式元素：LinkEnd 关联终端
系统	协作

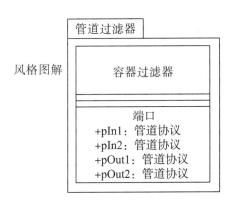

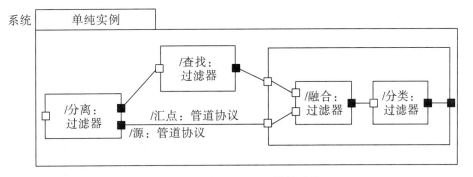

图 3−13　用 UML−RT 描述系统

3.6　分配视图类型及其风格

分配视图类型可以把软件架构映射到其环境，在视图中，它可以把模块视图或者构件和连接件视图中的元素映射到环境元素。

3.6.1 元素、关系和属性

表 3-14 对分配视图类型的特征进行了总结。

表 3-14 分配视图类型的特征

元素	软件元素和环境元素
关系	分配到…关系。表示分配软件元素到环境元素
元素属性	• 软件元素：要求的属性 • 环境元素：提供的属性 在元素属性中，要求的属性必须和提供的属性匹配
关系属性	由特定风格决定
拓扑	由特定风格决定

在分配视图类型中，软件元素和环境元素都拥有属性，具体拥有哪些属性则取决于分配的目的。分配视图类型的用法和表示法都由所用的特定风格来决定。

3.6.2 部署风格

在部署风格中，构件和连接件视图中的元素通常是通信—进程风格，被分配到了执行平台。表 3-15 对部署风格的特征进行了总结。

表 3-15 部署风格的特征

元素	• 软件元素：通常是构件和连接件视图类型中的进程 • 环境元素：计算机硬件，通常包括处理器、内存、磁盘等
关系	• 分配到…关系。表示软件元素驻留在哪些物理单元 • 如果是动态分配，则关系成为： 　◆移植到…，表示软件元素可以移动但不能与两个处理器共存 　◆副本移植到…，表示软件元素复制一个自身的副本发送到新进程中，而原始处理元素也保留一个副本 　◆执行移植到…，表示执行可以在处理器之间移动，但代码驻留位置不会变。而进程副本可以在多个处理器中，但同时只能有一个进程活动
元素属性	• 软件元素：重要硬件特征，比如处理器、内存、容量需求以及容错性 • 环境元素：影响分配决策的重要硬件特征，比如 CPU 属性、带宽等
关系属性	分配到…
拓扑	无约束

使用部署风格可以对性能、可靠性和安全性进行分析，还可以用作成本评估的一部分。如果想要对性能进行调整，则可以改变软件分配给硬件的过程。当处理元素或者通信信道处在降低或故障时，可靠性会直接被系统行为影响。部署一个系统的成本通常取决于该系统的硬件元素，通过部署视图，可以展示特定配置的硬件元素和用途。

但是，部署风格不能称为系统的软件架构。因为尽管这些视图可以通过协助组织工作和理解软件来完成重要职责，但不能够完整表达软件架构。

在 UML 中，部署风格视图就是一幅节点图。在图中，节点用立体方框表示，被通信相关联，对应处理元素。它可以包含构件实例，以表示构件驻留在节点上。而构件之间则可以用依赖性关系箭头来和其他构件连接。图 3-14 展示了 UML 部署视图。

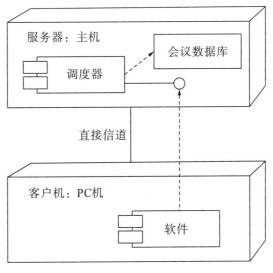

图 3-14　UML 部署视图

3.6.3　实现风格

实现风格可以把模块视图类型中的模块映射到开发基础结构中。如果对一个模块进行了实现，那么一定会有许多独立文件，如源代码文件等。这些文件必须得到组织，才不会失去系统化的控制和完整性。考虑最简单的情况，就是在文件系统内使用目录分层结构。表 3-16 对实现风格的特征进行了总结。

表 3-16　实现风格的特征

元素	• 软件元素：模块 • 环境元素：配置条目，比如文件、目录
关系	• 包容关系。它规定了一个配置条目由另一个或者多个包容 • 分配到…关系。它把模块分配到配置条目。主要是一对一，但一个配置条目可以是多个条目的组成
元素属性	• 如果存在，则是软件元素要求的属性，通常是关于开发环境 • 环境元素提供的属性：对开发环境提供特征的指示
关系属性	无
拓扑	分层配置条目："包容在…"

在开发过程以及生成阶段对于对应软件元素的文件的管理维护，通常会使用实现风格。实现风格还可以用来指定特定系统的不同版本，以及用于特殊目的的元素。

3.6.4　工作任务风格

工作任务风格把软件架构映射到人组成的团队，因此，它属于一种重要的分配风格。表 3-17 对工作任务风格的特征进行了总结。

表 3-17　工作任务风格的特征

元素	• 软件元素：模块 • 环境元素：组织单元。如人员、团队、部门、分包商等
关系	分配到…关系
元素属性	技能集。包括了所需技能和提供技能
关系属性	无
拓扑	只有在实际工作中才有约束，便于把模块分配到组织单元

在工作任务风格中，文档必须包含各模块的信息，从而约束模块的作用域和责任，其实质则是向那些需要生产、测试模块等的团队提供特许，并且工作任务风格只与需要开发的团队有关系。

工作任务风格可以描述一个工作系统必需的重要软件单元及其生产人员，还可以描述软件开发使用的工具和所处环境。它是工作分解结构、详细预算和进度估计的基础，但它不可以展示运行时关系（比如调用）和模块之间的依赖性。

因为工作任务风格把模块分解风格用作分配映射的基础，因此它和模块分解风格有密切关系。它也经常和其他风格联合使用，比如团队工作任务可以是模块分解风格中的模块，但组合其他风格时必须谨慎，要记住分解工作任务会产生同样的元素。当工作任务结构建立在分解的基础上时，它不能很好地映射到这类元素，但它可以很好地映射到按信息隐藏或封装原则获得的模块分解。

小结

本章首先介绍了软件架构编档和文档视图风格的概念，软件架构文档的作用就是为各种用途服务，其必须具体到足以用其作为构建的蓝图，或者抽象到新进人员能凭其迅速理解它。软件架构视图是对一组系统元素及其关系的描述，它是架构编档的基础，或者说编档就是为架构相关的视图进行编档。视图类型的风格则是用于描述软件架构视图系统组织方式的惯用模式，即对元素和关系类型的特殊化，以及包括如何使用这些元素和关系类型的一组约束。然后对三种视图，即模块视图、构件和连接件视图、分配视图的类型和风格进行了详细的介绍，指出了各种风格的特点及其元素关系。本章希望通过这些介绍，能让读者对软件架构的编档和视图的重要性引起足够的重视。

练习

1. 本章的哪些视图与你正在开发的系统有关？你把哪些视图编成了文档？
2. 假设你刚加入一个项目开发，请列出要熟悉这个岗位所需要阅读的一系列文档。
3. 需要什么文档进行性能分析？
4. 请用编程语言实现一个典型的管道过滤器的示例代码，并体验过滤器的动态替换对整体功能的影响。
5. 选择一个你熟悉的大型软件架构，确定其架构所用的风格，分析为何采用这种风格，以及这种风格在这个架构中的优缺点。
6. 请区分分层风格和分解风格，说明它们的不同点。

第4章　软件质量属性

本章介绍软件质量属性的重要性。在项目的开发过程中，一个开发组织需要根据用户的要求设计一个基于窗口的用户界面并定义新的数据文件，其容量是旧文件的两倍。这样可能会导致新系统虽然满足了技术上的规范要求，但不一定能达到客户可接受的程度。用户会抱怨界面运行缓慢，新的数据文件占用太大的磁盘空间。更糟糕的是，开发者和用户没有详细地讨论新技术和方法可能牵涉到的其他特性，从而导致了用户期望与产品实际性能之间的期望差异。因此，比起仅仅满足客户所要求的功能，软件质量的成功似乎更为重要。

4.1　质量属性

质量属性是指软件系统在质量方面的要求。虽然有许多产品特性可以称为质量属性（Quality Attribute），但是在许多系统中需要认真考虑的仅是其中的一小部分。如果开发者知道哪些特性对项目的成功至关重要，那么他们就能选择软件工程方法来达到特定的质量目标。根据不同的设计，有两种质量属性分类方法：一是把在运行时可识别的特性与那些不可识别的特性区分开；二是把对用户很重要的可见特性与对开发者和维护者很重要的不可见特性区分开。对开发者具有重要意义的属性使产品易于更改、验证，并易于移植到新的平台上，从而可以间接地满足客户的需要。在表 4－1 中，分两类来描述每个项目都要考虑的质量属性和其他许多属性。

在一个理想的范围中，每一个系统总是最大限度地展示所有这些属性的可能价值。系统随时可用，绝不会崩溃，可立即提供结果，并且易于使用。但理想环境却是不易得到的，因此必须知道表 4－1 中哪些属性的子集对项目的成功至关重要，然后根据这些基本属性来定义用户和开发者的目标，从而使产品的设计者可以做出合适的选择。

表 4－1　软件质量属性

对用户最重要的属性	对开发者最重要的属性
有效性（availability）	可维护性（maintainability）
高效性（efficiency）	可移植性（portability）
灵活性（flexibility）	可重用性（reusability）
完整性（integrity）	可测试性（testability）
互操作性（interoperability）	
可靠性（reliability）	
健壮性（robustness）	
可用性（usability）	

产品的不同部分与所期望的质量属性有着不同的组合。高效性可能对某些部分是很重要的，而可用性对其他部分则很重要。把应用于整个产品的质量属性与特定某些部分、某些用户类或特殊使用环境的质量属性区分开，并把特定的目标和列在软件需求规格说明部分的特性、使用实例或功能需求联系起来，使其获得更好的质量属性。

4.1.1　定义质量属性

必须根据用户对系统的期望来确定质量属性。定量地确定重要属性提供了对用户期望的清晰理解，这将有助于设计者提出最合理的解决方案。然而，大多数用户并不知道如何回答诸如"互操作性的重要性如何"或者"软件应该具有怎样的可靠性"等问题。在一个项目中，分析员想出了对于不同的用户类型可能很重要的属性，并根据每一个属性设计出许多问题。他们利用这些问题询问每一个用户类的代表，可以把每个属性分成一级（不必多加考虑的属性）到五级（极其重要的属性）。这些问题的回答有助于分析员决定哪些质量特性用作设计标准是最重要的。

然后，分析员与用户一起为每一个属性确定特定的、可测量的和可验证的需求。如果质量目标不可验证，那就说不清你是否达到这些目标。在合适的地方为每一个属性或目标指定级别或测量单位，以及最大值和最小值。如果不能定量地确定某些对你的项目很重要的属性，那么至少应该确定其优先级。

4.1.2　软件质量属性

软件质量属性分开发期质量属性和运行期质量属性两大类。开发期质量属性包含了与软件开发、维护和移植这三类活动相关的所有质量属性，这些是开发人员、开发管理人员和维护人员都非常关心的，对最终用户而言，这些质量属性只是间接地促进用户需求的满足。而运行期质量属性是软件系统在运行期间，最终用户可以直接感受到的一类属性，这些质量属性直接影响着用户对软件产品的满意度。用图4-1可以概括这两类属性。

4.1.3　质量属性场景

质量属性场景是一种面向特定的质量属性的需求。顾名思义，采用场景的方法对质量属性涉及、关注的内容进行分析和挖掘。如图4-2所示，属性场景由以下六个部分组成：

•刺激源：某个生成该刺激的实体（人、计算机系统或任何其他激励器）。一般指外部的输入，此处的外部是与自评相对应的。

•制品：可能是一个系统、一个进程、一个通信过程，也可能是其中的一部分。简单地说，就是当前需要获取质量属性的软件或者硬件实体，也就是当前设计师或分析师需要分析的对象。

•刺激：一般指影响制品的事件，包括调用、消息、请求等类型。

•环境：指制品在收到刺激时整个制品所在系统的状态。当刺激发生时，系统可能处于过载或者正在运行状态，也可能是其他情况。

•响应：制品在刺激到达后所采取的行动。

•响应度量：该响应发生时，应该能够以某种方式对其进行度量，以对需求进行测试。

开发期
质量属性

易理解性：被开发人员理解的难易程度
可扩展性：适应新需求或需求变化为软件增加功能的能力
可重用性：重用软件系统或其一部分的能力的难易程度
可测试性：对软件测试以证明满足需求规约的难易程度
可维护性：为达到修改BUG、增加功能和提高质量属性而定位
　　　　修改点并实施的难易程度
可移植性：将软件系统从一个运行环境转移到另一个运行环境
　　　　的难易度

运行期
质量属性

性能时间来度量：指软件系统及时提
供相应服务的能力，表现在三个方面

速度：通过平均响应
吞吐量：通过单位时间处理的交易数来度量
持续高速性：保持高速处理速度的能力

安全性

向合法用户提供服务
阻止非授权用户使用
阻止恶意的攻击

易用性：软件系统易于使用的程度
持续可用：系统长时间无故障运行的能力
可伸缩性：当用户和数据量增加时软件系统维持高服务质量的能力
互操作性：本软件系统和其他系统的数据相互调用服务的难易程度
可靠性：软件系统在一定时间内无故障运行的能力
鲁棒性：系统在用户非法操作、软硬件发生故障的情况下正常运行的能力

图 4-1　软件质量属性框架图

我们将质量属性场景（一般场景）与具体的质量属性场景（具体场景）区分开。前者是指那些独立于系统，很可能适合任何系统的场景；后者是指适合正在考虑的某个特定系统的场景。我们以一般场景集合的形式提供属性描述。然而，为了把属性描述转换为对某个特定系统的需求，需要把相关的一般场景变为面向特定系统的具体场景。

图 4-2　质量属性场景的六个部分

4.2　理解质量属性

4.2.1　功能性和构建

什么是功能性？功能性是指系统能够完成所期望的工作的能力。某项任务的完成通常要求系统中的很多或绝大多数元素协作，就像在盖房子时设计者、电工、管道工、油漆工、木匠等相关人员相互协作一样。因此，如果各元素的责任划分不合理，或没有提供与其他元素协调的适当的设施（例如，它们不知道何时开始执行自己所要完成的任务），系统就不能提供所需要的功能性。

在大量可能的结构中，可以通过使用任意多个结构来实现功能性。实际上，如果功能性需求是系统的唯一需求，那么整个系统就可以是一个根本没有内部结构的单一模块；反之，系统被分解成多个模块，以使其变得可理解，并支持各种其他目的。因此，功能性在

很大程度上是独立于结构的。当其他质量属性很重要时，软件构建会限制各结构的功能分配。例如，我们经常将系统划分成几个部分，以便由多个人员共同开发。功能性所关心的是它如何与其他质量属性交互，以及它是如何限制其他质量属性的。

4.2.2 构建和质量属性

架构师会设计软件功能到软件结构的映射，正是这个映射（或分配）决定了构建对质量属性的支持。而质量属性的达成，必须在设计、实现、部署三个阶段都进行考虑。

满意的质量属性来自系统的总蓝图（构建）和细节的正确处理。

易用性包括构建性和非构建性两个方面。例如，非构建性方面包括使用界面清晰和系统易用。应该在用户界面上选用单选按钮还是复选框？什么样的界面布局最为直观？什么样的字体清晰可辨？虽然类似这样的细节对最终用户来说非常重要，并且也影响系统的易用性，但它们属于设计细节方面的问题，以及在构建层次上要解决的问题，包括系统是否能为用户提供取消操作、撤销操作或能够重用以前输入的数据。这些事务构建性的因素使它们的达成需要多个元素的合作。在可修改性中由划分功能的方式（构建性方面的）和模块中的编码技巧（非构建性方面的）决定。因此，性能的构建性方面包括构件间的相互通信、部分地依赖于功能的划分以及资源的分配。性能的非构建性方面包括算法的选择和算法的编码实现。

系统性能是一个依靠构建但又不完全依靠构建的质量属性。系统性能受各构件之间必须进行通信的数据量的制约。

在复杂的系统中，绝不可能以孤立的方式实现质量属性，任何一个质量属性的实现都会给其他质量属性的实现带来积极或消极的影响。

4.2.3 质量属性的非功能需求

用户总是强调确定软件的功能、行为或需求，对产品如何良好地运转抱有许多期望。这些特性包括产品的易用程度、执行速度、可靠性、当发生异常情况时系统如何处理。这些被称为软件质量属性（或质量因素）的特性是系统非功能（也叫非行为）部分的需求。

质量属性是很难定义的，就像 Robert Charette 所指出的："在现实系统中，决定系统成败的因素，满足非功能需求往往比满足功能需求更为重要。"优秀的软件产品反映了这些竞争性质量特性的优化平衡。在需求的获取阶段应去探索客户对质量的期望，从而使产品满足他们的要求。

虽然在需求获取阶段客户所提出的信息中包含了一些关于重要质量特性的线索，但客户通常不能主动提出他们的非功能期望。用户要求软件必须"健壮""可靠""高效"，这是从侧面指出他们想要的东西。从多方面考虑，质量必须由客户和那些构造测试与维护软件的人员来定义。探索用户隐含期望的问题可以导致对质量目标的描述，并且可以制定帮助开发者创建完美产品的标准。

4.3　质量属性场景实践

这里关注的问题是帮助架构师为系统生成有意义的质量属性需求。理论上说这应该是在项目的需求获取阶段完成的工作，但在实际中很少这样严格执行，我们通过生成具体的质量属性场景来纠正这种情况。为了做到这一点，使用特定于质量属性的表来创建一般场景，并根据一般场景得出特定于系统的场景。

一般场景提供了生成大量的、一般的、独立于系统的特定质量属性框架。每个场景都潜在地与正在考虑的系统相关，并使它们特定于系统。

使一般场景特定于系统意味着将一般场景转换为针对特定系统的具体场景。因此，一般场景是"当一个改变功能的请求到达时，必须在一个指定的期间内、在开发过程的一个特定时间改变功能"。特定于系统的场景可能是"一个在基于 Web 的系统中增加新浏览器支持的请求到达时，必须在 2 周内进行改变"。此外，一般场景可能会有许多特定于系统的场景。

表 4-2 说明了可用性的一般场景生成，实践中场景的可用性与系统故障及相关后果有关，它关注的方面包括如何检测系统故障、系统故障发生的频率、允许系统多长时间非正常运行等。

表 4-2　可用性的一般场景生成

场景的部分	可能的值
刺激源	系统内部、系统外部
刺激	错误：疏忽、崩溃、时间、响应
制品	系统的处理器、通信通道、持久存储器、进程
环境	正常操作、降级模式
响应	通知用户/其他系统、记录下来、降级运行
响应度量	系统可用的时间间隔、可用时间、修复时间

例如，如图 4-3 所示，在正常操作期间，进程收到了一个未曾预料的外部消息，并响应通知操作人员继续操作，响应度量没有停机。

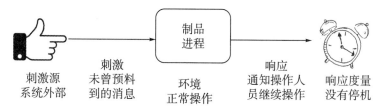

刺激源　　　刺激　　　　环境　　　　响应　　　　　响应度量
系统外部　　未曾预料　　正常操作　　通知操作人　　没有停机
　　　　　　到的消息　　　　　　　　员继续操作

图 4-3　可用性场景样例

实践中的可修改性场景是有关修改成本的问题，包括时间成本和经济成本。可修改性的一般场景生成在表 4-3 中已做说明，场景的部分依然没有发生改变，而其可能的值则发生了变化。可修改性有两个关注点：可以修改什么（如制品），何时进行修改以及由谁进行修改。在过去，通常是由开发者对源代码做出修改，随着软件的发展，我们认识到修改可以发生在不同的阶段。

表4-3 可修改性的一般场景生成

场景的部分	可能的值
刺激源	最终用户、开发人员、系统管理员
刺激	希望添加/删除/修改功能、质量属性、容量
制品	系统用户界面、平台、环境或交互的系统
环境	在运行时、编译时、构建时、设计时
响应	查找构建中需要修改的地方，进行修改且不影响其他功能，测试并部署修改
响应度量	修改所花的成本、工作量、资金；修改对其他功能或质量性所造成影响的程度

例如，如图4-4所示，开发人员希望改变用户界面，以使屏幕背景变成蓝色。这需要在设计时改变代码。需要在3小时内改变代码，并对修改后的代码进行测试，行为中将不会出现副作用的影响。

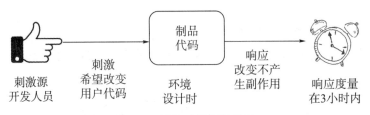

图4-4 可修改性场景样例

实践中的安全性能场景的安全性衡量系统在向合法用户提供服务的同时，应阻止非授权用户使用的能力。当攻击试图突破安全防线时，一般表现为未经授权用户的登录、在通信链路上探嗅数据、未经授权用户的试图访问/修改数据或服务和DOS攻击试图使系统瘫痪等。

因此，系统的安全性包括以下六个方面的特征：

• 不可否认——交易不能被交易的任何一方所否认。
• 保密性——未经授权不能访问数据或服务。
• 完整性——按计划来提交数据或服务的属性。
• 保证——交易的各方应该是他们所声称的人。
• 可用性——系统可用于合法的用途。
• 审核——系统在内部跟踪活动，跟踪级别足以对活动进行重构。

表4-4说明了安全性的一般场景生成。

表4-4 安全性的一般场景生成

场景的部分	可能的值
刺激源	正确/非正确识别身份未知的人，来自系统外部/内部，经/未经授权，可以访问有限/大量资源
刺激	试图显示/改变数据、访问系统服务、降低系统服务可用性
制品	系统服务、数据

续表4-4

场景的部分	可能的值
环境	在线/离线、联网/断网、有/无防火墙
响应	验证用户、隐藏用户身份、阻止对数据的访问
响应度量	避开安全防范所需的努力/事件/资源

例如，如图 4-5 所示，一个经过身份验证的个人，试图从外部站点修改系统数据。系统维持了一个审核跟踪，并在一天内恢复了正确的数据。

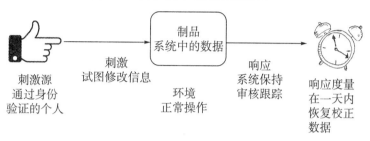

图 4-5　安全性场景样例

实践中的可测试性场景指软件的可测试性是通过测试揭示软件缺陷的容易程度，一般有超过 40% 的成本是用在测试上的。如果架构师可以降低这个成本，则收益将是巨大的。表 4-5 说明了可测试性的一般场景生成。

表 4-5　可测试性的一般场景生成

场景的部分	可能的值
刺激源	单元开发人员/增量开发人员/系统验证人员/客户验收测试人员/系统用户
刺激	完成分析、构建、设计、类、子系统集成；交付系统
制品	设计、代码段、完整的应用
环境	设计时、开发时、编译时、部署时
响应	提供对状态值的访问、提供所计算的值、准备测试环境
响应度量	覆盖率、存在缺陷时出现故障的概率、执行测试的时间、准备测试环境的时间

例如，如图 4-6 所示，单元测试人员在一个已完成的系统构件上执行单元测试，该构件为控制行为和观察器输出提供了一个接口。系统在 3 小时内测试了 85% 的路径。

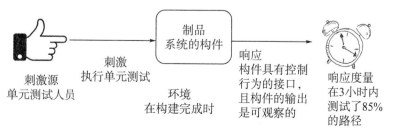

图 4-6　可测试性的场景样例

实践中的易用性关注的是用户完成某个期望任务的容易程度和系统所提供的用户支持的种类。易用性可分为学习系统的特性、有效地使用系统、将错误的影响降到最低、使系统适应用户的需要以及提高自信和满意度等方面。表4-6说明了易用性的一般场景生成。

表4-6 易用性的一般场景生成

场景的部分	可能的值
刺激源	最终用户
刺激	想要学习系统特性、有效使用系统
制品	系统
环境	运行时或配置时
响应	为用户提供所需的特性、预计用户的需要
响应度量	任务时间、错误数量、解决问题的数量、用户满意度、用户知识的获得、成功操作在总操作中的比例、损失的时间/丢失的数据

例如，如图4-7所示，想把错误的影响降到最低的用户，希望在运行时取消用户的操作，系统响应后，取消在1秒内完成。

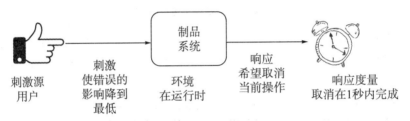

图4-7 易用性的场景样例

4.4 质量属性的选择

4.4.1 对用户重要的属性

1. 有效性

有效性是指在预定的启动时间中，系统真正可用并且完全运行时间所占的百分比。更正式地说，有效性等于系统的平均故障时间（MTTF）除以平均故障时间与故障修复时间之和。有些任务比起其他任务具有更严格的时间要求，此时，当用户要执行一个任务，但系统在那一时刻不可用时，用户会感到很沮丧。询问用户在任何时间所需的有效性，对满足业务或安全目标有效性都是必需的。一个有效性需求可能这样说明：工作日期间，在当地时间早上6点到午夜，系统的有效性至少达到99.5%；在下午4点到6点，系统的有效性至少可达到99.95%。

2. 效率

效率是用来衡量系统如何优化处理器、磁盘空间或通信带宽的。如果系统用完了所有可用的资源，那么用户遇到的将是性能的下降，这是效率降低的一个表现。拙劣的系统性能可能激怒等待数据库查询结果的用户，或者可能对系统安全性造成威胁，就像一个实时处理系统超负荷一样。为了在不可预料的条件下允许安全缓冲，可以这样定义："在预计的高峰负载条件下，10%处理器能力和15%系统可用内存必须留出备用。"在定义性能、能力和效率目标时，考虑硬件的最小配置是很重要的。

3. 灵活性

就像我们所知道的可扩充性、增加性、可延伸性和可扩展性一样，灵活性表明了在产品中增加新功能时所需工作量的大小。如果开发者预料到系统的扩展性，那么他们可以选择合适的方法来最大限度地增加系统的灵活性。灵活性对于通过一系列连续的发行版本，并采用渐增型和重复型方式开发的产品是很重要的。在一个图形工程中，灵活性目标是这样设定的："一个至少具有 6 个月产品支持经验的软件维护程序员可以在一个小时之内为系统添加一个新的可支持硬拷贝的输出设备。"

4. 完整性

完整性（或安全性）主要涉及防止非法访问系统功能、防止数据丢失、防止病毒入侵和防止私人数据进入系统。完整性对于通过 WWW 执行的软件已成为一个重要的议题。电子商务系统的用户关心的是保护信用卡信息，Web 的浏览者不愿意那些私人信息或他们所访问过的站点记录被非法使用。完整性的需求不能犯任何错误，即数据和访问必须通过特定的方法完全保护起来。用明确的术语陈述完整性的需求，如身份验证、用户特权级别、访问约束或者需要保护的精确数据。一个完整性的需求样本可以这样描述："只有拥有查账员访问特权的用户才可以查看客户交易历史。"

5. 互操作性

互操作性是指两个或多个系统可以通过特定上下文中的接口有用地交换有意义的信息的程度。该定义不仅包括交换数据的能力（语法互操作性），还包括正确解释所交换数据的能力（语义互操作性）。系统不能孤立地互操作。任何关于系统互操作性的讨论都需要确定与谁以及在什么情况下，因此需要包含上下文。

互操作性受预期互操作系统的影响。如果我们已经知道了系统可以与之互操作的外部系统的接口，那么我们就可以将这些知识设计到系统中。我们也可以设计系统以更通用的方式进行互操作，以便其他系统提供的身份和服务可以在生命周期的后期，在构建时或运行时绑定。

互操作性表明了产品与其他系统交换数据和服务的难易程度。为了评估互操作性是否达到要求的程度，你必须知道用户使用哪一种应用程序与你的产品相连接，还要知道他们要交换什么数据。例如，"化学制品跟踪系统"的用户习惯于使用一些商业工具绘制化学制品的结构图，所以他们提出如下的互操作性需求："化学制品跟踪系统应该能够从 ChemiDraw 和 Chem-Struct 工具中导入任何有效化学制品结构图。"

6. 可靠性

可靠性是软件无故障执行一段时间的概率。健壮性和有效性有时可看成是可靠性的一部分。衡量软件可靠性的方法包括正确执行操作所占的比例、在发现新缺陷之前系统运行的时间长度和缺陷出现的密度。根据发生的故障对系统有多大影响和对于最大的可靠性的费用是否合理,来定量地确定可靠性需求。如果软件满足了可靠性需求,那么即使该软件还存在缺陷,也可认为达到了其可靠性目标。要求高可靠性的系统是为高可测试性系统设计的。

7. 健壮性

健壮性是指当系统或其组成部分遇到非法输入数据、相关软件或硬件组成部分的缺陷或异常的操作情况时,能继续正确运行功能的程度。健壮的软件可以从发生问题的环境中完好地恢复,并且可容忍用户的错误。当从用户那里获取健壮性的目标时,应询问系统可能遇到的错误条件,并且要了解用户想让系统如何响应。

8. 可用性

可用性也称为易用性,它所描述的是许多组成“用户友好”的因素。可用性衡量准备输入、操作和理解产品输出所花费的努力,必须权衡易用性和学习如何操纵产品的简易性。“化学制品跟踪系统”的分析员询问用户这样的问题:“你能快速、简单地请求化学制品并浏览其他信息,这对你有多重要?”“你请求一种化学制品大概需花多少时间?”对于可用性的讨论可以得出可测量的目标,例如“一个培训过的用户应该可以在平均 3 分钟或最多 5 分钟时间以内,完成从供应商目录表中请求一种化学制品的操作”。

同样,应调查新系统是否一定要与任何用户界面标准或常规相符合,或者其用户界面是否一定要与其他常用系统的用户界面相一致。这里有一个可用性需求的例子:“在文件菜单中的所有功能都必须定义快捷键,该快捷键是由 Ctrl 键和其他键组合实现的。出现在 Microsoft Word 2000 中的菜单命令必须与 Word 使用相同的快捷键。”

可用性还包括对于新用户或不常使用产品的用户在学习使用产品时的简易程度。易学程度的目标可以经常定量地测量,例如,“一个新用户用不到 30 分钟时间适应环境后,就应该可以对一个化学制品提出请求”,或者“新的操作员在一天的培训学习之后,就应该可以正确执行他们所要求的任务的 95％”。当定义可用性或可学性的需求时,应考虑在判断产品是否达到需求时对产品进行测试的费用。

4.4.2 对开发者重要的属性

1. 可维护性

可维护性表明了在软件中纠正一个缺陷或做一次更改的简易程度。可维护性取决于理解软件、更改软件和测试软件的简易程度,它与灵活性密切相关。高可维护性对于那些经历周期性更改的产品或快速开发的产品很重要,可以根据修复一个问题所花费的平均时间和修复正确的百分比来衡量可维护性。

“化学制品跟踪系统”的可维护性需求:“在接到来自政府修订的化学制品报告的规定后,对于现有报表的更改操作必须在一周内完成。”在图形引擎工程中,我们知道,必须不断更新软件以满足用户日益发展的需要,因此,我们确定了设计标准以增强系统总的可维护性："函数调用不能超过两层深度"，并且"每一个软件模块中，注释与源代码语句的比例至少为 $1:2$"。应认真并精确地描述设计目标，以防止开发者做出与预定目标不相符的行为。

2. 可移植性

可移植性度量把一个软件从一种运行环境转移到另一种运行环境中所花费的工作量。软件可移植的设计方法与软件可重用的设计方法相似。可移植性对于工程的成功不是最重要的，对工程的结果也无关紧要。可以移植的目标必须陈述产品中可以移植到其他环境的那一部分，并确定相应的目标环境。于是，开发者就能选择设计和编码方法以适当提高产品的可移植性。

3. 可重用性

从软件开发的长远目标来看，可重用性表明了一个软件构件除了在最初开发的系统中使用之外，还可以在其他应用程序中使用的程度。比起创建一个打算只在一个应用程序中使用的构件，开发可重用软件的费用会更高些。可重用软件必须标准化、资料齐全、不依赖于特定的应用程序和运行环境，并具有一般性。应确定新系统中哪些元素需要用方便于代码重用的方法设计，或者规定作为项目副产品的可重用性构件库。

4. 可测试性

可测试性是指测试软件构件或集成产品时查找缺陷的简易程度。如果产品中包含复杂的算法和逻辑，或具有复杂的功能性的相互关系，那么对于可测试性的设计就很重要。如果经常更改产品，那么可测试性也是很重要的，因为将经常对产品进行回归测试来判断更改是否破坏了现有的功能性。

随着图形引擎功能的不断增强，我们需要对它进行多次测试，所以做出了如下的设计目标："一个模块的最大循环复杂度不能超过 20。"循环复杂度度量一个模块源代码中的逻辑分支数目，在一个模块中加入过多的分支和循环将使该模块难于测试、理解和维护。如果一些模块的循环复杂度大于 20，这并不会导致整个项目的失败，但指定这样的设计标准有助于开发者达到一个令人满意的质量目标。

4.4.3　属性的取舍

有时，不可避免地要对一些特定的属性进行取舍。用户和开发者必须确定哪些属性更为重要，并定出其优先级。在做决策时，要始终遵照这些优先级，当然也可能会遇到一些例外。一个单元格中的加号表明单元格所在行的属性增加了对其所在列的属性的积极影响。例如，增强软件可重用性的设计方法也可以使软件变得灵活，更易于与其他软件构件相连接，更易于维护，更易于移植和测试。

一个单元格中的减号表明单元格所在行的属性增加了对其所在列的属性的不利影响。高效性对其他许多属性具有消极影响。如果编写最紧凑、最快的代码，并使用一种特殊的预编译器和操作系统，那么它将不易移植到其他环境，还难以维护和改进软件。类似地，一些优化操作者易用性的系统或企图具有灵活性、可用性并且可以与其他软硬件相互操作的系统将付出性能方面的代价。例如，比起使用具有完整的制定图形代码的旧应用系统，使用外部的通用图形引擎工具生成图形规划将大大降低性能。用户必须在性能代价和所提出的解决方案的预期利益之间做出权衡，以确保做出合理的取舍。

为达到产品特性的最佳平衡，必须在需求获取阶段识别、确定相关的质量属性，并且为之确定优先级。例如：

· 如果软件要在多平台下运行（可移植性），那么就不要对可用性抱有乐观态度。

· 可重用软件能普遍适用于多种环境，因此，不能达到特定的容错（可靠性）或完整性目标。

· 对于高安全的系统，很难完全测试其完整性需求。可重用的类构件或与其他应用程序的互操作可能会破坏其安全机制。

软件本身不能实现质量属性的合理平衡。在需求获取的过程中，加入对质量属性期望的讨论，并把所了解的写入软件需求规格说明中。这样，才有可能提供使所有项目风险承担者满意的产品。

4.5　实现质量属性策略

构建设计是指为满足构建需求的质量属性寻找适当的策略。质量需求指定了软件的响应，以实现业务目标。我们感兴趣的是设计模式、构建模式或构建策略创建设计的"策略"。

什么能使一个设计具有可移植性，一个设计具有高性能，一个设计具备可集成性？实现这些质量属性依赖于基本的设计策略。我们将对这些"策略"的设计决策进行分析。策略就是影响质量属性响应控制的设计决策，策略集合称为"构建策略"。构建模式以某种方式将策略打包在一起。

系统设计是由决策集合组成的。对架构师来说，每个策略都是一个设计选择。例如，一个策略引入了冗余，以提高系统的可用性。这是提高可用性的一个选择但不是唯一选择。

我们将每个系统质量属性的策略组织为层次形式，但是每个层次只是为了说明一些策略，而且任何策略列表都肯定是不完整的。

4.5.1　可用性策略

恢复和修复是可用性的重要方面。为了阻止错误发展成故障，至少能够把错误限制在一定的范围内，从而使修复成为可能。维持可用性的方法包括某种类型的冗余、用来检测故障的某种类型的健康监视以及当检测到故障时某种类型的恢复。有些情况下，监视或恢复是自动进行的，有时需要手动。

这里我们首先考虑错误检测策略，然后分析错误恢复策略，最后讨论错误预防策略。

1．错误检测策略

为了使系统可用性得到提升，错误检测策略在错误发生时就会对错误进行定位，并为后续的错误恢复、预防等提供良好的基础。常用的错误检测方法是命令/响应（Ping/Echo）、心跳（Heartbeat）和异常（Exception）。

（1）命令/响应：一个构件发出一个命令，并希望在预定义的时间内收到一个来自审查构件的响应。可以把该策略用在共同负责某项任务的一组构件内。客户机也可以使用这种策略，以确保服务器对象和到服务器的通信路径在期望的性能边界内操作。可以用一种层级形式组织"命令/响应"错误探测器，其中最底层的错误探测器对与其共享一个处理器的软件进程发出命令，较高层的错误探测器对较低层的探测器发出命令。与所有进程发出命令的远程错误探测器相比，这种策略所使用的通信带宽更少。图 4−8 中的监控构件发起了一个 Ping 的命令，并希望能够在既定的时间内收到一个来自被审查对象的响应；相应的服务器端回复一个 Echo 信息来判断系统是否处于正常状态，这个策略一般用在分布式模块之间的监测中。程序 4−1 和 4−2 列出了 Ping 和 Echo 的伪代码。

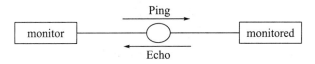

图 4−8　Ping **与** Echo **示意图**

程序 4−1：Ping 的伪代码

```
public class Client{
    public void ping(Strig ip){
    Socket socket=null;
        StringBuilder sb=new StringBuilder();
        try{
            socket=new Socket(ip,10003);
            OutputStream Writer osw=new OutputStream Writer(socket. getOutput
Stream());
            osw. write ("构件的地址");
==========正常实现需用一个新的线程的示例============
            InputStreamReader isr=new InputStreamReader(socket. getInputStream
());
            String state=isr. read();
            if ("200" . equals(state){
System. out. println("访问的构件存在");
}else if("404". equals(state){
                System. out. println("访问的构件不存在");
                }
}catch （Exception e)
System. out. println("socket 连接错误!");
}finally{
try{
    socket. close();
}catch(IOException e){
```

```
        System. out. println("socket 关闭错误!");
    }
    }
    }
}
```

程序 4−2：Echo 伪代码示例

被监测的 Echo 伪代码：

```
public class ServerSocket{
    public void echo(){
        ServerSocket ss=new ServerSocket(10003);
        Socket socket=ss. accept();
        InputStreamReader isr=new InputStreamReader(socket. getInputStream());
        String address=isr. read();
        String state=new String();
        If(address 存在){
            state="200"
            }else{
state="404";
OutputStream Writer osw=new OutputStream Writer(socket. getOutputStream());
Osw. write(state);
socket. close();
}
}
```

（2）心跳：一种典型的错误检测策略。一个构件定期发出一个心跳消息，另一个构件接收该信息。如果心跳失败，则假定最初的构件失败，并通知错误纠正构件，心跳还可以传递数据。例如，自动柜员机定期向服务器发送一次交易日志，该消息不仅起到心跳的作用，而且传送了要处理的数据。在实现上，右边节点主动向左边节点上报相关心跳信息，如节点启动情况、判定计时器是否已经超时、判定右边系统是否已经失效等，如图 4−9 所示。

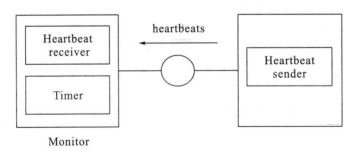

图 4−9 Heartbeat 的模块图

我们来看一个典型的心跳发送端和监控端的流程图，如图 4−10 和图 4−11 所示。发送端包括取得控制端的地址，该地址的获取为通过某个配置文件或者某个公共数据存储取得，这里需要包括相应的 IP 地址以及端口号。需与该地址同时获得的还包括心跳的频率和后续处理策略。在获得相关的参数之后，心跳发送端开始向控制端传输相关的心跳信息，直至心跳结束。

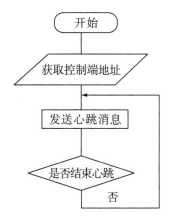

图 4−10 **心跳发送端的流程图**

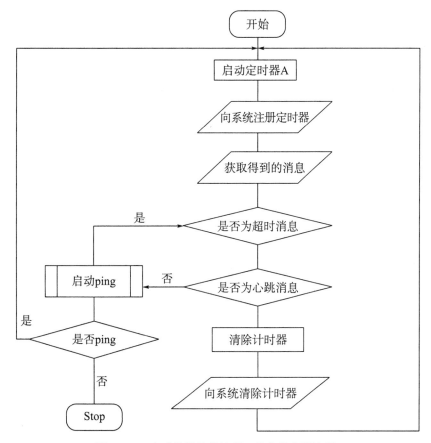

图 4−11 **心跳监控端的流程（接收端典型流程）**

心跳接收端的典型流程有两个主要的分支：一是正常接收心跳消息的流程；二是心跳消息超时但未收到的处理流程。开始时，需首先注册相关的定时器，在定时器未被触发时收到的心跳消息为正常的心跳消息，一旦定时器超时，则进行超时流程。在实际的设计中，考虑到网络的延时，相应的定时器的超时时间会稍稍大于心跳的间隔。

（3）异常：识别错误的一个方法就是系统遇到了异常。Ping/Echo 和心跳策略在不同的进程中操作，异常策略在同一个进程中操作。异常处理程序通常将错误在语义上转换为可以被处理的形式。

异常是在程序运行时才被发现并且抛出的。针对抛出的异常，一般有以下几种处理方式：

①异常捕获并记录。这种异常处理方式最常见，适用于该异常不严重、不影响正常执行的情况，因此只需将该异常捕获、记录，程序仍可正常访问执行。例如，一个计算器程序，当发生除 0 异常时，该计算器只需记录一下，并向下执行（重新开始其他计算任务）。

②异常捕获后对该异常进行恢复处理，并让流程重新执行产生异常的代码。采用这种处理方式的原因是产生异常的代码段是系统必要的代码段，需要在异常之后重新执行。例如，一个程序需要发送相关的数据到外部的一个网站，由于网络异常等情况，发送模块抛出异常，此时发送模块将启动异常恢复的过程，并尝试再次发送数据。

③异常捕获后将异常记录并抛出包装过后的异常。这种情况经常出现在适配模块。适配模块是连接上层调用模块与底层服务模块的中介，它对上代表服务模块，对下代表调用模块。当调用模块调用适配模块后，适配模块再调用服务模块，此时若服务模块抛出相关异常，适配模块有必要将该异常传递给上层的服务模块。适配模块重新抛出异常的方式还可分为全新异常、原异常等。

程序 4-3 展示了异常捕获记录的伪代码。其通过 catch 捕获相关的异常，接着在 catch 代码段中记录相关异常信息。本代码可将相关的异常信息写入文件，也可根据用户需求将异常信息写入数据库、远端存储或者发送到远端服务器。

程序 4-3：

```
try{
...... //要运行的代码
}catch(Exception e){//捕获到异常
new File("要写入的文件 URL");
file Write=new File Writer(file，true);
Writer=new Print Writer(fileWrite);
writer. append(写入的文件的日志格式);
writer. append(e. toString()); //把异常提示写入文件
e. printStack Trace(writer); //把异常内容写入文件
writer. close(); //关闭 writer
}
Finally{
Out. （显示信息）
}
```

2. 错误恢复策略

错误恢复是在错误检测的基础上对错误进行恢复的一类操作的总称。错误恢复策略主要指在发现错误之后，通过纠正错误、重新计算等形式对错误进行恢复的一系列操作。这些战术保障错误能够在演变为真正的故障之前被消灭掉。错误恢复由准备恢复和修复系统两部分组成。下面主要介绍表决、主动冗余、被动冗余和备件四种方法，其他方法请读者自行参考其他书籍。

（1）表决（Voting）。运行在冗余处理器上的每个进程都具有相同的输入，它们计算发送给表决者的一个简单的输出值。如果表决者检测到单处理器的异常行为，那么就中止这一行为。表决算法有"多数规则""首选构件"和其他算法。该方法用于纠正算法的错误操作或者处理器的故障，通常用在控制系统中。每个冗余构件的软件可以由不同的小组开发，并且在不同的平台上执行。稍微好一点的情况是在不同的平台上开发一个软件构件，但是这样的开发和维护费用非常昂贵。

通过这种表决的架构，可在出错的节点少于一半时保持处理结果的准确性。图 4-12展示了表决战术的示意图。

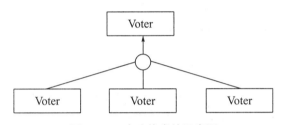

图 4-12　表决战术的示意图

表决策略在应用时需要注意以下几点：

• 表决采用多个相同功能的程序，而非同一个程序。若采用同一个程序，则可能由于程序的同一处缺陷，导致所有的程序都出错。例如，某个程序在编写的时候由于程序员疏忽，未检测某个除 0 的异常。如果采用这个程序的多个副本进行表决，则可能在同一个时刻所有程序都抛出异常，导致表决无法继续进行。因此，一般要求表决器的这几个输入程序由不同的开发人员分别完成，从而减少无法表决的可能性。

• 尽可能采用不同品牌或架构的机器运行各个程序。与不采用同一个程序的原因类似，可能会由于 X86 或者 ARM 架构中某个隐含的 BUG 导致程序在运行某个系统调用时出现严重系统错误，从而导致表决无法进行。

• 程序的个数是奇数而非偶数。表决器需一次性出结果，因此表决器模式中的程序是奇数才能保障出现稳定的结果。

• 若有可能，采用不同算法完成同一个任务，比同一个算法的不同实现要更好。

程序 4-4 展示了表决判定的伪代码，该伪代码主要将相应的结果存储到相应的列表中，对各个结果进行表决，最后取表决结果靠前的结果。需要说明的是，该伪代码并未判定是否超过半数，实际操作中可以对该算法进行优化。

程序 4-4：

```
Main(){
```

```
int num=N;        //定义冗余构件的个数
T cl,c2;          //传给冗余构件相同的输入
Thread _ Name threads[num];      //冗余构件数组
//启动 N 个线程，每个线程里运行一个方法，给每个方法一样的参数
for(i=0;i<num;i++){
        threads[i]=new Thread _ Name("threadName" cl,c2); //创建线程
        threads[i]. run(); //启动线程
}
//counters 用来保存表决的结果
List<Counter>counters=new ArrayList<Counter>();
for(i=1;i<=num;i++){
r=threads[i]. getRetResulto();
j=0;
//每拿到一个新的线程，取它的运行结果，在 counters 中查找
//是否有这个结果，如果有，则把线程的名字加到相应对象中
//如果没有，则在 counters 中新建一个对象
while(j<counters. size0&&counters. get(j). getResult0!=r){
                j++
        }
                    if(j<counters. size()){   //已经存在了这个结果，把投票数加 1
counters. get(). add(threads[i]. ThreadName0);
}
else{    //counters 中还没有这个结果，新建对象，加入 counters
        counters. add(new Counter(r));
}
}
//将 counters 按照里面表决数的大小排序，方便程序做后续处理
for(i=l;i<counters. size;i++){
T temp=counters[i]. Num;
for(j=i-1;j>=0&&counters[j]. Num>temp;j--){
        counters. set(j+1,counters[i]);
}
counters. set(j+1,counters. [i]);
}
        }
class Thread _ Name implements Runnable{    //线程类
T retResult;//计算结果，即要返回给主线程的值
T cl,c2; //接收的参数
String threadName;    //线程名
```

```
public Thread _ Name(String name,T cl,T c2){      //构造方法
        this. setThreadName(name);
        this. c1=c1;
                    this. c2=c2;
}
@Override    //重写 run 方法
public void run(){
        retResult=cl op c2;     //获得参数的计算结果
}
}
public class Counter{    //表决类
T result；    //线程运行出的结果 R
List<String>threads；     //能运行出结果 R 的线程名
int num；    //运行出结果 R 的线程数
public Counter(T result){    //构造方法
        this. result=result;
        threads=new ArrayList<String>0;
}
public void add(String thread){    //投票数加 1
        threads. add(thread);
        num++;
}
}
```

　　上面表决伪代码可帮助用户快速建立表决器，然而实际输出的结果可能更加复杂。为了对上述算法进行优化，可将输出结果进行归一化处理后进行表决。

　　（2）主动冗余（热重启）。所有的冗余构件都以并行的方式对事件做出响应，因此他们都处在相同的状态，仅使用一个构件的响应，丢弃其他构件的响应。错误发生时，使用该策略的系统停机时间通常是几毫秒，因为备份是最新的，所以恢复所需要的时间就是切换时间。

　　主动冗余是一种针对高可靠性的设计，与表决器的方式类似，但不通过表决取得结果。如图 4-13 所示，主动冗余策略针对关键模块以双备份的方式运行。乙与乙′同时接收丙的请求并且进行同样的操作，但是只有乙问甲到达处理元的结果，相当于乙′的处理结果在常状态下将被丢弃。此时若乙出现故障，则乙′将直接接替乙的工作。由于乙′的运行状况与乙几乎一致，所以乙′可快速接替乙的工作。这种工作模式就是一种主动冗余的方式。

　　主动冗余一般应用于对系统可靠性要求非常高的情况，且其工作代价也比较高。从硬件成本看，需要双份系统的硬件需求；从软件上看，需要一套高效的心跳监测和倒换机制，以及状态同步的机制。

71

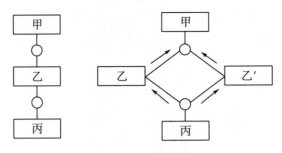

图 4-13　主动冗余示意图

（3）被动冗余（暖重启/双冗余/三冗余）。一个构件（主要的）对事件做出响应，并通知其他构件（备用的）必须进行状态更新。当错误发生时，在继续提供服务前，系统必须确保备用状态是最新的。该方法也用在控制系统中，通常情况是在输入信息通过通信通道或传感器到来时，如果出现故障，必须从主构件切换到备用构件。

与主动冗余方式不同，被动冗余的冗余模块并不需要同时进行计算工作。在"主程序"进行工作时，构件将当前的状态信息备份到"备用程序"所在的服务器上。此时备用程序并不进行相应的操作，只有当"主程序"出现故障时，备用程序才接替工作。备用程序接替工作的过程实质上是将主程序的状态恢复到备用程序的过程。当备用程序具备了主程序的状态之后，它将接替主程序进行工作。因此，与主动冗余相比，被动冗余的反应时间较长，但一般也在秒级，如图 4-14 所示。

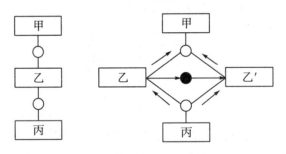

图 4-14　被动冗余示意图

（4）备件。备件是计算平台配置的用于更换各种不同故障的构件。当出现故障时，必须将其重新启动为适当的软件配置，并对其状态进行初始化。定期设置持久设备的系统状态的检查点，并记录持久设备的所有状态变化能够使备件设置为适当的状态。这通常用作备用客户机工作站，当出现故障时，用户可以离开。该策略的停机时间通常是几分钟。

如图 4-15 所示，主机在运行过程中将相关的状态信息直接存储到持久化存储设施中（如数据库、分布式文件系统等）。当主机失效时，备用机器被启动，备用机器从持久化存储中读取主机所存储的相关状态信息，并且将这些状态信息恢复到运行状态，继续响应相关后续请求。需要注意的是，备件可能在不同机器上启动，也可能在同一台机器上启动，因此上面所说的备用机器，主机也可能是备用进程或主进程。

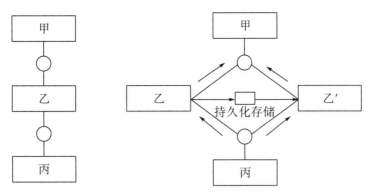

图 4-15 备件示意图

3. 错误预防策略

无论是错误检测还是恢复等策略,都发生在错误已经产生的前提下。显然,若可以将错误消灭在发送之前,则对系统的影响最小。错误预防策略就是在这个前提下诞生的。一般的错误预防策略包括从服务中删除、事务和进程监视器等。

(1) 从服务中删除。该策略从操作中删除了系统的一个构件,以执行某些活动来防止预期发生的故障。一个示例就是重新启动构件,以防止内存泄漏导致故障的发生。如果从服务中删除是自动的,则可以设计构建策略来支持它。如果是人工进行的,则必须对系统进行设计以对其提供支持。例如,某个模块一般在 8 个小时后出错,那么系统可能在第 7 个小时将其替换到另外一个新启动的模块,同时将原模块重启,保障系统的可用性。这种做法很常见,主要是由于代码质量问题。很多模块随着运行时间的增长,其所占用的内存等在不断增长,若任其发展下去,模块将因为内存溢出而中止。因此,在其内存消耗过大之前将其中止并重启,可保障该模块继续正常工作。

(2) 事务。这里的事务指一般概念下的事务。事务就是绑定几个有序的步骤,以便能够立刻撤销整个绑定。如果进程中的一个步骤失败,则可以使用事务来防止任何数据受到影响,还可以使用事务来防止访问相同数据的几个同时线程之间发生冲突。下面将介绍最容易理解且直观的数据库事务,其他事务请读者自行参考相关资料。

数据库事务(Database Transaction)是指作为单个逻辑工作单元执行的一系列操作,要么完整地执行,要么不执行。例如银行转账工作,从一个账号扣款并使另一个账号增款,这两个操作要么都执行,要么都不执行。因此,应该把它们看成一个事务。事务是数据库维护数据一致性的单位,在每个事务结束时都能保持数据一致性。

在事务中需提及 ACID,即事物的原子性(Atomicity)、一致性(Consistency)、隔离性(Isolation)和持久性(Durability)。

• 原子性:即不可分割性,事务要么全部被执行,要么全部不被执行。当事务中有步骤执行失败时,事务回滚,数据恢复到事务执行前的状态。

• 一致性:事务的执行使得数据从一种正确状态转换成另一种正确状态。

• 隔离性:在事务正确提交之前,不允许把该事务对数据的任何改变提供给其他事务,即在事务正确提交之前,它可能的结果不应显示给其他事务。

• 持久性:事务正确提交后,其结果将被永久保存,即使在事务提交后有了其他故障，事务的处理结果也会得到保存。

为了更好地理解事务实施过程中的细节，事务可被细分为以下几个状态（如图 4-16 所示）：

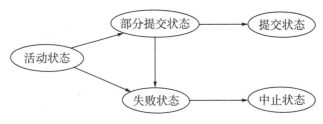

图 4-16　事务状态转移图

• 活动状态：事务的最初状态，事务声明开始或开始执行时就处于此状态。

• 部分提交状态：事务至少有一个事件被执行，就处于此状态，一直到最后一个事件执行完都处于这个状态。

• 失败状态：事务某个事件执行过程中出错，或者事务提交的语句出错，状态就被切换到失败状态。

• 中止状态：事务回滚并且数据被恢复到事务开始执行前的状态。

• 提交状态：事务真正被提交，而且提交成功的状态。

针对上述事务状态，一般在编程过程中采用相应的关键词进行标注。以下是典型的事务语句：

• 开始事务　BEGIN TRANSACTION。

• 提交事务　COMMIT TRANSACTION。

• 回滚事务　ROLLBACK TRANSACTION。

同时，为了更好地保证事务回滚的效率，提出了保存点的概念。保存点即在事务的执行中可以提供执行标记，根据该标记可回滚该标记之后的操作所产生的影响。典型的保存点的语句如下：

• SAVE TRANSACTION TESTSAVE（保存点名称，如 TESTSAVE）：自定义保存点的名称和位置。

• ROLLBACK TRANSACTION TESTSAVE：回滚到自定义的保存点 TESTSAVE 处。

（3）进程监视器。进程监视器是用来监测其他进程状态的守护进程，并且维护该进程的稳定运行。如果进程监视器检测到目标进程中存在错误，则监控进程就可以删除非执行进程，并为该进程创建一个新的实例，将其初始化为相应的状态，以阻止发展成故障，把错误的影响限制在一定范围内，使修复成为可能。采用一个独立的进程监视器还是冗余之间互相监视，需要在后期进行决策。

如图 4-17 所示，在没有进程监视器之前，乙模块的运行状态没有任何保障。当乙模块（进程）无法正常工作时，将影响甲和丙的正常工作。为此，系统引入了进程监视器。进程监视器利用 Ping 等机制监控乙进程的状态，当监视器发现乙进程没有反应时，可"杀死"乙进程，同时重新启动新的乙进程。显然，监控进程重新启动乙的过程需要再次进行状态的同步等操作，才能保障原有的通信过程得以继续。监控进程的存在大大提升了乙的可用性。然而，采用本战术时需注意监控进程自身的稳定性，一般监控进程需足够简单，且经过严格的测试。根据系统对可用性的需求水平，监控进程还可部署在乙进程所在的机器之外。

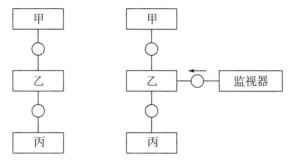

图 4-17　进程监视器

　　我们以一个互为主从的 1+1 多机配置实例来详细解释进程监视器的实际使用情况。在这个例子中，两个节点分别独立运行，节点内部具有 HM（Heartbeat Manager）、NM（Node Manager）、MM、AC、IC 进程，如图 4-18 所示。HM 节点在此充当了监控器及被监控对象的角色。对于一个节点来说，只要 HM 没有失效，节点就没有失效。节点内部故障由内部故障检测、恢复机制来解决，节点故障则通过节点间故障检测恢复机制来解决。节点内部故障检测恢复采用如图 4-19 所示的流程。

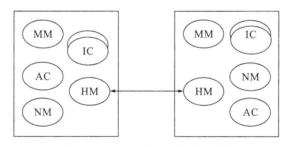

图 4-18　1+1 模式的部署示意图

- HM 检测到 MM 进程失效，向进程管理节点 NM 发送重启 MM 进程的命令。
- NM 收到命令，撤销 MM 进程，并重新生成一个 MM 进程。
- MM 进程生成，向 HM 发送心跳信号。

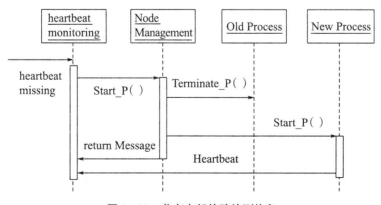

图 4-19　节点内部故障检测恢复

若节点管理进程发生故障（如图 4－20 所示），则采用如下的流程：

• HM 检测到 NM 失效，撤销旧的 NM 进程，并重启新的 NM 进程。

• 撤销 NM 进程的同时销毁自己管理的进程。

• 新的 NM 进程向 HM 发送心跳信号，并根据配置文件新生成其他进程。

• 新生成的其他进程向 HM 发送心跳信号。

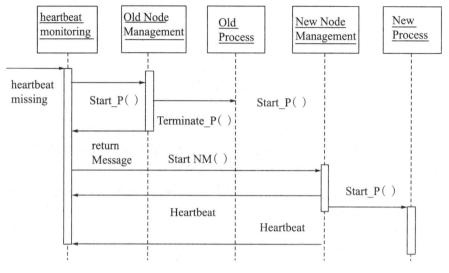

图 4－20　节点管理进程故障

若整个节点失效，则考虑下面的流程。假设节点 1 失效，则节点 2 通过心跳检测到故障，节点 2 充当节点 1 的备份，其过程如下：

• 节点 2 发现节点 1 失效，通知 NM。

• NM 通知本节点中同步节点 1 的进程。

• 各应用进程通知原来与节点 1 通信的客户端都改到节点 2。

• 继续按照原方式运行。

节点 1 失效后，操作系统或者操作员会重启节点 1 的 HM 进程，过程如下：

• HM 启动，并启动 NM 进程。

• NM 启动，并启动 MM、AC、IC 进程，通过命令行参数通知各进程的启动模式。

• 各进程启动完毕，向 HM 发送心跳信息。

• 节点 1 恢复完毕，通知各个应用进程节点 1 可以处理新的请求。

图 4－21 总结了上面讨论的策略。

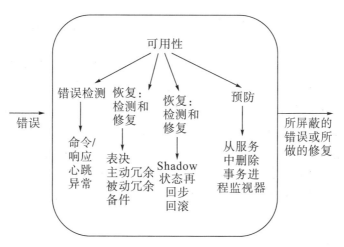

图 4-21　可用性策略的总结

4.5.2　可修改性策略

可修改性策略的目标是控制实现、测试和部署变更的时间和成本。把可修改性策略根据其目标进行分组：第一组可修改性策略的目标是减少由某个变更直接影响的数量，这组称为"局部化修改"；第二组可修改性策略的目标是限制对局部化的模块的修改，这组称为"防止连锁反应"；第三组可修改性策略的目标是控制部署时间和成本，这组称为"延迟绑定时间"。第一组和第二组之间的差别是直接受变更影响的模块（那些调整其责任来完成变更的模块）还是间接受变更影响的模块（那些责任保持不变，但必须改变其实现来适应直接受影响的模块）。

1．局部化修改

目标是在设计期间为模块分配责任，以把预期的变更限制在一定范围内。其策略有维持语义的一致性、预期期望的变更、泛化该模块和限制可能的选择。

（1）维持语义的一致性。语义的一致性是指在模块中责任之间的关系。目标是确保所有这些责任都能够协同工作，不需要过多地依赖其他模块。该目标是通过选择具有语义一致性的责任来实现的。耦合和内聚指标是度量语义一致性的尝试，但它们遗漏了变更的上下文。相反，根据一组预期的变更来度量语义一致性，其中一个子策略就是"抽象通用服务"。通过专门的模块提供通用服务通常被视为支持重用，但是抽象通用服务也支持可修改性。如果已经抽象出了通用服务，那么对这些通用服务的修改只需要进行一次，而不需要在使用这些服务的每个模块中都进行修改。此外，对使用这些服务的模块的修改不会影响其他用户，不仅支持局部化修改，而且能够防止连锁反应。抽象通用服务的示例就是应用框架的使用和其他中间件的使用。

（2）预期期望的变更。考虑所预想的变更的集合提供了一个评估特定的责任分配的方法。基本的问题是"对于每次变更，所建议的分解是否限定了为完成变更所需要修改的模块的集合"，一个相关的问题是："根本不同的变更会影响相同模块吗？"这与语义一致性有什么不同呢？根据语义一致性分配责任，假定期望的变更在语义上是一致的，预测期望变更的策略不关心模块责任的一致性，它所关心的是使变更的影响最小。在实际中很难单独使用该策略，因为不可能预期所有变更。基于此原因，我们通常结合语义一致性来使用该策略。

（3）泛化该模块。一个模块更通用能够使它根据输入计算更广泛的功能。该输入可以看作是为该模块定义了一种语言，这可能会如同使常数成为输入参数一样简单，也可能如同把该模块实现为解释程序，并使输入参数成为解释程序的语言中的程序一样复杂。模块越通用，越有可能通过调整语言而非修改模块来进行请求变更。

（4）限制可能的选择。修改（尤其是在产品线中的修改）的范围可能非常大，因此可能会影响很多模块。限制可能的选择将会降低这些修改所造成的影响。例如，产品线的某个变化点可能允许处理器的变化，将处理器变更限制为相同家族的成员就限制了可能的选择。

2. 防止连锁反应

修改所产生的一个连锁反应就是需要改变该修改并没有直接影响的模块。例如，改变了模块 A 以完成某个特定的修改，那么必须改变模块 B，这仅仅是因为改变了 A，在某种意义上来说，是因为 B 模块依赖于模块 A。

下面是确定的八种类型的依赖。

① 语法。

· 数据。要使 B 正确编译或执行，由 A 产生并由 B 使用的数据类型或格式必须与 B 所假定的数据类型或格式一致。

· 服务。要使 B 正确编译或执行，由 A 提供并且由 B 调用的服务的签名必须与 B 的假定一致。

② 语义。

· 数据。要使 B 正确执行，由 A 产生并由 B 使用的数据语义必须与 B 所假定的数据的语义一致。

· 服务。要使 B 正确执行，由 A 提供并且由 B 调用的服务的语义必须与 B 的假定一致。

③ 顺序。

· 数据。要使 B 正确执行，它必须以一个固定的顺序接收由 A 产生的数据。

· 控制。要使 B 正确执行，A 必须在一定的时间限制内执行。

④ A 的一个接口身份。

A 可以有多个接口。要使 B 正确编译和执行，该接口的身份（名称或句柄）必须与 B 的假定一致。

⑤ A 的位置（运行时）。

要是 B 正确执行，A 运行的位置必须与 B 的假定一致。

⑥ A 提供的服务/数据的质量。

要是 B 正确执行，设计 A 所提供的数据或服务的质量的一些属性必须与 B 的假定一致。例如，某个特定的传感器所提供的数据必须有一定的准确性，以使 B 的算法能够正常运行。

⑦ A 的存在。

要是 B 正常执行，A 必须存在。例如，如果 B 请求对象 A 提供服务，而 A 不存在并且不能动态创建，那么 B 就不能正常执行。

⑧ A 的资源行为。

要使 B 正常执行，A 的资源行为必须与 B 的假定一致。这可以是 A 的资源使用（A 使用与 B 相同的内存）或资源拥有（B 保留了 A 认为属于它的资源）。

没有任何一种策略一定能够防止语义变更的连锁反应。首先讨论与特定模块的接口相关的那些策略——信息隐藏和维持现有的接口，然后讨论一个违反了依赖链的策略——仲裁者的使用。

信息隐藏就是把某个实体（一个系统或系统的某个分解）的责任分解为更小的部分，并选择使哪些信息成为公有的，哪些信息成为私有的。可以通过指定的接口获得公有责任。信息隐藏的目的是将变更隔离在一个模块内，防止变更扩散到其他模块。这是防止变更扩散的最早的技术。它与"预期期望的变更有很大关系"，因为它使用那些变更作为分解的基础。

如果 B 依赖于 A 的一个接口的名字和签名，则维持该接口及其语法能够使 B 保持不变。当然，如果 B 对 A 有语义依赖性，那么该策略不一定会起作用，因为很难屏蔽对数据和服务的含义的改变。此外，也很难屏蔽对服务质量、数量质量、资源使用和资源拥有的依赖性。还可以通过将接口与实现分离来实现该接口的稳定性，这使得能够创建屏蔽变化的抽象接口。变化可以包含在现有的责任中，或者可以通过用模块的一个实现代替另一个实现来包含变化。实现维持现有的接口策略的模式包括：

• 添加接口。大多数编程语言允许多个接口。可以通过新接口提供最新的可见的服务或者数据，从而使得现有的接口保持不变并提供相同的签名。

• 添加适配器。给 A 添加一个适配器，该适配器把 A 包装起来，并提供原始 A 的签名。

• 提供一个占位程序 A。如果修改要求删除 A，且 B 仅依赖于 A 的签名，那么为 A 提供一个占位程序能够使 B 保持不变。

如果 B 对 A 具有非语义的任何类型的依赖，那么在 A 和 B 之间插入一个仲裁者是有可能的，以管理与该依赖相关的活动。这些仲裁者有不同的名字，我们将根据列举的依赖类型来对每个仲裁者进行讨论。如前所述，在最糟糕的情况下，仲裁者不能补偿语义变化。数据（语法）存储库充当数据的生产者和使用者之前的仲裁者。存储库可以把 A 产生的语法转换为符合 B 的语法。一些发布/订阅模式（那些具有通过中央构件的数据流的模式）也可以把该语法转换为符合 B 的语法。MVC 和 PAC 模式把一种形式的数据（输入输出设备）转换为另一种形式的数据（由 MVC 和 PAC 中的抽象所使用的形式）。

3. 延迟绑定时间

可修改性场景包括减少需要修改的数量、不能满足的元素部署时间以及允许非开发人员进行修改。延迟绑定时间支持这两个场景，但需要提供额外的基础结构来支持后期绑定。

可以把各个时间决策绑定到执行系统中。我们讨论一下那些影响部署时间的决策。系统的部署由某个过程来规定，当修改由开发人员进行时，通常会有一个测试和分布过程，该过程确定进行改变和该改变对最终用户可用之间的时间延迟。在运行时绑定意味着系统已经为该绑定做好了准备，并且完成了所有的测试和分配步骤。延迟绑定时间还能够让最终用户或系统管理员进行设置，或提供影响行为的输入。

许多策略的目的是在载入时或运行时产生影响，例如：

• 运行时注册支持即插即用操作，但需要管理注册额外开销。例如，发布/订阅注册可以在运行时或载入时实现。

• 配置文件的目的是在启动时设置参数。

• 多态允许方法调用的后期绑定。

• 构件更换允许载入时间绑定。

• 遵守已定义的协议，允许独立进程运行时绑定。

图 4-22 是对可修改性策略的总结。

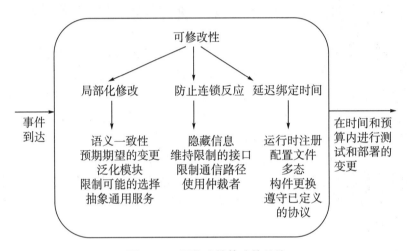

图 4-22　可修改性策略的总结

4.5.3　安全性策略

安全性策略分为与抵抗攻击有关的策略、与检测攻击有关的策略以及从攻击中恢复的策略。给门装锁就是抵抗攻击，在房子中放一个运动传感器就是检测攻击，给房子上保险就是从攻击中恢复。

1. 抵抗攻击

我们把认可、机密性、完整性和保证确定为目标，可以组合使用下面的策略来实现这些目标：

• 对用户身份进行验证：身份验证能够保证进行访问的用户或远程计算机确实是它所声称的用户或计算机。密码、一次性密码、数字证书以及生物识别均提供身份验证。

• 对用户进行授权：授权能够保证经过了身份验证的用户有权访问和修改数据或服务。这通常通过在系统中提供一些访问控制模式进行管理。可以对单个用户进行访问控制，可以对某一类用户进行访问控制，也可以根据用户分组、用户角色或个人列表定义用户类。

• 维护数据的机密性：应该对数据进行保护，以防止未经授权的访问。一般通过对数据和通信链路进行某种形式的加密来实现机密性。通信链路一般不具有授权控制，对于通过公共可访问的通信链路传送数据来说，加密是唯一的保护措施。对基于 Web 的链路，可以通过 VPN 或 SSL 来实现该链路。

• 维护完整性：应该如期提供数据，数据中可能有冗余信息，如校验或哈希值，它们可以与原始数据一起进行加密，也可以单独加密。

• 限制暴露的信息：攻击者通常会利用暴露的某个弱点来攻击主机上的所有数据和服务。架构师可以设计服务在主机上的分配，以使只能在每个主机上获得有限的服务。

• 限制访问：防火墙根据消息源或目的地端口来限制访问，来自未知源的消息可能是某种形式的攻击。限制对已知源的访问并不总是可行的，例如，一个公共网站上可能会有来自未知源的请求，这种情况使用一个配置就是所谓的解除管制区。

2. 检测攻击

检测攻击通常通过"入侵检测"系统进行。

3. 从攻击中恢复

可以把从攻击中恢复的策略分为恢复状态相关的策略和与识别攻击者相关的策略。在将系统或数据恢复到正确状态时所使用的策略与用于可用性的策略发生了重叠，因此它们都是从不一致的状态恢复到一致状态。差别就是要特别注意维护系统管理数据的冗余副本，如密码、访问控制列表、域名服务和用户资料数据。

图 4-23 是对安全性策略的总结。

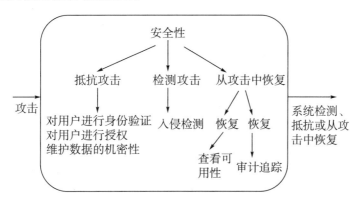

图 4-23 安全性策略的总结

4.5.4 可测试性策略

可测试性策略的目标是允许在完成一个软件开发的增量后，轻松地对软件进行测试。我们对两类用于测试的策略进行讨论。

1. 输入/输出

• 记录回放：记录回放是指捕获跨接口的信息，并将其作为测试专用软件的输入。在正常操作中跨一个接口的信息保存在某个存储库中，它代表来自一个构件的输出和传到一个构件的输入。记录该信息使得能够生成对其中一个构件的测试输入，并保存用于以后比较测试输出。

　　·将接口与实现分离：将接口与实现分离允许实现的代替，以支持各种测试目的。占位实现允许在缺少被占用的构件时，对系统的剩余部分进行测试。用一个构件代替某个专门的构件能够使被代替的构件充当系统剩余部分的测试工具。

　　·特化访问路线/接口：具有特化的测试接口允许通过测试工具并独立于其正常操作来捕获或指定构件的变量值。例如，可以通过允许特化的接口提供源数据，测试工具利用该接口推动其活动。

　　2．内部监视

　　构件可以维持状态、性能负载、容量、安全性或其他可通过接口访问的信息。此接口可以是该构件的一个永久接口，也可以是通过仪器仪表临时引入的接口。一个常见的技巧就是当监视状态被激活时记录事件。监视状态实际上会增加测试工作，因为随着监视的关闭，可能必须重复测试。尽管额外测试需要一定的开销，但这却使构件活动的可见性得以提高，是值得的。

　　图 4-24 是对可测试性策略的总结。

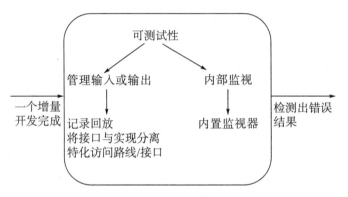

图 4-24　可测试性策略的总结

4.5.5　易用性策略

　　易用性与用户完成期望任务的难易程度以及系统为用户提供的支持种类有关。有两种类型的策略支持易用性，每种策略所针对的是两种类别的"用户"：第一类是运行时，包括那些在系统运行期间支持用户的策略；第二类基于用户接口设计的迭代特性，它在设计时支持接口开发人员。

　　1．运行时策略

　　一旦系统执行，就可以通过为用户提供关于系统正在做什么的反馈，以及用于提供发出基于易用性命令的能力来增强易用性。例如，在纠错或更高效的操作中，"取消""撤销""聚合""显示多个视图"均为用户提供支持。

　　·维持任务的一个模型：这种情况下，所维持的模型是关于任务的信息。任务模型用于确定上下文，以使该系统了解用户试图做什么，并提供各种协助。例如，知道句子通常以大写字母开头能够使应用程序纠正该位置的小写字母。

• 维持用户的一个模型：所维持的模型是关于用户的信息。它确定了用户对该系统的了解，用户在期望的响应时间方面的行为，以及特定于某个用户或某类用户的其他方面。例如，维持用户模型能够使系统以用户可以阅读页面的速度滚动页面。

• 维持系统的一个模型：所维持的模型就是关于系统的信息。它确定了期望的系统行为，以便为用户提供适当的反馈。系统模型反馈预测了诸如完成当前活动所需要时间的项目。

2. 设计时策略

在测试过程中，通常会频繁修改用户接口。也就是说，易用性工程师将为开发人员提供对当前接口设计的修改，开发人员将实现这些修改。这导致了对语义一致的可修改性的求精。

小结

本章讲述了架构师如何实现特定的质量属性需求。这些需求是系统实现业务目标的手段，我们感兴趣的是架构师使用构建模式和策略创建设计方案的策略。

我们提供了一个策略属性表，即可用性、互操作性、可修改性、安全性、可测试性和易用性。对于每一个质量属性，我们都讨论可以/获得并得到了广泛实践的策略。

正如我们所讨论的，在将策略与模式关联起来的过程中，选择了策略后，架构师的任务才刚刚开始。设计部分使用什么策略，理解这些策略实现什么属性，其副作用是什么，不选择其他策略的风险，这对构建设计满足软件质量要求都是必不可少的。

练习

1. 软件工程质量包括哪三大方面？
2. 软件质量属性的场景包括哪些部分？
3. 软件质量属性对于用户来说有哪些重要性？
4. 实现质量属性的策略有哪些？
5. 请简述互操作性的两种分类。

第5章 软件架构模型

本章将讨论建模在软件开发过程中的意义。建模的概念并不新鲜，许多资深软件专业人士已经有过多年的建模实践经历。但是在主流软件开发社区中，只有一部分软件开发人员对他们的软件开发进行了建模。本章将详细介绍软件架构模型，旨在为精通软件建模的人员、软件架构领域新人以及听说过相关概念但从未实践过的从业者阐述建模实践所能带来的利益和价值。

5.1 建模的意义

1. 什么是建模

多年以来，业务分析人员、工程师、科学家以及其他构建复杂结构或系统的专业人员已经为他们所构建的系统创建了模型。有时是物理模型，例如，将飞机、房子、汽车按一定比例制作的实物大模型，有时模型并不是那么明确，如商业金融模型、市场贸易模型以及电子电路图。在一般情况下，模型就是被构建的真实事物的近似代表。

2. 为什么建模

为什么在构建某些事物之前首先要建模？所有项目都要建模吗？简单的事物不需要在构建之前进行建模，例如，一个简单的支票簿签发记录，一个简单的货币换算工具，一间小木屋，用于打开一组常规文件的字处理程序中的宏。这样的项目具有下列全部或大部分特点：

- 问题很清楚。
- 相对来说易于构建解决方案。
- 需要很少的人进行协作来构建或使用该解决方案（通常只有一个人）。
- 该解决方案需要最少量的持续维护。
- 未来需要的范围不会有实质性的扩大。

但是当这些特点都不具备时，为什么一些专业人员要费心去创建模型呢？为什么他们不直接构建具体事物呢？答案在于复杂性和风险，并且项目最初的提出者并不是一直适合开发任务，他们甚至不能完成任务。

如果不先创建一项设计、一个蓝图或者一个抽象表示，就直接构建某种复杂系统，在技术上是不可行的，在经济上也是行不通的。尽管专业建筑师无须设计图就可以建造一间小木屋，但是如果他们不首先设计一批计划、图和某种可视化实物模型，那么就不能建造一幢高层的办公大楼。

建模使软件架构师及其他人员能够可视化整个系统，评估不同选择，并且能够更清晰地交流设计，从而避免了技术风险、财务风险和实际的构建风险。

3. 为什么对软件进行建模

多年以来，软件开发实践被置于建模话题之外。由于其本质属性，软件易于创建和变更，几乎不需要固定设备，并且实际上没有制造成本。这些属性孕育了一种 DIY（do-it-yourself）文化，每当需要时才进行构思、构建及变更。总之没有"最终"系统，那么为什么在编写代码之前还要进行构思呢？

今天，软件系统已经变得非常复杂，它们必须与其他系统进行集成，来形成日常生活中用到的对象。例如，汽车现在大规模装备了计算机及相关软件，用来控制从引擎和定速到所有新的车载导航和通信系统的各个方面。软件还经常用于自动处理各种业务流程，诸如客户看见并经历过的那些业务流程和后台办公的业务流程。

一些软件支持有关健康或财产的重要功能，这就使得开发、测试以及维护必定很复杂，甚至那些对健康或财产不是特别关键的系统对于业务来说却非常关键。在许多组织中，软件开发已经不再是居于成本中心的孤立事物，而成为公司战略性业务流程的一部分。对这些公司来说，软件已经成为市场竞争中一个关键的鉴别标志。

由于很多方面的原因，开发者需要更好地理解他们正在构建什么，建模为此提供了有效的方法。同时，建模一定不要影响开发速度。客户和业务用户始终希望软件能够按时交付，以及能够像所期望的那样具有随需应变的功效。为了达到这种"速度与质量并重"的目标，IBM 提出了软件开发的四项必要措施，即迭代开发、重视构架、持续的质量保证以及管理变更和资产。

其他复杂的高风险系统建模的相同理由同样适用于软件——管理复杂性并理解设计和相关的风险。尤其是通过软件建模，开发人员能够做到以下几个方面：

- 在提交额外的资源之前创建并交流软件设计。
- 从设计追溯到需求阶段，有助于确保构建正确的系统。
- 进行迭代开发，在开发中，模型和其他更高层次的抽象推动了快速而频繁的变更。

4. 为什么一些开发人员不选择软件建模

尽管建模有许多原因和优点，但是仍然有很大一部分软件开发人员不在源代码更高的层次上进行任何形式的抽象。这是为什么呢？正如前面描述的那样，有时候问题或者解决方案的实际复杂度无须建模。比如，如果准备建造一间小木屋，根本就不需要雇佣一个建筑师或者聘请一位建造者来做一系列的设计规格说明。但是在软件世界中，系统经常是开始时简单并且易于理解，在通过一系列成功实施的自然迭代后，就变得越来越复杂。在其他情况中，开发人员不采用建模的简单理由是没有认识到建模的需要，直到项目晚期的时候才察觉到有建模的必要。

许多人认为，软件建模的阻力更多的是来自认知上的因素而不是其他因素。传统的程序员对于通常的编写代码的技术非常擅长，甚至遭遇到不希望的复杂情况的时候，大多数开发人员仍然坚持使用他们的集成开发环境（IDE）和调试工具，以及在工程问题上花费更多的时间来解决问题。因为建模需要额外的培训和工具，并且相应地需要额外的时间、资金和工作量上的投入，这不是正式开发工作的时间，而是在项目开发生命周期早期的时间。传统开发人员在这方面不建模的原因在于，他们认为建模将减慢他们的速度，但这是一种错误的观念。

5. 何时建模

为复杂的应用程序建模是利大于弊的，在以下情况时可建模：

- 为了更好理解手头上的业务情况或工程情况（"as-is"模型），并且为了设计更好的系统（"to-be"模型）。
- 为了构建和设计系统的构架。
- 为了创建可视化代码和其他实施形式。

5.2 软件架构集成开发环境

5.2.1 软件架构集成开发环境的功能

软件架构集成开发环境基于架构形式化描述，从系统框架的角度关注软件开发。架构开发工具是架构研究和分析的工具，给软件系统提供了形式化和可视化的描述。它不但提供了图形用户界面、文本编辑器、图形编辑器等可视化工具，还集成了编译器、解析器、校验器、仿真器等工具；不但可以针对每个系统元素，还支持从较高的构件层次分析和设计系统，这样可以有效地支持构件重用。具体来说，软件架构集成开发环境的功能可以分为以下五类。

1. 辅助架构建模

建立架构模型是架构集成开发环境最重要的功能之一。集成开发环境的出现增加了软件架构描述方法的多样性，摒弃了描述能力低的非形式化方法，摆脱了拥有繁杂语法和语义规则的形式化方法。开发者只需要经过简单的操作，就可以完成以前需耗费大量时间和精力的工作。形式化时期建模是将软件系统分解为相应的组成成分，如构件、连接件等，用形式化方法严格地描述这些组成成分及它们之间的关系，然后通过推理验证结果是否符合需求，最后提供量化的分析结果。而集成开发环境提供了一套支持自动建模的机制完成架构模型的分析、设计、建立、验证等过程。用户根据不同的实际需求，应用领域和架构风格等因素选择不同的开发工具。

2. 支持层次结构的描述

随着软件系统规模越来越大，越来越复杂，只使用简单结构无法表达，这时就需要层次结构的支持，因此，开发工具也需要提供层次机制。图5-1描述了一个具有层次结构的客户端/服务器系统。

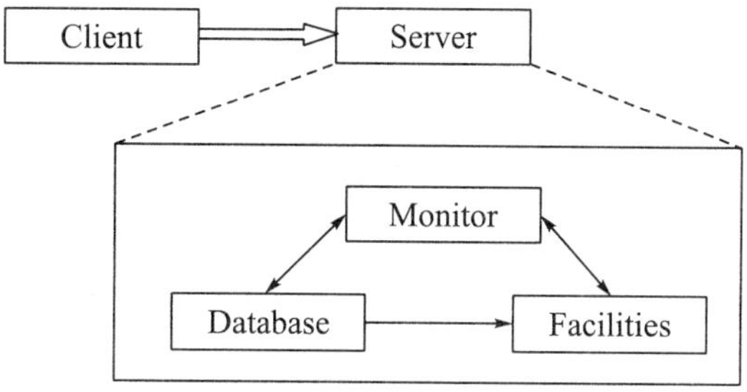

图 5-1　具有层次结构的客户端/服务器系统

系统由客户端和服务器两个构件组成，客户端可以向服务器传输信息，服务器是一个包含了三个构件的复杂元素，内部构件之间相互关联形成了一个具有独立功能的子系统，子系统通过接口与外界交互，架构集成开发环境提供了子类型和子架构等机制来实现层次结构。用户还可以根据需要自定义类型，只需将这种类型实例化为具体的子系统即可。类似地，构件、连接件也可以通过定义新类型表达更复杂的信息。

3. 提供自动验证机制

几乎所有的架构集成开发环境都提供了架构验证的功能。架构描述语言解析器和编译器是集成开发环境中必不可少的模块。除此之外，不同的集成开发环境根据不同的要求，会支持特定的检验机制。

集成开发环境的校验方式可分为主动型和被动型两种。主动型是指在错误出现之前采取预防措施，是保证系统不出现错误状态的动态策略。它根据系统当前的状态选择恰当的设计决策，保证系统正常运行。例如，在开发过程中阻止开发者选择接口不匹配的构件，集成开发环境不允许不完整的架构调用分析工具。被动型是指允许错误暂时存在，但最终要保证系统的正确性。被动型有两种执行方式：一种允许预先保留提示错误稍后再作修改，另一种必须强制改正错误后系统才能继续运行。

4. 提供图形和文本操作环境

集成开发环境提供了友好的图形用户界面和可视化操作，形象化了开发过程和结果，主要概括为以下几个方面：

（1）集成开发环境提供了包含多种界面元素的图形用户界面，如工具、大纲视图等。视图以列表或者树状结构的形式对信息进行显示和管理。

（2）集成开发环境提供了图形化的编辑器，它用形象的图形符号代表含义丰富的系统元素，用户只需选择需要的图形符号，设置元素的属性和行为，并建立元素之间的关联，就可以描绘系统了。

（3）集成开发环境利用文本编辑器，帮助开发者记录和更新架构配置和规格说明。通常，集成开发环境会根据模型描述的系统结构自动生成相应的配置文档，当模型被修改时，它的文本描述也会发生相应的变化，这种同步机制保证了系统的一致性和完整性。

（4）集成开发环境支持系统运行状态和系统检测信息的实时记录，这些信息对分析、改进、维护系统都很有价值。

5. 支持多视图

多视图作为一种描述软件架构的重要途径，是近年来软件架构研究领域的重要方向之一。随着软件系统规模的不断增大，多视图变得更为重要。每个视图都反映了系统内相关人员关注的特定方面，多视图体现了关注点分离的思想，把架构描述语言和多视图结合起来描述系统的架构，能使系统更易于理解，方便系统相关人员之间相互交流，还有利于系统的一致性检测以及系统质量属性的评估。图形视图和文本视图是两种常见的视图。图形视图是指用图形图像的形式将系统的某个侧面表达出来。它是一个抽象概念，不是指具体的哪种视图，逻辑视图、物理视图、开发视图等都属于图形视图。文本视图是指用文字形式记录系统信息的视图。此外，还存在很多特殊的架构集成开发环境特有的视图。

5.2.2 架构集成开发环境原型

现在出现了越来越多的架构集成开发环境来满足种类繁多的架构和灵活多变的需求。尽管这些集成开发环境针对不同的应用领域，适用不同的架构，但是它们都依赖相似的核心框架和实现机制。把这些本质的东西抽象出来可以总结出一个架构集成开发环境原型。该原型只是一个通用的框架，并不能执行任何实际的操作，但它可以帮助开发人员深入理解开发工具的结构和工作原理。

从集成开发环境的工作机制看，原型是三层结构的系统，如图 5-2 所示。最上层是用户界面层，它是系统和外界交互的接口。中间层是模型层，它是系统的核心部分，系统重要的功能都被封装在该层。底层是基础层，它覆盖了系统运行所必需的基本条件和环境，是系统正常运行的基础保障。此外，模型层和用户界面层的正常运行还需要映射模块的有效支持，映射文件将指导和约束这两层的行为。

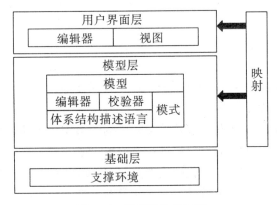

图 5-2　三层结构的系统

1. 用户界面层

用户界面层是用户和系统交互的唯一渠道，用户需要的操作都被集成到这一层。这些操作可以通过编辑器和视图来实现。编辑器是开发环境中的可视构件，它通常用于编辑或浏览资源，允许用户打开、编辑、保存处理对象，类似其他的文件系统应用工具，如 Microsoft Word，执行的操作遵循"打开—保存—关闭"这一生命周期模型。同一时刻工作台窗口允许一个编辑器类型的多个实例存在。视图也是开发环境中的可视构件，它通常用来浏览分层信息、打开编辑器或显示当前活动编辑器的属性。与编辑器不同的是，同一时刻只允许特定视图类型的一个实例在工作台存在。编辑器和视图可以是活动的或不活动的，但任何时刻只允许一个视图或编辑器是活动的。

2. 模型层

模型层是系统的核心层，系统的大部分功能都在这一层定义和实现，它主要的任务是辅助架构集成开发环境建立架构模型。

架构描述语言文档是系统的输入源。有的架构集成开发环境对描述语言的语法有限制或约束，这就需要修改语言的语法与其兼容。输入的架构文档是否合法有效，是由专门的工具来检验的。此处的编译器不同于往常的把高级程序设计语言转化为低级语言（汇编语言或机器语言）的编译器，它是一个将架构描述转化为架构模型的工具。为实现此功能，编译器一般要完成词法分析、解析、语义分析、映射、模型构造等操作。

词法分析是遵循语言的词法规则，扫描源文件的字符串，识别每一个单词，并将其表示成所谓的机内 token 形式，即构成一个 token 序列。解析过程也叫语法分析，是指根据语法规则，将 token 序列分解成各类语法短语，确定整个输入串是否构成一个语法上正确的程序。它是一个检查源文件是否符合语法规范的过程。语义分析过程将语义信息附加给语法分析的结果，并根据规则执行语义检查。映射是根据特定的规则，如映射文档，将架构描述语言符号转换成对应的模型元素的过程。模型构造紧跟着映射过程，它把映射得到的构件、连接件、接口等模型元素按语义和配置说明构造成一个有机整体。在编译器工作的过程中会有一些隐式约束的限制，如类型信息、构件属性、模块间的关系等。校验器是系统最主要的检查测试工具，采用显示检验机制检查语法语义、类型不一致性、系统描述二义性、死锁等，以保证程序正常运行。模式是一组约束文档结构和数据结构的规则，它是判断文档、数据是否有效的标准；映射模块是将架构描述语言元素和属性抽象化的一组规则，这组规则在模型层和用户界面层担任了不同的角色。在模型层，它根据映射规则和辅助信息，将开发环境无法识别的体系结构描述语言符号映射成可以被工具识别的另一种形式的抽象元素。在用户界面层，它支持模型显示，详细定义了描述语言符号如何在模型中表示，如何描绘模型元素以及它们之间的关系。

建立架构模型是模型层的最终目标，模型层用树或图结构抽象出系统，形象地描述了系统的各构件及它们之间的关系。通常，一个系统用一个架构模型表示。对于一个规模庞大、关系复杂的模型，不同的系统相关人员只需侧重了解他们关注的局部信息，而这些信息之间具有很强的内聚性，可以相对独立地存在。针对某一观察角度和分析目的，模型可以构造成多种视图，通过不同的视角细致全面地研究系统。

3. 基础层

基础层是系统的基本保障，涵盖了系统运行所需的软硬件支持环境，它还对系统运行时所用的资源进行管理和调度。通常，简单配置就可以满足系统运行的需求，但是有的架构集成开发环境需要更多的支持环境。

目前，集成开发环境都很注重架构的可视化和分析，有的也在架构求精、实现和动态性上具有强大的功能。架构开发环境原型提供了一个可供参考的概念框架，它的设计和实现需要开发人员的集体努力。下面是架构集成开发环境设计的三条策略。

（1）架构集成开发环境的设计必须以目标为导向。

集成开发环境的开发遵循软件开发的生命周期，需求分析是必需且非常重要的阶段，开发者只有明确了实际需求，才能准确无误地设计。无论是软件本身还是最终用户，都有很多因素需要确认。例如，集成开发环境可以执行什么操作？怎么执行？它的结构怎样？哪种架构描述语言和架构风格最适合它？哪些用户适合使用该系统？怎样解决系统的改进和升级问题？这些问题给设计者提供了指导和方向。

（2）为了设计支持高度扩展的架构集成开发环境，必须区分通用和专用的系统模块。

通用模块部分是所有集成开发环境都必备的基础设施，如支撑环境、用户界面等。但是不同的架构集成开发环境针对不同的领域需要解决千差万别的问题，因此，每种架构集成开发环境都有自己的特点。

（3）合理使用架构集成开发环境原型。

原型框架可为扩展性开发工具的设计提供良好的接口。

5.2.3　模型与集成开发环境的关系

在建模的最自由的概念中，集成开发环境（IDE）可以看作是模型驱动开发实践的入口点。现在的集成开发环境在创建和维护代码方面提供了许多提高抽象层次方面的机制。有许多工具，诸如语言敏感的编辑器、导航器、表单生成器和其他 GUI 控制，从更严格的术语上讲都不算是模型。但是，它们能够提高源代码之上的抽象层次，提高开发人员的生产率，帮助创建更可靠的代码，以及提供更高效的维护过程。所有的这些属性都是模型驱动开发的本质。如图 5-3 所示。

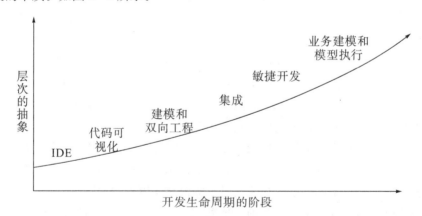

图 5-3　代码可视化和可视化编辑

基本 IDE 功能之上的一个功能是以图形的方式对源代码进行可视化处理。在这里，从某种意义上说，一幅图片的功效相当于一千行代码，开发人员已经有使用代码之上的图形形式抽象的多年经验。传统的流程图就是描述代码算法控制流的常见方法。结构图甚至简单的带箭头的方块图经常在白板上使用，方框代表函数和子程序，箭头用来表明调用的依赖关系等。对于面向对象的软件，方框用来描述类，而方框之间的直线描述了这些类之间的关系。

　　与代码可视化处理联系最密切的是可视化编辑，其中开发人员可以通过图形的方式替代惯用的 IDE 文本窗口来编辑代码。可视化编辑很适合那些对其他代码有系统性影响的变更。例如，在一个面向对象的系统中，该系统有与继承体系有关的一组类，类的某些特性（域成员、方法或函数）或许随着应用程序的进行需要重新组织到不同的类中（该过程称为重构）。使用通常的代码编辑器制定这样的变更可能很乏味，并且很容易出错。但是一个有效的可视化编辑器就会允许开发人员将成员函数从一个类中拖放到它的基类中，并且自动调整这种变更所影响的所有代码。

　　从某种意义上说，代码可视化和可视化编辑是简单地查看和编辑代码的替代方法。代码所做的变更会立即反映到与其相关联的图中，反之亦然。尽管一些人可能说这些描述不能构成"模型"，建模的本质是抽象，并且任何代码的可视化确实也是一种抽象，即有选择地揭示一些信息同时隐藏一些不必要的和不需要的细节。许多从业人员更愿意使用诸如代码模型、实施模型或特定平台模型（Platform Specific Model，PSM）来限定这些抽象，而不使用与代码无直接关系的其他建模的更高层次的抽象形式。

5.2.4　建模和双向工程

　　建模范围代表了传统模型驱动开发的状态。首先，可视化的模型从方法过程中创建，该方法以需求开始并且延伸到高层构架的设计模型中。然后，开发人员创建详细的设计模型，从该模型中骨架生成 IDE。IDE 完成详细的编码，任何影响设计模型对代码所做的变更都会同步地返回给模型，任何模型所作的变更也同步地进入已存在的代码中。

5.2.5　快速应用程序开发

　　快速应用程序开发（RAD）早在 20 世纪 80 年代就问世了，其宗旨是简单地提供生成代码和维护代码的高生产率的方法。RAD 是通过易于使用的、高级 IDE 的图形性能来实现的。RAD 与以代码为中心的开发和模型驱动开发不同，它提高了代码之上抽象的层次，但是它本身并没有使用"模型"。

5.2.6　业务建模与模型执行

　　在了解开发软件的需要之前，业务和工程分析员经常发现创建系统如何工作的"as-is"模型大有作用。从该模型中他们能够分析哪些发挥了作用，哪些还有待于改进。特殊用途的工具能够通过几种关键变量（如时间、成本和资源）来模拟这些模型。在分析中可以创建"to-be"模型来描述新的、经过改善的过程是如何工作的。一般来说，实现新的过程需要新的软件开发，并且"to-be"模型是保证开发的关键动力。

　　对某些应用领域来说，"to-be"模型经过严格限定，以至于可以从模型生成完整的应用程序。在这种抽象层次上建模的能力提供了两方面的最大潜力：一是生产率，二是业务或工程问题域和技术或实现域之间的集成。

5.2.7　建模方法

　　采用标准的表示法是将模型驱动方法引入软件开发中的一个重要步骤。软件行业采用统一建模语言（Unified Modeling Language，UML）作为表示模型和相关产品的标准方法。软件构架师、设计人员和开发人员在指定、可视化、构建和文档化软件系统的各个方面使用 UML。来自 IBM Rational 的主要领导者引领了最初 UML 的发展。今天，UML 由对象管理组织（Object Management Group，OMG）管理，该组织由来自全世界的代表组成，确保它的规格说明能够不断满足软件社区的动态需要。

UML 不仅仅是一个图形化的表示法标准，还是一种建模语言。同所有语言一样，UML 定义了语法（包括图形和文本）和语义（符号和文本的根本含义）。将 UML 作为一种真正的建模语言而不仅仅是标准的表示法，对于两个方面来说很重要：一是标准化 UML 的使用，二是确保自动化工具能够正确实施符号背后的规则。UML 是一种真正的建模语言，已经成为软件行业最公认的、最广泛使用的建模标准。

5.3 常见软件架构模型

5.3.1 规范化模型

规范化模型结构的本质很简单，它的模型范围从抽象到具体，使用的视图会深入每个模型的细节中。规范化模型结构包含三个主要模型，即领域模型、设计模型和代码模型，如图 5-4 所示。规范化模型结构的顶部是抽象层次最高的模型（领域），底部的模型则最为具体（代码）。指定（designation）关系与细化（refinement）关系能够确保模型的一致性，又使得它们能够区分不同的抽象层次。这三个主要模型都像数据库，综合全面，却过于庞大，且细节烦琐，以至于无法直接处理它们。视图允许我们仅选择模型细节中的一个子集，例如，可以选择包含单个构件或者模块依赖关系的细节内容，也允许我们将这些列表和图表与规范化模型结构联系起来。在规范化的结构中，模型的组织有助于分类与简化。规范化模型结构将各种不同的因素分配到不同的模型中，领域、设计和代码会放到各自对应的模型中。在面对领域因素，如"计费周期为 30 天"，设计因素，如"字体资源必须始终采用明确分配"，实现因素，如"顾客地址存储为 varchar(80) 字段"时，轻而易举就能将这些细节排定顺序，放到已有的模型中。

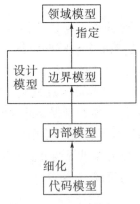

图 5-4 规范化模型结构

规范化模型结构缩小了每个问题的规模。当分析一个领域问题时，不会被代码细节分散注意力，反之亦然，这使得分析变得更加容易。在将注意力转向模型之间的关系前，首先看看何为领域模型、设计模型和代码模型。

领域模型描述了领域中不变的事实,设计模型描述了所要构建的系统,而代码模型则描述了系统的源代码。如果某些内容为"必然正确 (just true)",就可能将其放入领域模型中;倘若事关设计决策或设计机制,就可能将其划到设计模型中;若事关编程语言的编写,或者是处于相同抽象层次的模型,则应将其归属于代码模型。

1. 领域模型

领域模型表达了关于某一个领域永恒的事实,如客户的联系电话。领域模型也称为概念模型、概要模型、抽象模型。用领域模型来表达领域的细节,这些细节与软件系统怎么实现没有关系。

在领域模型表达的内容中最核心的一部分,关注的是客观事实而非人为创造。按照这样的标准,广告这个概念似乎也要被排除在外了。不过,领域模型还可以包括这样一些概念,这些概念对项目而言是稳定不变的、持久的。比方说,公司有一些将要发布的职位,如果职位的发布有一种标准的格式,那么这种格式也可以被包括在领域模型中,但是必须小心谨慎,因为这种做法已经开始在领域模型中引入技术细节,在这种情况下,要判定什么是永恒的事实,什么是人工设计决策,将变得越来越困难。

领域建模提供了一种洞察领域的方法,这种洞察对软件设计过程是必要的。领域模型尤其能帮助你回答那些与软件设计无关的问题。由于领域模型不关注软件设计的细节,并且可以用一些简单的符号来表达,因此,它是一种和主题专家交流的有效方法,那些主题专家是不会看技术设计的。领域模型可以成为开发人员和主题专家之间建立共同语言的基础。

在 IT 领域,系统往往会涉及开发人员还不太熟悉的复杂领域,在这种情况下,领域模型非常有用。Web 开发人员或设备驱动开发人员对于性能或伸缩性方面的要求可能较为复杂,而领域模型则相对简单,因此,领域模型对他们的帮助通常要小一些。然而,无论构建哪种系统,总会遇到一些可以用领域模型解决的问题。

2. 设计模型

设计模型是对软件系统的设计进行建模。领域模型包含了广告、职位、联系方式这样的类型,而设计模型则表达了如何设计系统,从而操作这些类型在计算机中的表现形式。对于领域内的事实,基本上没有什么可供发挥的空间,而系统设计则不同,只要系统能够反映领域内的事实,就可以使用丰富的领域知识和设计技巧来进行设计。

当你思考软件架构时,大多数的时间都将花在设计模型上,因此,不要对设计模型的表现力和深度感到意外。设计模型由递归嵌套的边界模型和内部模型组成。边界模型与内部模型描述了相同的内容(就像构件或模块),但边界模型只涉及公共的可见接口,而内部模型还介绍了内部设计。

领域模型、设计模型和代码模型都是包含了所有合理细节的全面的模型,有时也称为主模型。因此,设计模型是包含所有设计细节的主模型。主模型的思想是一种方便实用的抽象,因为它解释了所绘制的那些图是如何相互联系在一起的。

然而,在实践中,几乎没有人去构建一个完整的、全面的设计模型。如果你尝试这么做，可能很快就会发现，所谓"全面"，很快就会变得不切实际。模型通过关注主要的细节来帮助思考，因此，包含所有细节的主模型并不是那么有效。

你想要的是在头脑中保持一份"全面的"设计模型，同时，还要能够绘制一些展示部分细节的图，从而可以让你对部分细节进行高效的思考。必须使那些图和主模型保持一致。为了使这些看上去有点相互矛盾的要求和谐相处、平滑无缝，可以使用视图、封装、嵌套这些方法的组合。

3. 代码模型

源代码既是最终的交付物，又是表达解决方案的媒介。代码模型不是最终的交付物，只有在与代码建立关联之后，它才是有用的。因此，理解软件架构模型和代码之间的关系很重要。例如，模型讨论的是模块和构件，这很容易与代码元素关联。但是，模型还包含了一些难以关联的概念，例如，"每一次访问数据之前都必须持有该数据上的锁"。你可以把这种代码上的概念关联到代码，但两者之间不存在明确的、结构上的对应关系。

要理解代码模型和源代码之间的差异，一个有效的办法是建立两者各自包含内容的详细清单。表 5-1 列出了代码模型和源代码中常用的元素类型。

表 5-1 代码模型和源代码中常用的元素类型

位置	元素
代码模型	模块、构件、连接件、端口、构件装配、风格、不变量、职责分配、设计决策、基本原理、协议、质量属性及模型（如安全策略、并发模型）
源代码	包、类、方法、变量、函数、过程、语句

通过简单的比较就可以发现，代码模型和源代码在谈论同件事情时使用了不同的词汇。例如，代码模型中使用模块（modules），而源代码中使用包（packages）。这只是命名上的差异，本质上是同一个东西。

考虑这样一个思维实验，先用 UML 表达代码模型，然后根据源代码自动生成 UML 模型。当比较这两个 UML 模型时，会发现两者存在差异。例如，源代码模型不会表达构件类型或实例，而代码模型中既有方法调用连接件，也有事件总线连接件，源代码中只能看到方法调用连接件。由于表达的概念不同，代码模型和源代码使用了不同的词汇。

抽象代码模型比源代码更抽象，这表现在两个方面。首先，代码模型中的一个元素通常聚合了源代码中的多个元素。例如，代码模型中的构件类型可能对应着源代码中的十几个类。类似地，代码模型可能显示了客户端或服务器，每一个都对应着很多源代码中的类或过程。其次，当它们在描述相同元素的时候，代码模型提供的细节比源代码提供的要少。代码模型一旦细化到模块和构件这个级别就停止了，而源代码会通过类、方法及实例变量继续细化。想象有这么一条放置各种元素的斜线，代码模型包含了更抽象的元素，源代码包含了更具体的元素，而位于斜线中间的元素则是两者的交集。

设计代码模型和源代码的另一个不同之处在于，代码模型可能使用某些技术（如 AJAX 和 REST），源代码则会介绍这些技术如何被使用。代码模型只进行部分实现，而源代码必须进行完全的实现，至少要使系统是可执行的。例如，在代码模型中，只要指定质量属性场景，要求在 0.25 秒内完成账号查找即可，而源代码必须描述实现这个场景必要的数据结构和算法。

内涵—外延代码模型和源代码之间最大的不同在于，代码模型同时包含了具有内涵和外延特性的元素，而源代码只包含了外延特性的元素。内涵（intensional）特性元素使用通用的量词，比如"所有的过滤器都是通过管道进行通信的"，而外延（extensional）特性元素是枚举式的，比如"系统由一个客户端、一个订单处理器及一个订单存储构件构成"。表 5-2 列出了哪些代码元素是内涵式的，哪些是外延式的。

表 5-2　代码元素表及代码元素如何与代码映射

内涵式/外延式	代码模型元素	映射到源代码
外延式（通过枚举实例来定义）	模块、构件、连接件、端口、构件装配	这些元素可以清晰地对应到源代码，通常在较高级别的抽象上（例如一个构件对应多个类）
内涵式（使用跨所有实例的量词）	风格、不变量、职责分配、设计决策、基本原理、协议、质量属性及模型	源代码将遵循这些元素，但这些元素在源代码中没有直接的表现形式。代码模型有通用的规则，代码有这些规则的具体例子

代码与代码中内涵式元素和外延式元素之间的差别，最早是由 Amnon Eden 和 Rick Kazman 识别出来的，由于这个差别解释了哪些软件架构模型元素难以映射到源代码，所以非常重要。如果源代码是外延式的，则代码模型中的外延式元素，如构件和构件装配，很容易与源代码映射。如图 5-5 所示。

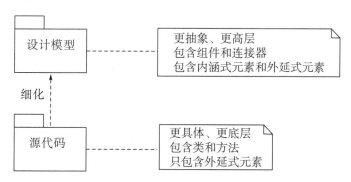

图 5-5　设计模型中的外延式元素和源代码是一种细化关系

内涵式元素和源代码之间不存在这样的关系，因为内涵式元素很少表达在源代码中，从而导致了模型—代码差异。内涵式元素，如设计决策、风格及不变量，很难与（外延式的）源代码关联。内涵式元素建立了适用于所有元素的规则，遗憾的是，标准的编程语言都不能直接表达这些规则。尽管源代码无法表达规则，但它应该遵守规则。举个例子，如果代码模型有一个设计决策（内涵式元素）要求避免使用特定供应商的 API，那么无法在C++代码中表达出这个规则，但是代码不应该使用那些 API。也就是说，当查看源代码时，无法看到内涵式元素想要表达的设计意图，但代码应该遵守那些设计意图。

代码模型和源代码总是显示不同的内容，这种不同就是模型—代码差异。代码模型包含了一些编程语言中没有（也可能有）的抽象概念，如构件。此外，代码模型还包含了一些内涵式元素，如设计决策和约束，但这些内涵式元素不能表达在源代码中。

因此，代码模型和源代码之间的关系并不简单。大多数情况下，二者之间是一种细化关系，代码模型中的外延式元素被源代码中的外延式元素细化了，但代码模型中的内涵式元素不会被细化对应到源代码中的元素。

5.3.2　动态软件架构模型

对象（类实例）的结构形态通常在运行时发生变化，开发人员在构建这样的系统时不会感到任何不适。然而，由于构件比对象的粒度要大，故它们在运行时的结构形态通常较为稳定，若要发生变化，也倾向于做较小的变动。开发人员总是试图使运行时的软件架构改变最小化，因为分析一个静态的结构形态比分析运行期重组带来的所有可能性要简单得多。然而，有些设计要求运行时变化，比如端到端音频聊天系统，当计算机加入或离开网络的时候，会持续地对自己的结构形态进行重组。

很多系统只是在服务启动和关闭期间改变构件的结构形态，在其他时间里，构件的结构形态是稳定的。构件装配图中，通常显示的就是这种稳态结构。必须清楚这是对事实的简化，因为当没有考虑启动和关闭这种动态状况时，错误常常很容易发生。

根据源代码想象出系统运行时的结构形态并不容易，有两个办法可以让这件事变得稍微轻松一点：一是遵循软件架构明显的编码风格；二是把必须完成的结构形态移出源代码，放进一个声明性的配置文件中。很多框架都要求这么做，如 Apache Struts、Enterprise Java Beans 和 NASA/JPL's MDS。静态地分析源代码是可能的，也是困难的，而分析声明性的配置文件则相对容易。

动态软件架构模型目前还是一个开放的研究领域，它主要描述软件架构在运行时是如何变化的。如果有可能，应该避免做出导致运行时软件架构变化的设计，这有两个原因：一是静态软件架构对于开发人员来说更容易理解，它可以带来更好的可修改性，并且引入的缺陷会更少；二是静态软件架构对于质量属性的分析更加容易。有时，问题本身或者质量属性方面的要求迫使你使用动态软件架构。如果是这样的话，你会发现自己处在软件工程的最前沿，缺少必要的经验数据、建模概念和工程技术。

5.3.3　软件架构描述语言

当绘制软件架构图时，实际上是在使用某种建模语言，如 UML 统一建模语言。软件架构描述语言通常对于动态软件架构的支持比较弱，但对于静态软件架构来说已经足够了。

当绘制软件架构图时，或许并不认为它是一种语言，或许觉得用文本语言完全可以描述相同的信息，但其实这两者是等价的。如果使用简单语言，对于有任意数量的 a 和 b 交替，可以像这样来表达：（ab）＊。类似地，也可以在软件架构图中表达，现在有任意数量的客户端和服务器，但是一个服务器的客户端不超过 10 个。

如果选择了绘制软件架构图的工具，其实也就是接受了某种软件架构语言强加的一组约束。如果使用通用的画图工具，那么几乎没有任何约束，就算读者想知道图中紫色三角形的语义（含义），也必然不得而知。可以选择画 UML 图的工具，或者选择支持另一种软件架构描述语言（Architecture Description Language，ADL）的工具，选择约束后只能使用那种语言中的元素。

在使用某种软件架构描述语言之后，渐渐地，你就会使用构件类型、连接件实例、源代码模块这些概念来思考系统的设计了，因为这些都是形式化表达的概念。事实上，画图工具也会强迫使用这些概念。

使用工具来约束语法，并不一定能保证产生有意义的设计。工具将保证图遵循了语言约束（语法），但并不保证它们是有意义（语义）的。

本书给出了一个务实的建议，那就是使用 UML 来描述软件架构模型，除非你有充分的反对这么做的理由。与其他的 ADL 不同，UML 已经得到很多工具厂商的支持，而且有最大的开发人员群体作为基础，他们懂得如何阅读 UML。在如何有效使用 UML 方面，已经有大量的好建议。可能某种 ADL 更符合你的需要，但可能只有一个工具供应商提供支持，而且没有几个开发人员能读懂你的模型，你觉得哪种选择好呢？UML 还有更多的好处，它可以用于领域模型、设计模型及代码模型，因此，在整个建模过程中，不需要在多个建模语言间切换。

5.3.4　模型分析

软件架构的标准模型结构基于三个基本模型，即领域模型、设计模型和代码模型。每一个基本模型都被当作是携带了所有细节的主模型。视图可以帮助你暴露或隐藏主模型的某些细节，从而使你避免迷失在细节的"丛林"中。

软件项目要处理和组织大量的信息，如与信用卡处理系统进行交互的协议、模块化系统中的依赖信息、通过现有系统如何来表示国际地址的特殊技巧等。构建系统，意味着将上面提到的所有细节集成到一个细节相关的模型中，从而设计出一套解决方案。

大量关于软件架构概念模型的细节可以帮助你把设计工作分割成多个可管理的部分，可以运用软件架构抽象对系统进行思考，可以用视图、封装及嵌套这些方法将设计模型切分成小块。

内部模型是对边界模型的细化，二者都是设计模型的视图，不同之处在于它们在暴露的细节上有差异。边界模型中的事实，在内部模型中也是真的；边界模型中的承诺（如端口的数量和类型、QA 场景），也必须在内部模型中得到支持。因为设计模型是通过指定关系与领域模型关联的，所以关于领域模型的事实在设计模型中也应该是真的。

边界模型和内部模型都是使用相同的元素来描述的，如场景、构件、连接器、端口、职责、模块、类、接口、环境元素和设计权衡。有些元素在内部模型中进行了细化，如构件装配和功能场景。视图类型是一组或一类相互之间容易对应的视图，有三种标准视图类型，即模块视图类型、运行时视图类型和部署视图类型。模块视图类型包含了开发人员可以操作的、明确的制品和定义，如类、接口和构件类型。运行时视图类型包含的是实例，如对象、构件实例及连接件实例。实例的分布在运行时是可以改变的。同时，类或构件类型可能有多个实例。部署视图类型描述了模块视图类型和运行时视图类型中的元素是如何被部署到硬件和指定位置的。

我们既要关注软件能做什么（功能），也要关注怎么做（质量属性），二者在大多数情况下是无关的。因此，不同的系统可以做相同的事，一个可能更快，另一个可能更安全。软件架构专家倾向于更关注质量属性，因为软件架构对质量属性的影响非常大。

大多数模型显示元素的静态配置，但是有些软件架构是动态的，会在运行时发生改变。考虑动态软件架构比较困难，工具和分析方法只能提供有限的支持。大多数软件架构描述语言，如 UML，支持静态软件架构，而对动态机制则支持有限。

5.4 软件架构建模的种类

研究软件架构的首要问题是如何表示软件架构，即如何对软件架构建模。根据建模的侧重点的不同，可以将软件架构的模型分为五种，即结构模型、框架模型、动态模型、过程模型和功能模型。在这五种模型中，最常用的是结构模型和动态模型。

5.4.1 软件架构的模型

（1）结构模型。

这是一个最直观、最普遍的建模方法。这种方法以软件架构的构件、连接件和其他概念来刻画结构，并力图通过结构来反映系统的重要语义内容，包括系统的配置、约束、隐含的假设条件、风格、性质。研究结构模型的核心是软件架构描述语言。

（2）框架模型。

框架模型与结构模型类似，但它不太侧重于描述结构的细节而更侧重于描述整体的结构。框架模型主要以一些特殊的问题为目标建立只针对和适应该问题的结构。

（3）动态模型。

动态模型是对结构模型或框架模型的补充，研究系统的"大颗粒"的行为性质。例如，描述系统的重新配置或演化。动态可能指系统总体结构的配置、建立或拆除通信通道、计算的过程。这类系统常是激励型的。

（4）过程模型。

过程模型研究构造系统的步骤和过程，因而结构是遵循某些过程脚本的结果。

（5）功能模型。

该模型认为软件架构是由一组功能构件按层次组成的，下层向上层提供服务。它可以看作是一种特殊的框架模型。

这五种模型各有所长，也许将五种模型有机地统一在一起，形成一个完整的模型来刻画软件架构更合适。

5.4.2 "4+1"视图方法

1995 年，Philippe Kruchten 在 *IEEE Software* 上发表了题为"The 4 + 1 View Model of Architecture"的论文，引起了业界的极大关注，并最终被 RUP 采纳。如图 5－6 所示。

图 5－6　Philippe Kruchten **提出的**"4+1"**视图方法**

该方法的不同软件架构视图承载不同的软件架构设计决策，支持不同的目标和用途。当采用面向对象的设计方法时，逻辑视图即是对象模型。开发视图描述软件在开发环境下的静态组织。处理视图描述系统的并发和同步方面的设计。物理视图描述软件如何映射到硬件，反映系统在分布方面的设计。

　　针对不同需求进行软件架构设计，要开发出用户满意的软件并不是一件容易的事，软件架构师必须全面把握各种各样的需求，权衡需求之间有可能的矛盾，分门别类地将不同需求一一满足。Philippe Kruchten 提出的 "4+1" 视图方法为软件架构师满足需求提供了良好的基础。如图 5-7 所示。

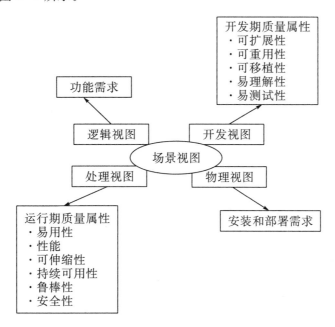

图 5-7　运用 "4+1" 视图方法针对不同需求进行软件架构设计

　　(1) 逻辑视图。逻辑视图关注功能，不仅包括用户可见的功能，还包括为实现用户功能而必须提供的辅助功能模块，它们可能是逻辑层、功能模块等。

　　(2) 开发视图。开发视图关注程序包，不仅包括要编写的源程序，还包括可以直接使用的第三方 SDK 和现成框架、类库，以及开发的系统将运行于其上的系统软件或中间件。开发视图和逻辑视图之间可能存在一定的映射关系，如逻辑层一般会映射到多个程序包等。

　　(3) 处理视图。处理视图关注进程、线程、对象等运行时的概念，以及相关的并发、同步、通信等问题。开发视图一般偏重于程序包在编译时期的静态依赖关系，而这些程序运行起来之后会表现为对象、线程、进程，处理视图比较关注的正是这些单元运行时的交互问题。

　　(4) 物理视图。物理视图关注目标程序及其依赖的运行库和系统软件最终如何安装或部署到物理机器，以及如何部署机器和网络来配合软件系统的可靠性、可伸缩性等。处理视图特别关注目标程序的动态执行情况，而物理视图重视目标程序的静态位置问题；物理视图是综合考虑软件系统和整个 IT 系统相互影响的软件架构视图。

5.4.3 设备调试系统案例概述

下面将研究一个案例，即某型号设备调试系统。设备调试员通过使用该系统，可以查看设备状态（设备的状态信息由专用的数据采集器实时采集），发送调试命令。该系统的用例图如图5-8所示。

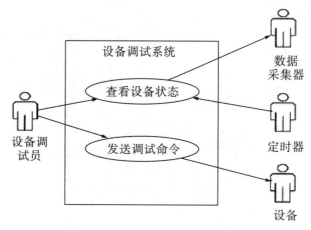

图5-8　设备调试系统的用例图

经过研制方和委托方的紧密配合，最终确定的需求见表5-3。

表5-3　设备调试系统的需求

非功能需要			功能需要
约束	运行期质量属性	开发期质量属性	
程序的嵌入式部分必须用C语言开发，一部分开发人员没有嵌入式开发经验	高性能	易测试性	查看设备状态，发送调试命令

下面运用 RUP 推荐的"4+1"视图方法，从不同视图进行软件架构设计，来分门别类地将不同需求一一满足。

1. 逻辑视图：设计满足功能需求的软件架构

首先根据功能需求进行初步设计，进行大粒度的职责划分，如图5-9所示。应用层负责设备状态的显示，并提供模拟控制台供用户发送调试命令。应用层使用通信层和嵌入层进行交互，但应用层不知道通信层的细节。通信层负责在 RS232 协议上实现一套专用的"应用协议"。当应用层发送包含调试指令的协议包后，由通信层负责按 RS232 协议将之传递给嵌入层。当嵌入层发送原始数据后，由通信层将之解释成应用协议包发送给应用层。嵌入层负责对调试设备的具体控制，高频度地从数据采集器读取设备状态数据。设备控制指令的物理规格被封装在嵌入层内部，读取数采器的具体细节也被封装在嵌入层内部。

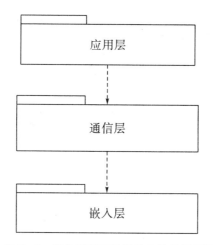

图 5-9　设备调试系统软件架构的逻辑视图

2. 开发视图：设计满足开发期质量属性的软件架构

软件架构的开发视图应当为开发人员提供切实的指导。任何影响全局的设计决策都应由软件架构设计来完成，这些决策如果"漏"到了后边，到了大规模并行开发阶段才被发现，则可能造成"程序员碰头儿临时决定"的情况大量出现，软件质量将必然下降甚至导致项目失败。

采用哪些现成框架，哪些第三方 SDK，哪些中间件平台，都应该考虑是否由软件架构的开发视图确定下来。图 5-10 展示了设备调试系统的软件架构开发视图，应用层将基于 MFC 设计实现，而通信层采用了某串口通信的第三方 SDK。

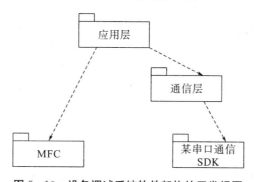

图 5-10　设备调试系统软件架构的开发视图

再说说约束性需求。约束是每个软件架构视图都应该关注和遵守的一些设计限制。例如，考虑"一部分开发人员没有嵌入式开发经验"这条约束情况，软件架构师有必要明确说明系统的目标程序是如何编译而来的。图 5-11 展示了整个系统的桌面部分的目标程序 pc-moduel. exe 和嵌入式模块 rom-module. hex 是如何编译而来的。这个全局性的描述无疑对没有经验的开发人员提供了实感，有利于更全面地理解系统的软件架构。

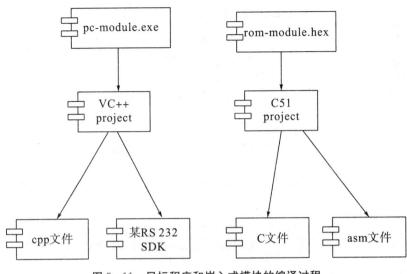

图 5-11　目标程序和嵌入式模块的编译过程

3.　处理视图：设计满足运行期质量属性的软件架构

性能是软件系统运行期间所表现出的一种质量水平，一般用系统响应时间和系统吞吐量来衡量。为了达到高性能的要求，软件架构师应当针对软件的运行情况进行分析与设计，这就是我们所谓的软件架构的处理视图的目标。处理视图关注进程、线程、对象等运行时的概念，以及相关的并发、同步、通信等问题。

软件架构师为了满足高性能需求，采用了多线程的设计，应用层中的线程代表主程序的运行，它直接利用了 MFC 的主窗口线程。无论是用户交互，还是串口的数据到达，均采取异步事件的方式处理，杜绝了任何"忙等待"无谓的耗时，也缩短了系统的响应时间。

通信层有独立的线程控制着"上上下下"的数据，并设置了数据缓冲区，使数据的接收和处理相对独立，从而使数据接收不会因暂时的处理忙碌而停滞，增加了系统的吞吐量。

嵌入层的设计中分别通过时钟中断和 RS232 口中断来激发相应的处理逻辑，达到轮询和收发数据的目的。

4.　物理视图：与部署相关的软件架构决策

软件最终要驻留、安装或部署到硬件才能运行，而软件架构的物理视图关注"目标程序及其依赖的运行库和系统软件"最终如何安装或部署到物理机器，以及如何部署机器和网络来配合软件系统的可靠性、可伸缩性等。如图 5-12 所示的物理软件架构视图表达了设备调试系统软件和硬件的映射关系，可以看出，嵌入部分驻留在调试机中（调试机是专用单板机），而 PC 机上是常见的桌面可执行程序的形式。

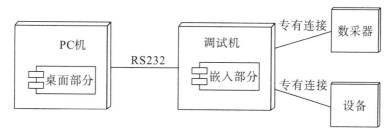

图 5-12　设备调试系统软件架构的物理视图

5.5　趋势和未来

如果问一下软件开发专家"软件行业向何处发展"，可能会得到大量不同的回答，但是有一个趋势是相当一致的，即软件开发的复杂性继续增长，并且开发人员必须工作在一个更高的层次上来处理这种复杂性。

无论是现在还是将来，为软件建模都是开发人员在更高的层次上工作的主要方法。下面这些特定趋势值得关注。

5.5.1　超越可视化建模

UML 传统上是与描述软件工件的图形化方法联系在一起的。尽管现在仍维持这一特点，但是建模"under the hood"方面变得越来越重要。元建模（meta-modeling）是对"模型的模型"的描述。元建模技术最明显、最实际的应用可以参考 UML2，它形成了关于自动化工具如何共享数据以及相互之间操作的基础。这不仅可以应用在建模工具上，还可以应用在需求管理工具、编译器、测试、配置管理以及软件开发生命周期的其他方面。所有这些方面由于元模型（meta-model）的公共含义而变得更加完整，例如 UML2 提供的与其相关的建模标准。

随着业务建模变得更加标准化并且同数据、软件的集成度越来越高，一种模型驱动的业务集成学科将可能出现。

5.5.2　统一软件、数据和业务建模

问题是这些类型的建模传统上在建模语言和开发人员文化上属于完全不同的世界，但现在统一这三个世界的可能性变得明显了，没有必要组成一种简单的建模语言或者工具，可以使用一种多样的、集中的开放行业标准的组合。

5.5.3　贯穿生命周期的建模

随着标准的不断演进，建模将应用到贯穿整个软件开发生命周期的更广阔的范围。建模的应用程序已经在项目生命周期中更早地驱动测试和其他的质量保证方面。

5.5.4　特定领域的建模语言

UML 和其他的建模语言令开发人员能够将注意力集中到实施细节之上的抽象层次上，建模包含的层次范围很广。对于抽象的最高层次，业务模型或领域模型并不集中于软

件，而是正在考虑问题的本质。在这里，模型应该使用特定的业务和应用领域中人们和系统所熟悉的术语和图标。

软件行业正朝领域特定、语言目的特定的建模语言方向发展，这样的建模语言专用于它们各自使用的领域。然而更通常的情况是一般的建模语言，特别是 UML，以标准的方法进行了扩展，通过诸如文件方面的革新来满足特定领域建模的需要。这些方法和一般的建模价值一致，都是以更有效及高效的方式为特定问题和解决方案提供抽象。

5.5.5　软件开发业务

许多人将软件开发称为"团队运动"，伴随的一个陈述是"国际团队运动"。借助于当今的技术，软件开发已经摆脱了地理上的束缚，软件开发业务将变得越来越分布化和全球化。建模和其他更高形式的抽象对帮助开发人员处理相关的复杂性具有决定作用。

5.5.6　模型驱动的构架

下一步的计划是由对象管理组织（Object Management Group）领导的模型驱动的构架（Model-Driven Architecture，MDA）。当还处在早期的试用阶段时，MDA 就被认为是建模和模型驱动开发技术演进的下一个逻辑步骤。MDA 基于 UML 和其他相关的标准，主要关注的是在抽象的不同层次上定义模型，以及在不同层次之间的定义转换。自动工具支持对于 MDA 的发展及成功应用来说具有决定意义。

小结

软件架构模型的形式是没有限制的，包括纸上的图、白板上的草图、开发人员之间口头的交流，但是，如果模型和源代码不再对应，模型就失去了价值。模型表达和源代码表达之间存在着模型—代码差异，开发人员面临着克服这种差异的挑战。模型—代码差异之所以存在，是由于模型和代码有着不同的词汇，它们在不同的抽象级别上表达想法，它们有着不同的设计承诺级别，最重要的不同是，它们在内涵式元素和外延式元素的使用上存在差异。

一旦认识到差异的存在，就会面临着如何管理它的挑战，因为模型和代码会随着时间的推移而逐渐产生分歧。团队可能会采用各种不同的策略来管理这种分歧，有一些重要的观点是合适的工具和编程语言可以减少差异，细节越多的模型越容易产生分歧，项目对于分歧的容忍度是不同的。设计意图会在从设计向代码转化的过程中丢失。一般来说，开发人员为了避免设计意图丢失，会把一些线索表达在代码中，包括使用有意义的命名方法，按照合约来应用设计概念等。模型嵌入代码原理认为，在系统代码中表达模型有助于理解和演化。开发人员已经把对领域的理解映射到了代码中，领域中的类型对应于代码中的类。让领域模型在代码中变得明显，要比仅仅让方案可以工作投入更多的努力，但是这么做有助于对代码的理解，以及使将来的代码更易于变化。

练习

1. 什么是建模？建模的重要性表现在哪里？
2. 常见的软件架构模型有哪些？特点是什么？

3. 规范化模型是什么？它的本质是什么？
4. "4+1" 视图方法包括哪几个视图？谈谈你对它们的理解。
5. 结合个人经历谈谈使用 UML 建模的优缺点。
6. 软件架构模型发展方向中你熟悉哪一个？简要谈谈你的理解。

第6章　软件架构设计

本章主要介绍软件架构设计的内容。首先讲述了软件生命周期中软件架构过程的主要组成，然后对定义软件架构需求、架构设计过程以及过程验证等进行了较全面的讲述，接着介绍了软件架构的整体设计，包括软件架构设计的一般原理和设计的主要方法等，最后对软件架构设计流程做了一个较详细的介绍。

6.1　生命周期中的软件架构

（1）软件过程——对软件开发活动的组织、规范和管理。

基于软件架构的开发步骤如下：

①为软件系统构建一个商业案例。

②弄清系统需求。

③构建或选用软件架构。

④正确表述软件架构，并与有关各方进行交流。

⑤对此软件架构进行分析和评价。

⑥实现基于软件架构的系统并保证与软件架构相一致。

⑦系统维护时，软件架构文档应同步维护。

演变交付生命期模型表明了软件架构应处的位置，如图6-1所示。软件架构的详细设计是在初步的需求分析之后进行的。

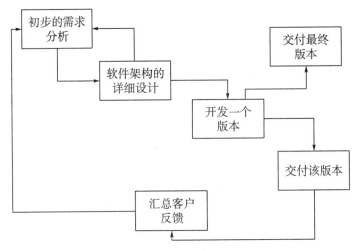

图6-1　演变交付生命期模型

（2）何时可以开始设计——对需求有初步了解之后就可以开始设计。

（3）软件架构驱动因素的组成——比较重要的功能、质量属性、限制条件构成的某个子集。

（4）如何确定软件架构驱动因素——按业务目标优先级。

6.2　软件架构过程

软件架构师执行的所有任务往往都很重要，但真正重要的是软件架构设计的质量。一个糟糕的设计往往毫无意义，即使拥有出色的需求文档和与利益相关者的密切联系。毫无疑问，设计通常是一个软件架构师所需承担的最困难的任务。优秀的软件架构师往往能利用其多年的软件工程和设计经验来设计出一个合适的软件架构，这种经验是无法替代的。因此，本节所能做的就是帮助读者尽快获得一些必要的知识。

为了通过应用软件架构的定义来指导软件架构师，遵循一个定义的软件架构过程是非常有必要的。图 6-2 显示了一个简单的、三步迭代的软件架构设计过程，可以用来指导软件设计期间的活动。简言之，步骤如下：

（1）定义软件架构要求：这涉及创建一个声明或模型的需求，这些需求将驱动软件架构设计。

（2）架构设计：这涉及定义构成软件架构的组件的结构和职责。

（3）验证：这涉及"测试"软件架构，通常通过遍历设计、针对现有需求以及任何已知或可能的未来需求进行测试。

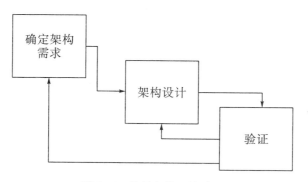

图 6-2　软件架构设计过程

这种软件架构过程本质上是迭代的。一旦确定好一种设计，验证它将可能表明需要修改之前的设计，或者某些要求需要进一步定义和理解。

6.2.1　定义软件架构要求

1．确定、识别软件架构要求

在设计架构解决方案之前，有必要对应用程序体系架构的需求进行一个很好的了解。架构需求有时也称为架构上重要的需求或架构使用例，本质上是应用程序的质量和非功能性需求。

图 6-3 显示了架构要求的主要来源是功能需求文档以及获取各种利益攸关方需求的

其他文档。此步骤的输出是一个文档，该文档表示应用程序的体系架构要求。当然，在现实中，架构师需要的信息大部分没有文档化，获取信息的唯一途径就是与各种利益攸关方进行交流。这可能是一个缓慢而艰难的任务，尤其是如果架构师不是应用程序业务领域中的专家。

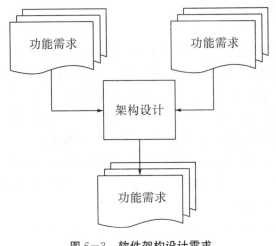

图 6-3 软件架构设计需求

2. 优先架构需求

应用程序的所有软件架构需求相等是一件罕见的事情。通常，软件架构需求列表包含了优先级的项目，或者"这是很好的，但不是必要的"类型特性。因此，明确标识这些内容是非常重要的，并且要使用优先级来排列架构需求。通常包括以下三个类别：

高：应用程序必须支持此要求，这些要求推动了架构设计。

中：这个要求需要在某个阶段得到支持，但不一定是在第一个或下一个版本中。

低：这是需求列表的一部分，可以满足这些需求的解决方案是想要的，但它们不是软件架构设计的驱动程序。

在一个有很多利益相关者的项目中，确定需求优先级通常是一个好主意，应让每组利益相关者签署这个优先级。面对矛盾需求，这一点尤为重要。一旦协议达成，架构设计就可以开始了。

6.2.2 架构设计过程

软件架构师在设计软件架构时，首先需制定许多设定决策，再根据这些决策来考虑不同的体系架构和软件架构视图推理，以确定最佳软件架构。

图 6-4 显示了设计步骤的输入是架构需求。设计阶段本身有两个步骤：第一个涉及选择架构的总体策略，基于已验证的架构模式；第二个涉及指定组成的各个组件。输出的是一组架构视图，它捕获架构设计以及设计文档，解释一些主要设计决策的关键原因，并提前确定可能遇到的风险。

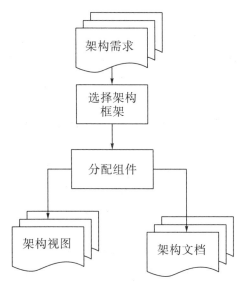

图 6-4　架构设计的投入和产出文件

6.2.3　验证过程

在软件架构过程中，验证阶段的目标是增加设计团队的信心，确保架构符合目的。验证软件架构设计会带来一些棘手的挑战。无论是新应用的体系架构还是现有系统的发展，所提出的设计可能不被执行或测试，可能不满足其要求。

有两种主要的技术被证明是有用的：一是涉及使用测试场景对架构进行手动测试；二是涉及构建原型，创建所需应用程序的简单原型，以便通过原型测试更详细地评估其满足需求的能力。两者的目的是找出设计中的潜在缺陷和弱点，以便在开始实施之前加以改进。这些方法应该用于随后的构建活动中，明确识别用于跟踪和监测的潜在风险区域。

设计应用程序体系架构是一种创造性活动。通过遵循一个简单的过程，显式地捕获架构的重要要求，利用已知的体系架构模式，系统地验证设计。

6.2.4　良好架构的判定原则

1. 设计软件架构过程的建议

（1）软件架构的设计应该由一位设计师来完成。
（2）设计师应全面掌握对系统的技术需求，以及各项定性指标优先级的清单。
（3）软件架构的文档完备，并采用所有人员认可的文档形式。
（4）软件架构设计方案应让各个风险承担者积极参与评估。
（5）通过对软件架构的分析，得出明确的定性与定量指标。
（6）软件架构设计应有助于具体实现。
（7）允许软件架构带来一定的资源争用，并给出可行的解决方案。

2. 关于软件架构的结构的建议

（1）软件架构由定义良好的模块组成，各模块的功能划分应基于信息隐藏。

（2）模块的划分应体现出相互独立的原则。

（3）把计算机基础结构的特性封装在一定的模块中。

（4）软件架构尽量不依赖于某个特定版本的商用产品或工具。

（5）产生数据的功能和使用数据的功能应分属于不同的模块。

（6）对并发系统，软件架构应充分考虑进程与模块结构的不对应。

（7）进程编写要考虑与特定处理器的关系，并容易改变关系。

（8）软件架构应尽量采用一些已知的设计模式。

前面描述的三步软件架构过程本质上是迭代的。初始设计根据要求和场景进行验证，验证的结果可能会导致要求或设计被重新审视。一直迭代直至所有利益相关者都对体系架构满意为止，这就成了详细设计开始的蓝图。在敏捷项目中，迭代是短的，并且体系架构的具体实现是由每次迭代产生的。

该过程也是可伸缩的。对于小型项目，软件架构师可能主要是直接与客户合作，或者实际上没有有形客户（通常在新的、创新的产品开发中是如此）。软件架构师也可能是小开发团队的一个主要部分。在这类项目中，可以非正式地遵循这一过程，产生最低限度的文件。对于大型项目，可以更正式地遵循该过程，包括需求和设计团队，收集涉及的各个相关方的投入，并制作大量的文档。

6.3　软件架构设计

6.3.1　软件架构设计的一般原理

1. 抽象原理

抽象是指从许多事物中舍弃个别的、非本质的特征，抽取共同的、本质性的特征。抽象可以简单分成两类：一类是过程抽象，另一类是数据抽象。

（1）过程抽象是指任何一个具体的操作序列。过程抽象的例子是一个门的"入口"，它隐含了一个很长的过程步的序列（走到门口、伸出手、握住门把、旋转门把和推门、走进门等）。

（2）数据抽象将数据类型和施加于该类型对象上的操作作为整体来定义，并限定了对象的值只能通过使用这些操作修改和观察。数据抽象的例子是一个"工资单"。

2. 封装原理

封装是指将事物的属性和行为结合在一起，并且保护事物内部信息不受破坏的一种方法。封装使不同抽象之间有了明确的界限。封装有利于非功能特性的实现。封装由内部构成和操作服务两方面组成。封装与信息隐藏有着密切的联系，信息隐藏源于封装，封装为信息隐藏提供支持。封装保证了模块间的相对独立性，使得程序的维护和修改较为容易。

3. 模块化原理

模块化主要关心的是如何将一个软件系统分解成多个子系统和部件，主要任务就是决定怎样将构成应用的逻辑结构独立地分割成代码实体。模块化的作用是作为一个应用的功能和责任的物理容器，这有利于系统的维护和升级。

4. 注意点分离原理

不同和无关联的责任应该出现在系统不同的部件中，让它们相互分离开来。相互协作完成某一个特定的任务的部件也应该和在其他任务中执行的计算部件分离开来。如果一个部件在不同的环境下扮演着不同的角色，在部件中这些角色应该独立且相互分离。

5. 耦合和内聚原理

耦合和内聚在软件架构设计中同样是重要的原理。耦合一般强调具有相互平行关系的模块之间的特征，而内聚强调同一模块内部的特性。耦合反映了一个模块与另一个模块联系的紧密程度。紧密的耦合会使系统各部分的关系变得复杂，通过弱耦合部件的设计可以降低系统的复杂性。模块耦合度有以下七个等级：

（1）非直接耦合。这种关系是指两个模块之间不依赖对方就能独立工作，各模块间没有信息传递。

（2）数据耦合。两个模块之间仅限于数据信息的交换，模块彼此之间通过数据参数来交换输入、输出信息。

（3）特征耦合。在特征耦合中，两个模块之间交换的是数据结构。以这种方式耦合，当数据结构发生变化时，本来无关的模块也要做相应的更改。

（4）控制耦合。控制耦合是指两个模块传递的信息含有控制信息。控制模块往往是一个模块依赖于另一个模块，这样会增加系统的复杂性。

（5）外部耦合。如果若干个模块与同一个外部环境有相互作用，则称这种情况为外部耦合。

（6）公共耦合。公共耦合是指若干个模块（一组模块）通过全局的数据文件、物理设备等（全局变量、公用内存、公共覆盖）相互作用。

（7）内容耦合。内容耦合是指一个模块使用另一个模块内部的数据或控制信息，其外在表现为一个模块直接转移到另一个模块内部。

6. 策略和实现分离原理

策略部件负责处理上下文相关的决策、信息的语义和解释的知识，把不相交计算组合形成结果，对参数值进行选择等。实现部件负责全面规范算法的执行，执行中不需要对上下文相关信息进行决策。上下文和解释是部件外部施加的，它通常由传给部件的参数提供。

7. 接口和实现分离原理

在软件架构中，部件都包括了两个部分：接口与实现。

（1）接口部分给出部件功能定义，并对功能的使用方法进行了规范。该接口对部件的客户是可以访问的。该类型的输出接口是由函数原型构成的。

（2）实现部分包括实际代码，即对所提供的功能的具体实现的描述。实现部分还可以包含只服务于部件内部操作的另外的函数和数据结构。实现部分对部件客户来说是不可用的。

该原理要求只为客户提供部件的接口规范和使用方法，目的是防止部件客户接触到实现的细节而造成意外的影响。接口和实现的分离也支持可变性。

8. 分而治之原理

分而治之是对问题进行横向分割，把大问题分解成许多小问题，把复杂问题变成简单问题的组合。该原理在软件架构中也得到大量运用，例如，自上而下设计将一个任务分解成可以独立设计的更小的部分。该原理经常被用来作为注意点分离的方法。

9. 层次化原理

通常处理的方法如下：
（1）将问题进行横向分割，分而治之。
（2）纵向分割问题，分层次处理。方法是把一个问题分解成多个结构，这些结构是建立在基础概念和思想上的、多层次的、从底向上逐步抽象的分析和表达之上的，每一层处理该层次的问题，服务于该层次的要求。

6.3.2 软件架构的输入、输出和设计的步骤

1. 输入

设计的输入有助于实现软件架构的要求和约束正规化。通常输入的对象有用例、使用场景、功能性需求、非功能性需求（包括质量属性，如性能、安全性、可靠性等）、技术要求、目标部署环境以及其他限制。

在设计过程中，将创建一个在软件架构中具有重要意义的用例，软件架构中需要特别注意的问题是尽量满足用户的需求和条件限制。一个精炼的设计会随着时间的推移不断满足所有的要求并且遵循所有的限制条件，主要阶段的迭代技术如图6-5所示。

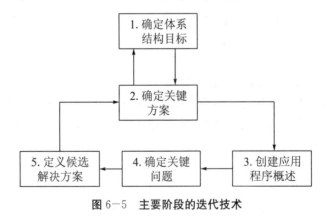

图6-5 主要阶段的迭代技术

2. 核心软件架构设计活动的迭代步骤

（1）确定体系结构目标：明确的目标有助于你专注于软件架构和解决设计中的权利问

题，精确的目标能够帮助你确定完成目前的阶段以及移动到下一阶段的时间。

（2）确定关键方案：使用关键方案将重点放在最重要的事情上，以及对候选方案进行评估。

（3）创建应用程序概述：确定应用程序类型，部署软件架构、框架风格和技术，使得设计与在现实世界中对该应用程序的操作相联系。

（4）确定关键问题：确定基于质量属性和关注点的关键问题。这是在设计一个应用程序时常出错的地方。

（5）定义候选解决方案：在创建一个软件架构原型时，能够不断地优化和改善解决方案，同时也能评估关键方案，并在开始下一次迭代前部署约束软件架构。

这个框架过程是迭代和渐进的。当第一个候选软件架构是一个高层次的设计时，可以测试关键方案、要求、已知条件、质量属性和软件架构框架。在不断完善候选软件架构时，将学习到有关设计的更多细节，而且能够进一步扩大关键方案、应用程序的概述和方法。

值得注意的是，当采取迭代的方法设计软件架构时，诱导循环的往往是水平切片（层）的应用，而不需要思考一个完整的为用户（用例）的跨层功能的垂直切片。如果不垂直迭代，可以在运行实施之前让用户试用一下，这样就可以降低它的风险。同时，在进行软件架构设计时不应该仅仅将软件架构建立在一个单一迭代上，每次迭代应该添加更多的细节。但是也不要过多地专注于细节，而应更多地集中在主要步骤上，并根据各自软件架构的特点进行设计。

6.3.3 软件架构设计方法的元模型

元模型是对各种软件架构设计模型的抽象，使用这个模型对当前的各种软件架构设计方法进行分析和比较，如图6－6所示。

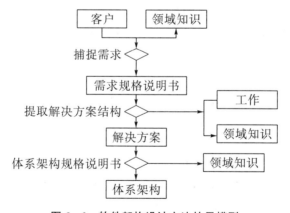

图6－6 软件架构设计方法的元模型

6.3.4 软件架构设计的主要方法

1. 工件驱动的方法

工件驱动（artifact-driver）的方法是从工件描述中提取软件架构描述。图6－7给出了该方法的概念模型。

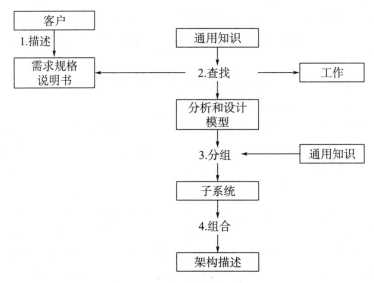

图 6-7 工件驱动的概念模型

OMT（Object Modeling Technique）方法主要由分析、系统设计、对象设计组成。"箭头描述"表示需求规格说明书的描述，"箭头查找"表示对工件的查找，"箭头分组"表示对模型进行细化，"箭头组合"表示将不同的子系统整合为架构描述。

该方法存在的问题如下：

（1）文本形式的系统需求含混不清、不够精确和完整。

（2）子系统的语义过于简单，难以作为软件架构构件。

（3）对子系统的组合支持不足。

2. 用例驱动（use-case-driven）的方法

用例驱动的软件架构设计方法主要从用例导出软件架构抽象。一个用例是指系统进行的一个活动系列，参与者通过用例使用系统，参与者和用例共同构成了用例模型。用例模型的目的是作为系统预期功能及其环境的模型，并在客户和开发者之间起到合约的作用。

统一过程使用的是一种用例驱动的软件架构设计方法。图 6-8 给出了用统一过程描述的用例驱动的概念模型。

在使用这一方法时，必须处理以下几个问题：

（1）难以适度把握领域模型和商业模型的细节。

（2）对于如何选择与软件架构相关的用例没有提供系统的支持。

（3）用例没有为软件架构抽象提供坚实的基础。

（4）包的语义过于简单，难以作为软件架构构件。

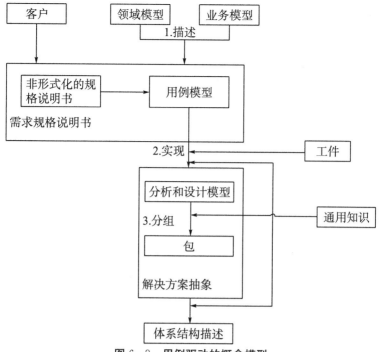

图 6-8 用例驱动的概念模型

3. 模式驱动的方法

软件架构模式类似于设计模式，但它关心的是更粗粒度的系统结构及其交互。软件架构设计模式是软件架构层次的一种抽象表示。

模式驱动的软件架构设计方法从模式导出软件架构抽象。图 6-9 描述了这一方法的概念模型。

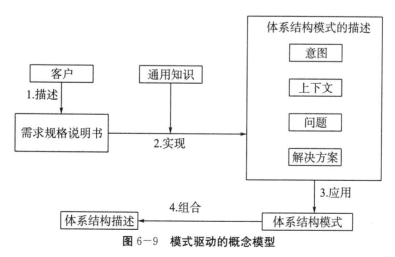

图 6-9 模式驱动的概念模型

该方法主要有以下不足：

（1）在处理范围广泛的软件架构问题时，模式库可能不够充足。

（2）对模式的选择仅依靠通用知识和软件工程师的经验。

（3）模式的应用并不是一个简单直接的过程，它需要对问题进行全面的分析。

（4）对于模式的组合没有提供很好的支持。

4．属性驱动的方法

属性驱动（Attribute Driven Design，ADD）是一种用于设计软件架构以满足质量需求和功能需求的方法。它是一种定义软件架构的方法，将分解过程建立在软件必须满足的质量属性之上。同时，它也是一个递归的分解过程，在每个阶段都选择战术和架构模式来满足一组质量属性场景，然后对功能进行分配，以实例化由该模式所提供的模块类型。图6-10 展示了属性驱动的概念模型。

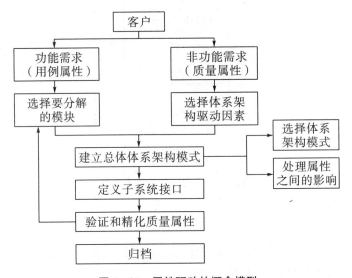

图 6-10　属性驱动的概念模型

尽管 ADD 方法对于将质量属性链接到设计选择很有用，但它依然存在以下不足：

（1）ADD 指导软件架构师使用并组合策略和模式，以实现质量属性场景的满意度。然而，模式和策略都是抽象的，该方法没有解释如何将这些抽象映射到具体的实现技术。

（2）ADD 未提供有关如何开始设计过程的指导。虽然这种省略增强了它的可归纳性，但它给一些刚入门的软件架构师带来了困难，他们通常不知道从哪里开始。ADD 并没有明确地促进（重用）参考体系架构，这是许多软件架构师理想的起点。

（3）ADD 方法没有明确考虑不同的设计目的。例如，可以将设计作为售前流程的一部分，或者作为构建的"标准"设计的一部分。不同的目的将导致添加的不同用途。

6.3.5　软件架构设计的主要步骤

1．确定软件架构目标

确定软件架构目标时应考虑以下几个关键点：

（1）一开始就确定软件架构目标。在框架设计的每个阶段花费的时间都将取决于这些目标。例如，你会为了一个新的应用程序去建立一个原型，测试可能的路径，着手设计一个能够长期运行的框架吗？

（2）确定谁将会使用你的软件架构。在进行软件架构设计时，应该全面考虑涉众群体的需求，使他们更容易接受你的设计。

（3）确定约束条件。了解技术选择和约束，进行一些限制并部署限制。一开始就了解约束条件，在后来的应用程序开发过程中就不至于浪费时间，当遇到突发状况时也能够及时处理。

2. 确定软件架构设计的范围和时间

基于软件架构的高层次目标，需要审视花费在每一个设计活动上的时间。例如，原型可能只需要几天的时间设计，而对于一个复杂的应用程序的完整和充分详细的软件架构可能需要几个月的时间来完成，并可能涉及多次迭代的软件架构和设计。根据对目标的理解来确定花费在每一步上的时间和精力，确定结果的类型，并明确界定软件架构的目的和重点。目标包括了以下几个部分：

（1）创建一个完整的应用设计。

（2）建立一个原型。

（3）识别关键技术的风险。

（4）测试可能的选项。

（5）建立一个共享模式以获得对系统的了解。

这些都将导致设计上不同的侧重点、不同的时间承诺。例如，如果要确定身份验证软件架构中的关键风险，在身份验证方案中，主要的时间和精力会用在身份验证的软件架构，以及可能的身份验证技术的选择上。不过，如果处于考虑应用程序的整体软件架构的早期阶段，认证只是软件架构的一部分而不会成为主要部分。

3. 确定关键方案

关键方案就是最初描述的关键场景。如何确定一个场景是关键场景，只需要它满足以下条件中的一个或几个：

（1）它代表着一个重大问题的未知领域或重大风险领域。

（2）它是指在软件架构方面具有重要意义的使用情况下。

（3）它代表了质量与功能属性的交集。

（4）它代表了一种质量属性之间的权衡。

创建在软件架构方面有重要意义的用例对设计具有深远的影响。这些用例对成功的应用程序创建具有重要的意义，尤其对接受部署的应用程序影响深远，在软件架构中需要对其进行分级设计来确定其意义是否重大。

在软件架构方面具有重要意义的用例具有以下特征：

（1）业务至关重要性。用例具有较高的使用水平或与其他特征相比显得尤为重要，否则就意味着它具有高风险。

（2）高冲击性。用例需要两者的功能和质量属性相交，或有一个代表性的横切关注点，它有一个应用程序层对层或尾对尾的影响。

在确定应用程序对软件架构方面具有重要意义的用例后，需要它们作为一种方法来评估候选软件架构的好坏。如果候选软件架构能够解决更多的用例，或能更有效地解决现有的用例，则表明这种候选软件架构是对原来软件架构的改善。

　　一个好的用例将用户视图、系统视图和业务视图的软件架构进行交互。使用这些场景和用例来测试设计，并确定任何可能产生的问题。思考用例和场景时需考虑以下几点：

　　（1）在项目早期，通过创建一个候选软件架构来降低风险。

　　（2）以软件架构模型为指导，使软件架构的设计和代码满足方案的功能要求、技术要求、质量属性和约束的变化。

　　（3）根据当时的需求来创建一个软件架构模型，并定义一个必须在处理随后产生的突发情况和迭代过程中的问题清单。

　　（4）当软件架构和设计是显著变化时，可以考虑创建一个使用案例，用来反映这些变化。

　　4. 应用概述

　　应充分考虑设计中使用的技术，这些技术应该支持所选择的框架风格、应用程序类型、应用程序的关键质量属性。

　　能够展示软件架构非常重要。通过展示纸、幻灯片，或通过另一种格式显示主要的制约因素。如果不能展示架构，那么就表明它不能很好地被理解。如果可以提供一个清晰、简明的展示图，则别人更容易理解，使沟通细节变得更容易。

　　5. 关键问题

　　（1）质量属性。

　　质量属性是指影响软件架构运行的行为、系统设计和用户体验的整体功能的属性。设计应用程序以满足这些特质时，有必要考虑其他要求的影响，必须在多个质量属性之间进行权衡。每个质量属性的重要性或优先情况因系统的不同而不同。例如，在一个业务线（LOB）系统中，性能、可扩展性、安全性和实用性比互操作性更加重要，互操作性很可能比在一个 LOB 应用程序中的拆封应用上更为重要。

　　质量属性关注的领域有潜在的应用范围以及层与层之间的影响。有些属性关系到整个系统的设计，而另一些则关系到运行、设计时或以用户为中心的问题。组织者对质量属性的思考可从以下几个方面考虑：

　　• 系统质量。该系统应该作为一个整体考虑。

　　• 运行时的品质。在运行时直接表达了系统的素质，如可用性、互操作性、可管理性、性能、可靠性、可扩展性和安全性。

　　• 设计品质。该品质反映了该系统设计的素质，如概念上的完整性、灵活性、可维护性和可重用性。

　　• 用户素质，系统的可用性。

　　（2）横切关注点。

　　横切关注点是设计中那些可以适用于所有层、组件和层次的特点。这也是错误常常出现的领域。

　　横切关注点主要有以下几个方面：

　　• 验证和授权。如何选择适当的身份验证和授权策略以及存储用户的身份。

　　• 缓存。如何选择一个合适的缓存技术，确定什么样的数据要缓存，在哪里缓存这些数据，如何确定一个合适的过期策略。

• 通信。如何选择适当的协议来完成层与层之间的沟通，如何跨层设计松耦合，如何执行异步通信和传递敏感数据。

• 配置管理。如何确定哪些信息必须是可配置的以及存储配置信息的地点和方式，如何保护敏感的配置信息，如何处理在一个群或簇中的配置信息。

• 异常管理。如何处理并记录异常，如何在需要时及时提供通知。

• 记录和仪器仪表。如何确定记录哪些信息，如何使日志可配置并确定需要什么水平的仪器。

• 验证。如何确定在哪里以及如何执行验证，如何选择验证长度、范围、格式和类型的技术，如何限制和拒绝输入无效的值，如何消除潜在的恶意或危险的输入，如何定义和重用应用程序层和层的验证逻辑。

（3）设计发行缓解。

通过分析质量属性和设计要求中的横切关注点，可以集中精力关注具体领域。例如，质量属性的安全性显然是设计中的一个重要因素，并适用于软件架构的多层次和地区。对与安全相关的横切关注点提供指导的方面，应该集中注意力。可以使用个人横切类别划分去进一步分析应用程序软件架构，并帮助确定应用程序的漏洞。这种做法可优化安全方面的设计。检查横切关注点的安全性时可能会考虑的问题如下：

• 审核和日志记录。谁何时做了什么？应用程序运行是否正常？审核是指应用程序如何记录安全相关事件，记录是指应用程序如何发布有关其运作的信息。

• 验证。你是谁？认证的过程是一个实体的明确规定，通常是另一个实体的身份，如用户名和密码的凭据。

• 授权。你能做些什么？授权是指应用程序如何控制访问的资源和操作。

• 配置管理。应用程序是运行在什么情况下？它连接哪些数据库？应用程序是如何管理的？如何保护这些设置？配置管理是指应用程序如何处理这些操作和问题。

• 加密。如何处理机密（保密）？如何防止篡改数据或库（完整性）？如何播种必须具有强保密性的随机值？加密技术是指应用程序如何执行保密性和完整性。

• 异常管理。当应用程序的方法调用失败时，应用程序做什么？它透露了多少信息？它能友好地返回最终用户错误消息吗？它是否能将有价值的异常信息传递回调用代码？是否失败了？它能否帮助管理员进行故障的根本原因分析？异常管理是指如何在应用程序中处理异常。

• 输入和数据验证。如何知道应用程序接收的输入是否有效和安全？它限制通过入口点的输入，并通过出口点编码输出。它可以信任数据库和文件共享等数据源吗？输入验证是指应用程序在过滤、磨砂或额外的处理之前拒绝输入。

• 敏感数据。应用程序如何处理敏感数据？如何保护机密的用户和应用程序数据？敏感数据是指应用程序如何处理任何必须在内存中保护在网络上或持久性存储的数据。

• 会话管理。应用程序如何处理和保护用户的会话？会话是指用户和应用程序之间的相关交互。

使用这些问题和答案，使应用程序的安全设计决策化并记录它们，这些都是软件架构的一部分。图6-11显示了一个典型的Web应用程序软件架构的安全问题。

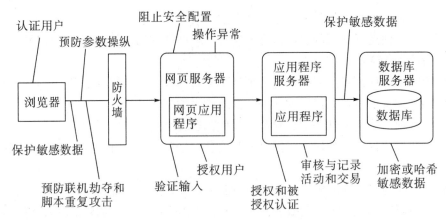

图 6-11　Web 应用程序软件架构的安全问题

6. 候选解决方案

（1）基线和候选软件架构。

基本软件架构介绍了现有的系统的外部形态。如果这是一个新的软件架构，初始基线是第一个高层次的框架设计，那么从候选的软件架构中选出一个建立候选软件架构，该软件架构包括应用程序的类型、部署架构、框架风格、技术选择、质量属性和横切关注点。

当进行这一设计时，确保在每一个阶段都把握住关键风险，适应你的设计以减少与高效的优化设计信息的沟通，并建立具有灵活性和考虑重构的软件架构。在这个过程中可能需要多次修改软件架构，通过多次迭代确定软件架构，并使用多个框架尖峰。候选软件架构是一种新型的软件架构，它可以成为新的软件架构，并成为创建和测试的基准。

这种迭代和渐进的方法降低了风险，反复渲染软件架构，并使用框架的试验证明每一个新的基准软件架构都是对过去的改善。帮助测试候选软件架构的性能应考虑以下问题：

- 这个软件架构是否能成功，而不会引入任何新的风险？
- 这个软件架构和上一次迭代相比是否减少了更多已知的风险？
- 这种软件架构是否满足额外的要求？
- 这种软件架构是在架构方面具有重要意义的用例吗？
- 这个软件架构能解决质量属性带来的问题吗？
- 这个软件架构是否满足额外的横切关注点？

（2）框架尖峰。

一个框架尖峰是实施应用程序的整体设计或软件架构的一个部分。其目的是分析技术方面具体的解决方案，以验证技术的假设，选择潜在的设计和实施策略，或者有时估计实施的时间表。

框架尖峰经常被用来作为敏捷或极端编程的开发方法的一部分，能以非常有效的方式完善和发展解决方案的设计。通过专注于解决方案的整体设计的关键部件可用于框架尖峰，以解决重要的技术挑战，并在解决方案的设计中降低整体风险和不确定性。

（3）下一步该怎么做。

完成软件架构建模活动后，就可以开始改进设计，计划测试，并与他人沟通设计。需记住以下准则：

• 在一个文件中尽量捕获候选软件架构和框架测试用例，保持文件的轻量级以便能够更轻松地更新它。此类文件可能包括目标的细节、应用型拓扑结构、主要场景和需求、技术、质量属性和测试。

• 使用质量属性能够帮助塑造设计。例如，当开发人员知道所确定的框架风险相关的反模式，并使用相应的行之有效的模式时，就可用帮助解决这些问题。

• 沟通信息可以捕捉到相关的团队成员和其他利益相关者的信息。这些涉众可能包括应用程序开发团队、测试团队以及网络和系统管理员。

7. 回顾软件架构

回顾应用程序的软件架构是一个极为重要的任务，它可以减少失误的成本，并尽早发现问题和修复框架。审视软件架构是一个成熟的、具有成本效益的方式，它能降低项目成本和项目失败的可能性。在建立重大项目时，需要经常审查设计的软件架构是否合理。同时还应该建立一个审查问题的共同的软件架构，这样可以改进软件架构和减少每次审查所需的时间。

软件架构审查的主要目标是确定基准线，正确链接功能性需求，并验证候选软件架构的可行性。此外，它还可以帮助找出现有系统中存在的问题，并提出相应的改进方案。

8. 基于场景的评价

基于场景的评价是审查软件架构设计的一个功能强大的方法。基于场景的评价，重点是从企业的角度和在软件架构上的最大影响情形出发，考虑使用下列方法之一：

（1）软件架构分析方法（SAAM）。SAAM 最初是为评估可变性设计的，后来发展为审查软件架构质量属性，如可修改性、可移植性、可扩展性、集成性和功能覆盖。

（2）权衡软件架构分析方法（ATAM）。ATAM 是 SAAM 完善和改进后的版本，可以帮助查看框架质量属性的要求，以及它们如何满足特定的质量目标。

（3）主动设计审查（ADR）。ADR 最适合不全或正在进行中的软件架构。审查更多的是集中在一个时间段内设置的问题或个别路段的软件架构，而不是进行全面审查。

（4）中级设计的主动评论（ARID）。ARID 主要结合正在进行中的软件架构的 ADR 方面和审查重点问题上设置的不良反应方面。基于场景的审查侧重于质量属性的 ATAM 和 SAAM。

（5）成本效益分析方法（CBAM）。CBAM 侧重于分析的成本、效益和框架决定的时间表的影响。

（6）结构等级修改性分析方法（ALMA）。ALMA 评估软件架构的业务信息系统（BIS）的可变性。

（7）家族的软件架构评估方法（FAAM）。FAAM 评估信息系统的家族软件架构、互操作性和可扩展性。

9. 表示和宣传软件架构设计

沟通设计是框架评论的关键，用来确保实施的正确性。需要将设计传播给各个涉众群，包括开发团队、系统管理员和使用者。

设计一个软件架构视图的方法之一是设计出一个地图。地图不是地形，它是一个抽象的概念，其主要作用是共享软件架构。下面是几个比较著名的软件架构的描述方法。

（1）4+1。这种方法使用了五个完整的软件架构的视图，其中四个视图用不同的方法描述软件架构，第五个视图显示该软件的场景和用例。

（2）敏捷建模。敏捷建模（AM）是一种态度，而不是一个说明性的过程。AM描述了一种建模的风格。当它应用于敏捷的环境时，能够提高开发的质量和速度，同时能够避免过度简化和不切实际的期望。AM是对已有方法的补充，而不是一个完整的方法论。AM的焦点集中在建模上，其次是文档。也就是说，AM技术在采用敏捷方法的基础上能够提高建模的效果。AM同样可以用于那些传统过程（如Unified Process），尽管这种过程较低的敏捷性会使得AM不那么成功。AM是一种有效的共同工作的方法，能够满足项目利益相关者的需要。敏捷开发者和项目利益相关者进行团队协作，轮流在系统开发中扮演着直接、主动的角色。

（3）统一建模语言（UML）。UML建模技术主要分为结构建模、动态建模和模型管理建模三个方面：一是从系统的内部结构和静态角度来描述系统，在静态视图、用例视图、实施视图和配置视图中适用，采用了类图、包图、用例图、组件图和配置图等图形。例如，类图用于描述系统中各类的内部结构（类的属性和操作）及相互间的关联、聚合和依赖等关系，包图用于描述系统的分层结构等。二是从系统中对象的动态行为和组成对象间的相互作用、消息传递来描述系统，在状态机视图、活动视图和交互视图中适用，采用了状态机图、活动图、顺序图和合作图等图形，例如，状态机图用于一个系统或对象从产生到结束或从构造到清除所处的一系列不同的状态。三是描述如何将模型自身组织到高层单元，在模型管理视图中适用，采用的图形是类图。在建模的工作集中，并非所有图形元素都适用或需要采用。

①SUN的战略。软件系统支持开源，软件主要使用Sun One。图6-12为Sun One Studio工具集和架构图。

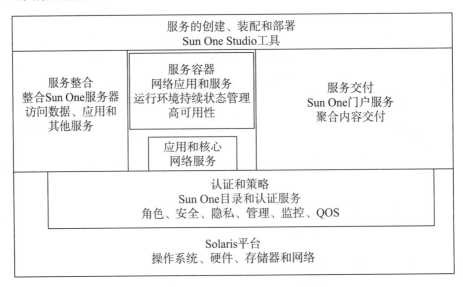

图6-12　Sun One Studio 工具集和架构图

②BEA WebLogic 平台。BEA 系统公司的 WebLogic 服务器是企业级的应用服务器，支持 EJB、集群以及 ERP（企业资源的连通性）。图 6-13 为 BEA WebLogic 平台。

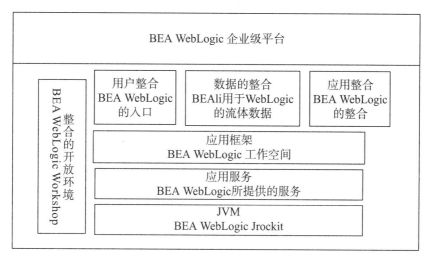

图 6-13 BEA WebLogic 平台

6.4 软件架构设计流程

在这一节中，我们会把精力放在支持软件架构设计流程的一些详细方法上，比如角色、任务和工作产品。为了提供这些方法，我们考虑了软件行业中与已经开发的最优方法相关的一系列软件架构，从而提取出各种方法的原理，包括 Rational 统一过程、IBM 统一方法框架、OpenUP、极限编程（XP）、Scrum、特征驱动开发和精益方法。我们还考虑了相关的标准化规范，如软件过程工程元模型（SPEM）。

6.4.1 关键概念及其关系

首先，为了使后续的讨论变得轻松，我们必须要确定一个方法中提出的一些基本概念。软件过程工程元模型规范（SPEM）、对象管理组（OMG）标准可以帮助我们，因为它们提供了这些概念的定义，我们会在本书中使用这些定义。

SPEM 标准十分详细地定义了各种概念。在本书中，为了便于理解，会采取一些简单的定义，并进行一些简单化的假设。本书中用到的相关术语如图 6-14 所示。

本质上，一个有效的软件开发方法应该描述需要生成什么内容、如何执行相关工作以及由谁执行。这三个问题看似简单，但实际上落实起来是非常困难的。我们经常会看到一些产品，看似面面俱到，功能强大，但为什么最终没有得到用户的广泛认可呢？一个专家感觉非常好的产品，普通的使用者未必感觉满意，这些情况在实践中屡见不鲜。即使一些知名的公司在设计时也不能很好地把握，这足以证明我们必须下功夫来面对它。下面我们先介绍一些概念。

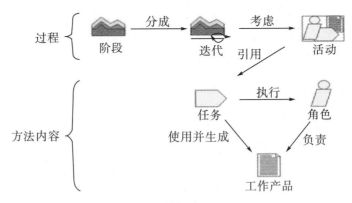

图 6—14 关键概念及其关系

- 角色：谁？定义技能和工作产品职责。软件架构师就是角色的一个例子。
- 工作产品：做什么？任务的结果可以是交付内容，也可以不是交付内容。服务模型就是工作产品的一个例子。
- 任务：如何做？特定角色执行的步骤序列。任务使用输入工作产品来生成或修改输出工作产品。标识服务就是任务的一个例子。
- 阶段、迭代及活动：什么时候做？

通常来说，角色、工作产品和任务的定义被认为具有很高的可重用性，因为不像流程相关的元素，它们在不同类型的项目和生命周期中不会发生很大的变化。重新开发一个项目和改变一个现有的项目在执行一个任务时会采用同样的步骤，比如识别功能性需求，但是在整个生命周期中，这个任务的重点差别很大。

6.4.2 设计方法的内容

1. 角色

角色定义在一个软件开发组织语境内的个人或者作为一个团队一起工作的一组个人的作为和职责。角色负责一个或者多个工作产品以及执行一组任务。比如，业务分析师（行业专家）负责从一个业务透视图角度识别和记录需求以及分析这些需求，他们定义当前的和将来的操作场景（过程、模型、用例、计划和方案）以及与涉众和软件架构设计师一起确保业务需求被合适地翻译成 IT 方案需求。项目经理通过应用一系列的项目管理原理、工具和技巧负责领导将要交付方案的团队，总体负责管理范围、成本、日程以及合同性的交付物，并管理问题、风险和变更。

需要强调的是，角色不是个人或者资源，发展组织中的个人会执行不同的角色，从个人到角色的映射由项目经理在编制项目和安排项目人员时决定，允许不同的个人扮演不同的几个角色，或者由几个人扮演一个角色。当然，这可能还会涉及一些其他问题。本书中使用的与软件架构设计师相关的角色如图 6—15 所示。

Lead Architect　Application Architect　Infrastructure Architect　Data Architect
主架构设计师　　应用架构设计师　　基础设施软件架构设计师　　数据软件架构设计师

图 6-15　与软件架构设计师相关的角色

主架构设计师总体负责定义系统架构的主要技术决策。主架构设计师也负责为这些决策提供依据，平衡各种各样的涉众的关注点，管理技术风险和问题，确保决策被有效地交流、验证和拥护。

应用架构设计师专注于系统内的自动化业务过程和满足业务需要的那些元素。这个角色不仅关心满足被业务所要求的功能性，而且对支持的基础实施提出需求。他还负责确定应用相关的元素如何对提供系统的质量特点（如性能和可用性）做出贡献。

基础设施软件架构设计师专注于一个系统的基础实施元素，例如与应用无关的服务（如安全机制）、硬件和中间件等。这个角色负责确定与应用无关的元素如何对提高系统的质量做出贡献。同时，他也会处理一些延伸的非功能性需求。

数据软件架构设计师专注于系统的数据元素，特别是用一个合适的机制（如一个数据库、一个文件系统、一个内容管理系统或者某个其他的存储机制）持续化的数据。这个角色定义合适的数据相关的特性，如来源、位置、完整性、可用性、性能和使用年限等。

2．工作产品

工作产品是在流程执行过程中生成和使用的一些信息或物理实体。工作产品包括模型、计划、代码、文档、数据库等。通过定义开发角色，表示一组相关技能集合、资格和开发团队的责任。这些角色匹配于某种类型的工作产品。虽然或许会有多个角色协作来生成一个工作产品，但它也是单个角色的职责。为了创建和修改工作产品，角色被分配来执行某种具有输入输出的工作产品类型的任务。软件架构设计师参与生成和使用工作产品的各种任务。

SPEM 定义了三种类型的工作产品，即工件（artifact）、交付物（deliverable）和输出结果（outcome）。一个工件是一个切实的工作产品，提供了有形的工作产品的描述和定义，如文档、模型、源代码、可执行程序和项目计划。它是由任务消耗、生产和修改的。角色使用工件执行任务或者在执行任务的过程中产生工件。一个角色可能拥有自己的一个特定的工件，但是其他角色如果获得了更新这个工件的权限，仍然可以使用该工件。一个交付物代表被打包交付的内容，提供包装其他工作的描述和定义的可交付产品。交付物被用于代表对一个涉众有价值的工作产品。一个输出结果提供非有形工作的描述和定义，代表一个结果或者项目执行结果的状态。结果也可能被用来描述没有正式定义的工作产品。不像工件和交付物，一个输出结果不代表一个潜在可重用的资产。

前面讲述的方法主要集中在工件上。除工件外，软件架构设计师为软件架构文档（Software Architecture Document）可交付负责。软件架构设计师明确负责的工作产品如图 6-16 所示，其中还列出了不同的软件架构设计师角色。任意特定的方法都可以增加或删除图中总结的一些工作产品。

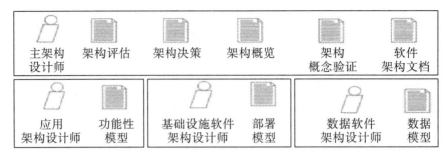

图 6-16　相关角色拥有的工作产品

图 6-16 可能会产生一些令人误解的印象。第一个印象可能是所有的工作产品都是文档（因为工作产品的 SPEM 图标看起来的确像一个文档），其实不然。功能性模型和部署模型可能会通过一个相关的建模工具表述成 UML 模型，而软件架构决策可能通过一个项目的 wiki 获取。第二个印象是与每个工作产品的创建相关的仪式级别非常依赖环境（如系统的复杂性以及生命周期中所处的时间点等）。例如，软件架构概览可能只有一页纸，而软件架构决策则是由电子表格中的三项组成。

虽然图 6-16 中没有列出来，但是还有一些工作产品是需要软件架构设计师帮忙但并不属于软件架构设计师的，例如决定优先级的需求清单。另一个例子是 RAID 日志，软件架构设计师对其做出贡献，但它却属于项目经理。负责一个任务的角色和该任务输出的工作产品拥有者之间存在一定的相关性，例如，业务分析人员负责收集和分析涉众需求的任务，同时也是涉众需求这个工作产品的拥有者。

3．活动

一个活动代表任务的一个分组。软件架构设计师执行在"创建平台无关的架构"（Create Platform-Independent Architecture）和"创建平台相关的架构"（Create Platform-Specific Architecture）活动中的任务。例如，创建平台相关的逻辑结构和物理结构。图 6-17 显示了各种活动之间的关系。

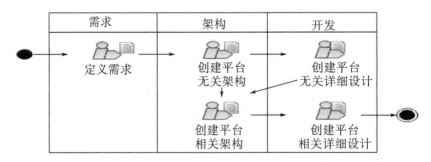

图 6-17　各种活动之间的关系

4．任务

一个任务是在项目的语境里提供有意义的结果的工作单元。一个任务有清晰的意图（目的），与一个输入和输出的工作产品相关联，它通常涉及创建或更新工作产品。所有的任务都由适当的角色执行。

任务描述了分配的工作单元，每一项任务都分配给特定的角色。任务定义的粒度一般为几小时到几天，它通常只会影响一个或者少数的工作产品。任务是作为过程定义的一部分，会进一步用于规划和跟踪进展情况。因此，如果它们的定义过于细粒度，则将会被忽略；如果它们被定义得太大，过程则会被描述成任务的一部分。

任务的目的性与角色所接受的一个明确界定的目标相关联，它提供实现这一目标的完整的渐进式的步骤。这在工作过程的生命周期中是完全独立的。因此，它不会告诉你在什么时候做什么工作，而是描述在整个开发周期中有助于实现目标的所有工作。

一个任务可能会被重复执行多次，尤其是当采用迭代开发方式的时候。图 6—18 中列出了有关的主要角色及其软件架构相关的任务，然而这组任务并不是全部，而是仅代表了核心的软件架构设计任务。软件架构设计师经常会参与其他任务，例如技巧开发和技术策略开发。软件架构设计师同时还给予其他角色以帮助，例如识别涉众、检查开发流程、评估及制订计划、定义和排定需求优先级等。

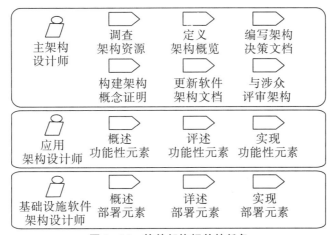

图 6—18　软件架构相关的任务

图 6—19、图 6—20 更加详细地描述了"创建平台无关的软件架构"活动中的任务和"创建平台相关的软件架构"活动中的任务。

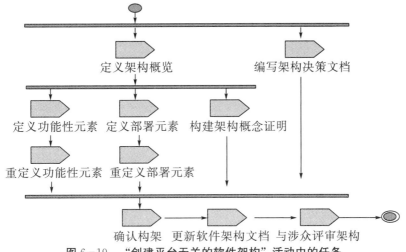

图 6—19　"创建平台无关的软件架构"活动中的任务

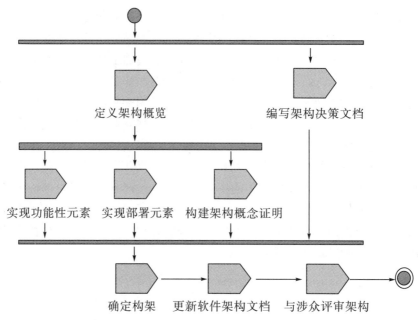

图 6-20 "创建平台相关的软件架构"活动中的任务

6.4.3 设计流程

现在我们把注意力转移到方法内容的应用顺序上。其实，软件行业中使用的各种方法之间的许多差异主要与遵循的流程有关，而不在于角色、工作产品、活动和执行的任务。

软件开发过程模型也称生命周期模型，是指反映整个软件生命周期中系统开发、运行、维护等实施活动的一种结构框架。使用该软件开发模型能清晰、直观地表达软件开发全过程，明确规定软件生命周期划分的阶段，以及各个阶段要完成的主要活动和任务，作为指导软件项目开发的基础。

我们主要考虑三种类型的开发流程，它们各自具有瀑布、迭代和敏捷的特征。下面我们分析瀑布流程和敏捷流程的关键特征，并重点介绍最适合软件架构设计师的方法。

1. 瀑布流程

瀑布流程是 1970 年由 W. Royce 最早提出的软件开发流程。它将软件生命周期的各项活动规定为依固定顺序连接的若干阶段工作，这些工作之间的衔接关系是从上到下，不可逆转，如同瀑布一样，因此称为瀑布流程。传统的瀑布流程将软件开发过程划分成若干相互区别而又彼此联系的阶段，每个阶段的工作都以上一个阶段工作的结果为依据，同时又为下一个阶段的工作提供前提。当一个阶段相应的工作产品被创建并且被认可时，就可以认为这个阶段完成了。例如，当所有的需求都已确认、详细定义并且经过检查后，就认为需求阶段已经完成。然后，来自需求的输出会流入软件架构阶段。这个流程会一直持续下去，直到系统详细设计、编码、测试并交付给最终用户。瀑布流程如图 6-21 所示，工作产品中的修改（反向箭头表示）通常通过正式的修改流程处理。

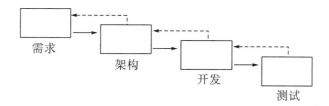

图 6-21　瀑布流程

这种方式的顺序活动特点使得软件开发人员在进行开发活动时必须按照阶段顺序安排工作，避免了软件开发人员接到任务后急于编写程序，而忽略前期的各项准备工作。以往的经验告诉我们，当开发的软件项目较大时，编码开始得越早，项目完成的时间很可能越长。这是因为过早进入编码往往意味着大量的返工，而在编码过程中发现错误并进行修改是一件十分麻烦的工作，如果有错误一直隐藏到编码结束，很可能出现无法弥补的问题，造成无法挽回的损失。因此，这种方式被广泛运用于那些对一个现有系统进行较小增强的项目中，或在包含相对较少风险的系统开发中。然而，在绿色领域项目（其中软件架构设计师从头开始）或那些被大范围修改的项目上，这种方式的运用会有问题，主要是由于瀑布流程存在以下的一些缺点：

• 项目进度不能够精确地度量，因为它是基于所创建的工作产品而不是基于达成的结果。

• 直到项目的后期才能获得用户的反馈，延迟了实际需求的最终验收时间。

• 一些风险的解决方案推迟到了项目后期，在系统构建、集成和测试之后。这些活动往往会识别出设计中甚至定义需求中的缺陷，这就是遵循瀑布流程的项目容易发生进度延期的原因。

总的来说，瀑布流程是一种应付需求变化能力较弱的开发流程，因此，很多在该流程基础上开发的软件产品不能够真正满足用户的需求。

2. 敏捷流程

近年来，人们对于敏捷流程的兴趣逐渐增加，典型的敏捷过程模型有 XP（极限编程）、FDD（特性驱动开发）、Scrum 以及敏捷的统一过程（AUP）等。虽然每个特定的敏捷存在一些差异，但是它们都基于相同的价值观。这些价值观集中体现在《敏捷宣言》中，它申明了以下的价值观：

• 个人和交互胜过流程和工具。

• 运转的软件胜过综合理解的文档资料。

• 客户协作胜过合同谈判。

• 响应变化更胜过遵循一个计划。

同时，它还阐述了我们应当遵循的以下基本准则：

（1）我们的最高目标是通过尽早和持续地交付有价值的软件来满足客户。

（2）欢迎对需求提出变更，即使是在项目开发后期。要善于利用需求变更，帮助客户获得竞争优势。

（3）要不断交付可用的软件，周期从几周到几个月，且越短越好。项目过程中，业务人员与开发人员必须在一起工作。

（4）要善于激励项目人员，给予他们所需要的环境和支持，并相信他们能够完成任务。

（5）无论是在团队内还是在团队间，最有效的沟通方法是面对面的交谈。

（6）可用的软件是衡量进度的主要指标。

（7）敏捷流程提倡可持续的开发。项目方、开发人员和用户应该能够保持恒久稳定的进展速度。

（8）对技术的精益求精以及对设计的不断完善将提升敏捷性。要做到简洁，就要尽最大可能减少不必要的工作。

（9）最佳的软件架构、需求和设计出自良好组织的团队。团队要定期反省如何能够做到更有效，并相应地调整团队的行为。

敏捷创始人 Dave Thomas 指出："敏捷并不是一个产品。敏捷的产生，是因为当初我们犯了错误，所以我们总结出这些原则。这些原则是迭代开发方法中发现的原则的补充，希望节省后来人的时间。但是，学习敏捷不能模仿，不是复制，更不能抄袭。敏捷是一种思想，它需要的是行动者（Actor）。"

敏捷流程汲取众多轻量级方法的"精华"，更加强调对变化的适应和对人性的关注。下面介绍几个知名的敏捷流程。

XP：XP 是敏捷方法中最著名的一个。它由一系列简单却互相依赖的实践组成，这些实践结合在一起形成了一个胜于部分结合的整体。极限编程和传统方法学的本质不同在于它更强调可适应性而不是可预测性。极限编程的核心是四大价值，即改善沟通、寻求简单、获得反馈和富有勇气。在此基础上，极限编程总结出了软件生产的十余条做法，涉及软件设计、测试、编码、发布等各个环节。与其他轻量级方法相比，极限编程突出了测试的重要性，甚至将测试作为整个开发的基础，每个开发人员不仅要书写软件产品的代码，而且还必须书写相应的测试代码，所有这些代码通过持续构建和集成为下一步的开发奠定了一个高度稳定的基础平台。有了这样的基础平台的保证，极限编程就可以实施软件设计的再造。极限编程的设计理念是在每次迭代周期仅仅设计这次迭代所要求的产品功能，上次迭代周期中的设计通过重构形成此次的设计。

Scrum：Scrum 是关注于构建软件达到业务需求且避开复杂性的一个管理和控制流程。Scrum 封装且超越了现有工程实践、开发方法学和标准。Scrum 将开发过程划分为 30 天的迭代周期，每个迭代周期叫作一个 Sprint；每天有一个 15 分钟的短会，用来决定第二天的任务安排，这样的短会就叫作 Scrum。Scrum 较为有特色的是它特别强调开发队伍和管理层的交流协作，每天开发队伍都会向管理层汇报进度，如果出现问题，也会向管理层寻求帮助。

FDD：FDD 定义了五个流程，分别是开发一个全局的模型、建立特征列表、依据特征规划、依据特征设计和依据特征构建。其中前三个流程是在项目开始就进行的，而后两个流程则出现在每次迭代周期中。FDD 强调特征驱动、快速迭代，既能保证快速开发，又能保证适当文档和质量，非常适合中小型项目的开发管理。FDD 提出的每个功能开发周期不超过两周，为每个用例限定了粒度，具有很好的可执行性，也可以对项目的开发进程进行精确及时的监控。可以说 FDD 抓住了软件开发的核心问题，即正确和及时地构建软件。FDD 还打破了传统的将领域和业务专家/分析师与设计者和实现者隔离开来的壁垒。分析师从抽象的工作中解脱出来，直接参与开发人员和用户所从事的系统构造工作中。

敏捷原则还与软件架构设计师有关，但是这些原则经常被误传。一个共识是敏捷流程不倡导预先设计，软件架构直接来自代码。然而，"注重可用的软件，胜于详尽的文档"这个原则并不意味着没有文档（包括软件架构相关的文档），仅仅意味着只有满足当前迭代目标的文档。

小结

设计一个应用程序软件架构是一项具有创造性的任务。然而，通过遵循一个明确捕获软件架构上显著需求的简单过程，利用已知的软件架构模式并系统地验证设计，可以暴露设计的一些问题。初始设计是根据需求和场景进行验证的，验证的结果可能导致需求或设计被重新访问。迭代一直持续到所有的涉众都对软件架构满意为止，然后软件架构就成为详细设计开始的蓝图。在敏捷项目中，迭代时间很短，软件架构的具体实现来自每个迭代。这个过程也是可扩展的。对于小型项目，软件架构师可能主要与客户直接合作，或者实际上可能没有实际的客户（在新的、创新的产品开发中经常是这样）。软件架构师也可能只是构建项目的小型开发团队的主要组成部分。在这些项目中，可以非正式地遵循这个过程，生成最少的文档。对于大型项目，可以更正式地遵循该过程，涉及需求和设计团队，从涉及的各个利益相关者那里收集输入，并生成广泛的文档。

当然，还存在其他的软件架构过程，统一软件开发过程（RUP）也许是目前使用最广泛的一个软件架构过程。RUP 中的软件生命周期在时间上被分解为四个顺序的阶段，即初始阶段（Inception）、细化阶段（Elaboration）、构造阶段（Construction）和交付阶段（Transition）。每个阶段结束于一个主要的里程碑（Major Milestones），每个阶段本质上是两个里程碑之间的时间跨度。在每个阶段的结尾执行一次评估，以确定这个阶段的目标是否已经达成。如果评估结果令人满意，则可以允许项目进入下一个阶段。

练习

1. 软件架构影响着负责开发各模块的开发小组，而所开发的这些模块组成了软件架构。通常反映在开发小组中的软件架构的结构是模块化分解。如果软件架构层次上的其他常见结构（如进程结构）作为开发小组的基础，那么其优缺点是什么？

2. ADD 提供了一种"粘连"需求的方法。架构驱动因素得到了满足，还必须在为这些驱动因素开发的设计方案的环境中满足其他需求。对分解设计策略来说，还有什么其他的粘连方法？为什么不能用一个分解满足所有这些需求？

3. 你如何处理软件设计流程？你的团队是以同样的方式处理的吗？他可以明确阐述吗？你能帮助别人遵从同样的方式吗？

4. 你的软件开发团队是否使用了知名的架构原则？使用了哪些原则？团队每个人都清楚地理解这些原则吗？

第7章　软件架构可视化

本章首先讨论了架构建模符号和可视化之间的关系，以及各种建模语言的可视化方式。然后介绍了设计和评估可视化的各种策略，以最大限度地提高其有效性。最后对各种可视化技术进行了调查，并对每种技术的优缺点进行了评估。

本章并非旨在对可用性设计或信息可视化技术进行一般性处理，这些主题对于本书的范围而言过于宽泛。本章仅仅重点介绍了可用于架构模型的可视化类型，并讨论了与架构可视化相关的问题。

7.1　可视化概念

可视化在软件架构中起着至关重要的作用，这里给出其定义。

定义：架构的可视化是指如何描述体系架构的模型，以及利益相关者如何与这些描述交互。

在这里，可视化包括两个关键方面：描绘和交互。简而言之，描绘是特定格式的架构设计决策的图片或视觉表示。可视化工具可以提供一个或多个交互机制，通过这些交互机制，用户可以根据描述与这些决策进行交互。这些机制包括键盘命令和点击操作等。

本章最重要的信息是架构的可视化方式在某种程度上可以与它们的建模方式分开。实际上，两者密切相关，每个建模符号都与一个或多个规范可视化相关联。然而，从根本上说，模型只是有组织的信息。在架构模型下，信息包括设计决策。可视化是表示模型中信息的形式，即如何描述它，以及用户如何与之交互。

可以以多种方式可视化单个架构模型，也可以以类似的方式可视化多个不同的模型。因此，可视化可用于隐藏（或至少降低）后端建模符号中的差异。

本节的目标是区分可视化与其基础建模符号，介绍可用于建模架构（文本、图形和混合）的可视化类型，然后讨论多个可视化中出现的种类如何应用于架构。

7.1.1　规范可视化

我们很难将模型中的抽象信息与信息可视化的具体方式分开，没有信息可以完全脱离可视化。但是，我们在日常生活中经常主观地进行分离。例如，用来描绘一个不让穿越人行道的标志，上面画有一个横条和一个写有“不要穿越”的字样标志，这是两种不同的可视化用来表示相同信息的方式：一个是图形，一个是文本。

从这个角度来看，架构建模符号只是组织信息的方式。每个符号至少有一个与其直接且特定相关的可视化，我们将此可视化称为符号的规范可视化。

基于文本的 ADL（包括基于 XML 的 ADL）使用基于文本的可视化本地表达。然而，并非所有建模符号都是文本的。PowerPoint 和 OmniGraffle 模型完全在图形可视化中进行操作，并且没有简单的方法来提取基于文本的模型描述。本质上，UML 图主要是图形化的，UML 的某些部分，例如用于约束关系模型元素的对象约束语言（Object Constraint Language，OCL）是文本的，具有良好定义的语法和语义。

一个常见的缺陷是用户只能将架构建模符号与其规范可视化相关联，或者将符号及其规范可视化视为同一事物。但实际上它们不是，符号是一种组织（抽象）信息的方式，可视化决定了信息的描述和交互方式。例如，大多数处理架构模型的工具将模型存储在内存中的数据结构中，与没有特定的可视化相关联，直到调用编辑器才会显示此信息。规范可视化以与组织密切相关的方式呈现信息，但请记住，这不是呈现信息的唯一方式。

并非所有可视化对于所有用途都是最佳的，因此存在多个可视化的符号通常优于仅具有单个规范可视化的符号。在复杂项目中，通过为现有符号开发新的可视化而不是通过开发或选择全新的符号，可以更容易地实现期望的架构目标。

7.1.2　文本可视化

文本可视化描述了使用普通文本文件的架构。这些文本文件通常符合特定的语法格式，就像 .c 或 .java 文件符合 C 语言或 Java 语言的语法一样。正如我们所讨论的，架构决策也可以使用自然语言进行记录，在这种情况下，文本可视化只会受到该语言的语法和拼写规则的限制。

下面的程序显示了 Web 客户端架构的两个文本描述，它只包含一个构件，即 Web 浏览器。第一个描述了用 xADL 的原生 XML 格式来描述的架构，第二个描述了 xADLite 中相同的精确架构。这是应用于同一模型的不同可视化的示例。XML 工具可以轻松读取、操作和语法验证架构的 XML 可视化。xADLite 可视化描述了相同的架构（实际上，它直接来自同一模型），但更好地针对可读性进行了优化。

```
<instance:xArch xsi:type="instance:XArch">
  <types:archStructure xsi:type="types:ArchStructure"
                       types:id="ClientArch">
    <types:description xsi:type="instance:Description">
      Client Architecture
    </types:description>
    <types:component xsi:type="types:Component"
                       types:id="WebBrowser">
      <types:description xsi:type="instance:Description">
        Web Browser
      </types:description>
      <types:interface xsi:type="types:Interface"
                         types:id="WebBrowserInterface">
        <types:description xsi:type="instance:Description">
          Web Browser Interface
        </types:description>
```

```
            <types:direction xsi:type="instance:Direction">
              inout
            </types:direction>
          </types:interface>
        </types:component>
      </types:archStructure>
  </instance:xArch>
      xArch{
        archStructure{
          id="ClientArch"
          description="Client Architecture"
          component{
            id="WebBrowser"
            description="WebBrowser"
            interface{
              id="WebBrowserInterface"
              description="Web Browser Interface"
              direction="inout"
            }
          }
        }
      }
```

文本可视化通常在单个文件中以特定符号描述整个架构。数百种文本编辑器随时可用，允许用户与文本文件进行交互。多年的研究已经使用于解析、处理和编辑结构化文本的技术更完善。当使用诸如 Backus-Naur Form 之类的元语言定义文本语法时，可以使用许多工具来生成程序库，这些程序库可以解析和检查用该语言编写的文本文档的语法。许多文本编辑器为特定符号提供额外的开发人员支持，其中包括键入时自动完成语法检查等功能。

文本可视化擅长于线性和层次地描述数据。像 C 或 Java 这样的语言中的程序，线性排序是使用从上到下的行进行的，并且使用大括号和缩进捕获分层结构。然而，对图式结构进行文本可视化是不容易理解的。此外，文本编辑器通常仅限于显示连续的文本屏，但选项很少，尽管某些高级环境可能包含一些功能，如代码折叠，允许用户将文本块折叠到单行中。

7.1.3 图形可视化

图形可视化主要描绘了使用图形符号而不是文本的架构。与文本可视化一样，图形可视化通常符合语法（此时为符号而非文本元素），但它们也可以是自由形式的（高级的架构或概述图通常是自由形式和风格）。

图 7-1 显示了 Lunar Lander 架构的两个图形描述，描绘了月球着陆器架构的逻辑视

图，以构件和连接件图形描述其结构。虽然这种描述缺乏严谨性或形式性，但它确实向首次遇到该应用程序的利益相关者传达了有用的信息。这些描述通常用作复杂应用程序的概念描述，尤其是那些由许多互联系统组成的应用程序。但是，有几个重要方面它是模棱两可或具有误导性的。例如，着陆器相对于月球表面稍微倾斜，这可能意味着最终应用中不存在的二维或三维方面；它还描绘了背景中的地球，这可能使人们相信来自地球的通信在着陆器模拟中发挥作用。

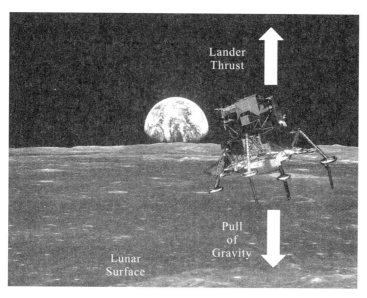

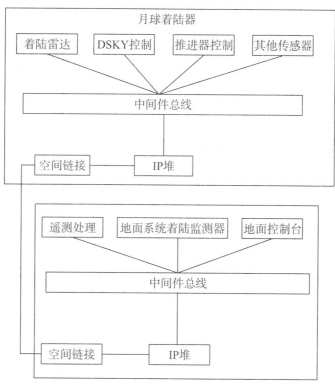

图 7-1　同一架构的两个图形可视化

图形可视化使利益相关者能够以文本可视化无法实现的多种方式访问有关架构的信息。符号、颜色和其他视觉装饰通常可以比结构化文本的元素更容易区分。

在图形中可以比在文本文件中更容易看到元素之间的非层次关系。图形可视化可以使用空间关系来表达元素之间的关系，高级图形可视化还可以使用动画或其他视觉效果来突出或演示架构的不同方面。与图形可视化交互的选项通常优于文本可视化，可以滚动、缩放、向下钻取、显示和隐藏不同级别的细节。在图形可视化工具中，使用鼠标直接操作对象很常见。例如，图形环境可能允许用户通过简单地在其界面与鼠标之间画一条线来连接构件。

图形可视化的主要缺点是构建支持其他工具的成本较高。许多用于创建图形图表的工具——PowerPoint、Visio、OmniGraffle、Photoshop 和 Illustrator 是一些比较流行的工具，但是，这些工具缺乏对架构语义的理解，图形可视化很难或不可能为这些工具添加适当的语义和交互操作，因此可以将它们集成到更广泛的软件工程环境中。此外，这些工具通常有自己的（通常是专有的）文件格式和内存模型，很难连接到以架构为中心的体系中。

7.1.4　混合可视化

图形和文本是分类可视化的粗略方法，许多可视化模糊了这些类别之间的界限。很少有图形可视化只使用符号、文本用于装饰、标记或解释各种元素的含义。一些可视化甚至使用图形表达某些设计决策，而其他人则使用文本表达。例如，UML 类图主要由互连符号组成，但符号之间关系的约束在对象约束语言 OCL 中以专门的文本可视化描述。

图 7-2 将 UML 描绘为混合可视化。类图主要是图形化的，捕获三个主要月球着陆器元素——用户接口、计算和数据存储。除了类图，文本 OCL 用于描述新燃烧率必须是非负的约束。

一些可视化可以是许多不同可视化的组合，包括图形和文本。例如，UML 复合结构图是用于包含其他 UML 图的主要图形可视化，这样的复合可视化可以用于显示不同方面之间的关系。随着不同的描述和交互机制的结合，复合可视化可能变得复杂和混乱。但是诸如向下钻取交互机制之类的策略可以降低这种复杂性，用户可以从更高级别的复合可视化导航到子可视化。

7.1.5　可视化与视图之间的关系

一些可视化可能会同时描绘整个架构模型，但更常见的是不同的可视化用于描述架构的不同视图。前面我们介绍过视图的概念，视图是一组系统元素及其关系的描述，通常围绕单个关注点或一组关注点组织，而视点是从视图中获取的透视图。

实际上，视图和视点让我们可以在架构中考虑设计决策的不同子集。我们可以将相同的子集概念应用于可视化，视点的可视化定义仅针对该视点中包含的设计决策类型的描述和迭代机制。我们将可视化与视点而不是视图相关联，因为可以使用相同的可视化来可视化许多不同的架构，而不必为每个架构创建新的可视化。例如，UML 类图是一种可视化，可用于可视化许多不同应用程序的类结构。两个不同的类图不是两个单独的可视化，它们只是 UML 类图可视化的两个实例。

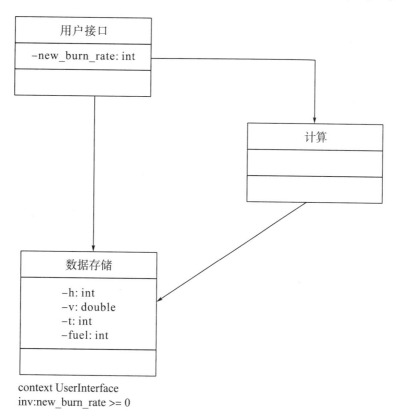

context UserInterface
inv:new_burn_rate >= 0

图 7-2　具有约束作为混合可视化的 UML

当符号与一组视点相关联时，通常情况是每个视点都有自己的规范可视化。UML 就是一个很好的例子，每种 UML 图都可以看作是一个单独的可视化。尽管 UML 的规范可视化都是图形化的，但它们的区别很大。用于描述构件及其关系的盒箭图样式与类似自动机的状态图或类似时间线的序列图几乎没有相似之处，如图 7-3 所示。这是架构模型捕获有关系统的各种信息这一事实的自然结果，构成一个问题的有用可视化对于另一个问题可能是无用的。正如系统利益相关者在识别他们将用于检查的视点和架构时，他们还应为每个视点确定适当的可视化。

我们之前关于可视化和模型之间关系的所有评论同样适用于部分模型，即视图。如果以两种不同的方式简单描述同一组架构设计决策，则这些不是架构的两个不同视图，而是应用于同一视图的两个不同可视化。

7.2　评估可视化

上面的部分概述了可视化是什么，存在什么类型的可视化，以及可视化模型、视图和视点之间的关系。然而，现在出现了一个关键问题：什么使可视化变得"好"？如何区分可视化并选择最佳的可视化？可视化的最终价值取决于它如何满足项目利益相关者的需求。正如我们所看到的，利益相关者的需求和优先级因项目而异，因此对于一个项目而言完美的可视化在另一个项目中可能毫无用处。尽管如此，仍有可能确定可视化的一些理想性质，利益相关者可以优先考虑这些性质以适应他们的具体情况。

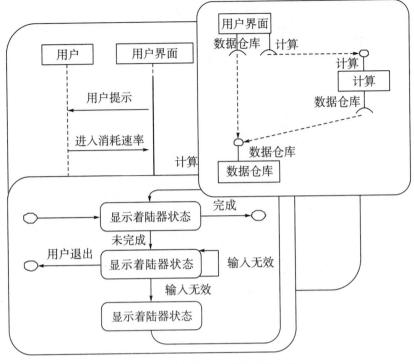

图 7-3　各种统一建模语言图类型

7.2.1　可视化的性质

1．保真度

保真度是衡量可视化如何忠实地代表基础模型的一种度量。通常，可视化的最低可接受保真度要求可视化中呈现的信息与基础模型一致。可视化显示了实际上不在架构中的构件，但是可视化不必解决底层模型中的所有信息。通过将注意力集中于模型中在给定情况下重要的部分，可以使一些细节脱离并使可视化更有效。例如，与特定视点相关联的可视化就是这种情况。

保真度会影响描绘和交互。如果一个交互机制尊重可视化符号的基础语法和语义，那么它就是真实的。例如，允许利益相关者以无效方式改变模型的界面可能会令人困惑，必须在保真度和可用性之间取得平衡，防止用户犯错误而完全限制了探索性设计。

2．一致性

一致性是衡量可视化对类似概念使用类似描述和交互机制的一种方式。这种意义是内部一致性（可视化是否与自身一致）而不是与底层模型（我们称之为保真度）的一致性。在描述方面，一致的可视化以类似的方式显示类似的概念。例如，在 UML 中，对象始终被描绘为带有下划线名称的矩形，而不管它出现的上下文。但是，UML 在视觉上并不完全一致，在大多数图表中，虚线的空心箭头表示依赖关系，但在序列图中，它表示异步调用或消息。在交互方面，一致的可视化允许用户以类似的方式做类似的事情。

一般来说，更一致的可视化优于不太一致的可视化。但在极端情况下会发生异常，过于一致可能会导致可视化具有大量混乱的各种符号（以确保没有两个概念共享符号）或限制可视化的简洁性。

3. 易解性

易解性衡量了利益相关者理解和使用可视化的容易程度，这使得可理解性成为可视化和使用它的利益相关者的一个功能。许多因素有助于理解，包括可视化的复杂性和信息的呈现方式、交互界面的复杂性，以及利益相关者的技能和先前经验。

提高可理解性的一种方法是缩小可视化的范围，限制它试图呈现的概念的数量，并仅针对这些概念优化可视化，同时显示太多信息或同时显示许多不相关的概念会增加可视化的复杂性。也可以通过利用利益相关者的知识来提高可视化的可理解性。例如，使用 UML 构件符号来表示非 UML 图中的构件，可以使已经具有 UML 经验的利益相关者更容易理解可视化。当然，如果利益相关者带来了关于 UML 构件的假设，就可能会适得其反。

4. 动态性

动态性衡量了可视化支持随时间变化的模型的程度。有关变化的信息流动有两种方式：一是模型的变化（来自任何来源），可以反映在可视化中；二是可视化的变化（通过其中一个交互机制），可以反映在模型中。

这里存在一系列可能性。当底层模型从任何来源更改时，将立即更新理想的动态可视化。此外，通过交互机制对可视化的更改应该使模型相应地更新。

通常，动态模型的描述将涉及某种异步动画；否则，随着模型的改变，可视化将变得不一致。不太理想的替代方案是允许用户手动刷新可视化，在底层模型已经改变时通知用户，以便他们可以执行刷新操作。关于交互，任何允许实时编辑的可视化必须是动态的。在用户工作时实时更新底层模型的可视化，通常优于那些仅定期或根据用户请求同步更改的可视化。

5. 视图协调

视图协调是一种可视化与其他可视化协调的程度。通常，在设计或审查架构时，允许多个可视化同时呈现并使环境可为用户提供更多洞察力和功能。但是，协调多个可视化并不总是简单易行的。

6. 可扩展性

可扩展性衡量的是修改可视化对于描述或交互的新功能是否容易。正如底层模型和符号通常被扩展为支持特定领域和项目的目标一样，这些模型的可视化也必须进行扩展。随着基础模型扩展采用新概念，很难或不可能扩展的可视化将变得越来越有用。

支持可扩展可视化的机制包括插件 API、脚本支持，甚至只是简单地开源实现可视化的代码。

7.2.2 构建可视化

到目前为止，应该清楚的是在架构中可以捕获的概念类型是多样和复杂的。它们包括结构构件和连接件的接口，以及根据它们将被开发的时间表。利益相关者在架构中选择这些元素，也必须选择如何在各种可视化中描绘和操纵它们。

如果使用预先存在或现成的符号来捕获架构，则其规范可视化将可用。例如，UML捕获类的概念并具有用于描述该类的特定符号。

当捕获的决策没有规范的可视化，或规范的可视化不充分时，利益相关者可以选择构建新的可视化。创建良好的可视化在某种程度上是一种艺术形式，下面一些方式可以提供帮助。

1. 从类似的可视化中借用元素

即使用户选择不使用UML来捕获架构，也可以从UML中借用某些符号或约定，例如用包装符号的形状来描绘一个包或封闭的白色箭头来描绘概括关系，这样做的好处是许多用户已经熟悉该描述及其含义。但是这样做也存在一些缺点，用户可能会认为你的图表是UML（当它们不是时），或者假设成特定的语义（但却没有引入这样的含义）。没有广泛语义含义的通用符号的一个好的来源是流程图，虽然程序变得更加复杂，流程图已经进一步被废弃，但它们仍然被各种各样的用户很好地理解。除流程图的上下文之外，有用的常见的流程图符号包括菱形（决策点）、垂直鼓（磁盘存储）、侧向鼓（存储器存储）等。

2. 在可视化之间保持一致

如果在许多可视化中描绘相同的概念，则最好使用相似的符号系统。同样，尽量避免使用相同的符号系统来描述不同可视化中的不同概念。

3. 为元素的每个视觉方面赋予意义

在描绘许多构件的图表中，很容易为构件分配不同的颜色，因此图表看起来不会太单调。虽然这可能在美学上令人愉悦，但从语义角度来看却让人很困惑，因为颜色的可视化方面与底层建筑模型没有关系。使用视觉装饰是一个好方法，但每个装饰都应该有精确的含义。

在相关的说明中，用户倾向于（通常是潜意识地）将真实语义信息嵌入视觉装饰中，而不是架构模型中。当这种情况发生时（并且关系未正式记录），有价值的信息将被嵌入。利益相关者应该考虑这些视觉关系是否具有语义重要性，如果具有语义重要性，就需要找到一种方法将它们明确地包含在系统的模型中。

4. 记录可视化的含义

虽然我们希望图表和其他可视化是自我解释的，但通常情况并非如此。使用图例、设计文档或组织标准记录图表的每个方面是减少利益相关者之间混淆的关键。可视化的每个方面都应该对应于模型中的一条信息。

5．平衡传统和创新的界面

正如我们已经指出的那样，借用众所周知的描述和交互技术，用户可以有效利用他们以前的经验。但是，过于严格遵守指南将导致可视化设计停滞不前，应当考虑借用有用的非传统和创新的可视化功能，甚至开发自己的可视化功能。

例如，大多数用户假设架构的框图箭头图形可视化和工作方式类似于 PowerPoint 或 Visio，但是 PowerPoint 和 Visio 已经完善了盒子和箭头图形编辑。在这里，人们可以考虑高级布局范例，例如鱼眼布局，其中信息以大尺寸显示在中心位置，在边缘显示较小的尺寸，通过放大查看更详细的信息。可视化设计的一个很好的灵感来源是软件领域之外的其他软件包设计，如 CAD 应用程序、视频游戏等。高级可视化设计人员会关注他们遇到的不寻常但有用的用户界面，并确定如何将这些设计思想应用于架构可视化。

7.2.3　协调可视化

当可获得相同信息的多个可视化时，关键是将这些可视化相互协调，因此，通过一个可视化对信息的更改将准确地反映在其他可视化中。如果可视化不协调，则它们可能会变得不同步并导致混淆。

区分多个可视化的协调与维护架构一致性非常重要。在这里，我们只讨论确保相对于模型的相同（部分）架构模型的多个可视化是最新的。存储在模型中的设计决策之间的不一致和冲突是一个单独的问题。

利益相关者必须决定允许多个可视化同时显示相同架构信息的方式和数量。如果仅允许用户一次通过一个可视化查看信息，则可以在调用时将可视化与架构模型同步。也可以假设模型在活动时不会因某些外部影响而发生变化，模型的任何更改都将通过此单一可视化进行。

如果可以同时以多种方式显示相同的信息，则通常可以实时同步可视化，以便准确描述基础模型。这种情况要复杂得多，因为任何可视化都可以改变模型，其他可视化必须适当地响应该变化。如果可视化包括描述和交互，则必须更新可视化的描绘和交互状态，这可能意味着更改编辑模式、更新菜单选项等。

根据情况，可以通过许多通用方法来协调多个可视化。对于一次只能通过一个可视化显示信息的情况，简单的导入导出方法通常效果最佳。在可视化被取消时，可视化被调用并存储（如果需要）时，创建初始描述。

允许多个同时可视化的情况比较难以处理，在这种情况下，可以使用四种通用同步策略，如图 7-4 所示。

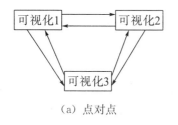

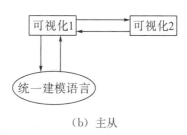

（a）点对点　　　　　　　　　　　（b）主从

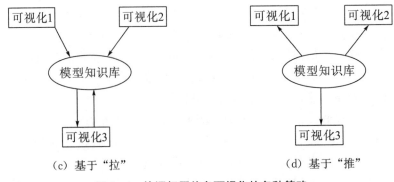

（c）基于"拉"　　　　　　（d）基于"推"

图 7-4　协调相同信息可视化的多种策略

1. 点对点

可视化从模型中维护自己的信息副本，彼此了解并明确地相互通知变更。这些策略可能很脆弱，因为它们倾向于紧密耦合可视化。它们需要许多点对点依赖关系，依赖性的数量是 $\dfrac{v(v-1)}{2}$，其中 v 是可视化的数量。随着可视化数量的增加，依赖性的数量会呈指数增长。因此，对等策略最适合于预先选择小的、固定数量的可视化。

2. 主从

一个可视化主要负责与模型库交互，它充当"主"可视化，其他从属可视化通过基于"推"或"拉"的策略协调通过该主站。当一个可视化对另一个可视化辅助时，这很有效。例如，想象一个图形编辑器，其中主窗口显示架构的一部分的放大版本，但窗口的角落被分开以同时显示整个架构的缩略图（用于提供上下文或作为导航辅助工具）。

3. 基于"拉"

每个可视化都反复查询共享模型的更改并相应地更新自身，这可以根据用户的请求手动发生，或响应某些动作（例如，当用户点击新的可视化或尝试对不同的可视化进行更改时）定期自动发生。基于"拉"的策略的缺点是它们可能会显示过时的信息，直到它们执行拉动操作。当模型存储库完全被动时（例如，在更改时不发送事件的数据结构，或者没有触发器的数据库系统），可以使用基于"拉"的策略。当可视化更新在计算上非常昂贵时，可以使用基于"拉"的策略来限制可视化更新的频率。此外，如果一次只能看到一个可视化，则在用户调用之前更新可视化可能不值得。

4. 基于"推"

可视化通知并随后在模型更改时自行更新。通知通常通过异步事件多播到可视化，这是模型—视图—控制器模式采用的策略。基于推送的策略使所有可视化都保持最新。当多个可视化同时呈现给用户时，这些策略很有效。

在将架构组织成多个（部分）模型的情况下，有时可以通过单个可视化协调对这些模型的访问，掩盖符号之间的一些差异或组合多个可视化的强度。图 7-5 显示了一个架构，其构件和连接件结构以 xADL 表示，但每个构件的详细设计以 UML 表示。

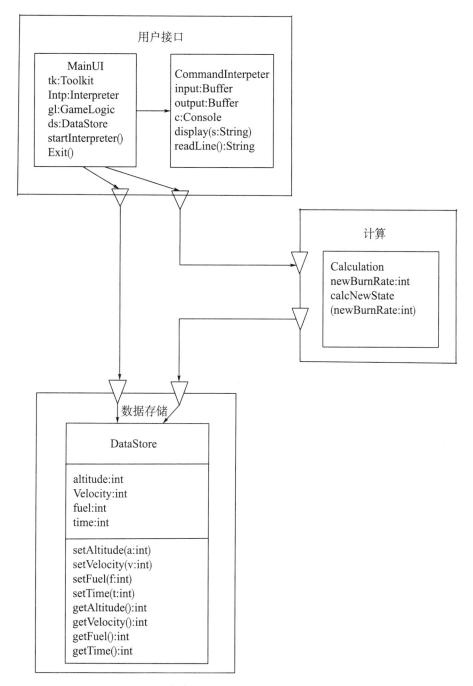

图 7-5 组合来自 xADL 和 UML 的元素的可视化

7.2.4 动态可视化

如上所述，架构可视化主要用于描绘和允许与包括架构的设计决策的交互。但是，可以使用更高级和动态的可视化来更深入地了解架构。

下面介绍效果可视化的概念。

定义：效果可视化是一种不直接代表架构设计决策，而是代表架构设计决策效果的可视化。

例如，想象一个包含足够信息的架构模型，它可以用作行为模拟的基础。此模拟的输出或结果并非严格意义上的架构模型，因为它们是架构中设计决策的结果，而不是决策本身。因此，这种结果的可视化不是严格的架构可视化。但是，这些结果可以非常有效地帮助利益相关者更好地理解、实施或调试架构。因此，将这些效果可视化与更传统的架构可视化相结合是有用的。

图 7-6 显示了生成效果可视化的常用策略。通常丰富的架构模型用作一个输入，并且系统的实现版本或原型可以用作另一个输入。它们被送入一个工具，可以分析或模拟系统的行为，或者记录和跟踪系统实现或原型的操作。此工具的输出可能包括演示（模拟）系统操作的静态模拟结果或动画。一些架构工具提供了效果可视化，包括 Rapide、标记过渡状态分析器（LTSA）和消息跟踪和分析工具（MTAT）

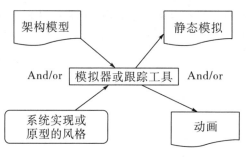

图 7-6　生成效果可视化

。

7.3　可视化的常见问题

虽然本章主要关注构建各种有效可视化的技术，但是我们可以从人们在设计可视化时常犯的错误中吸取教训。

7.3.1　相同符号，不同含义

当在同一可视化中多次使用相同的符号或在相关的可视化中使用相同的符号时，如果对符号应用不同的含义，则会让用户感到困惑。这对于通用符号非常常见，例如基本形状（矩形、椭圆形、带默认头的箭头）。图形可视化为用户提供了各种创建独特符号的方式，如形状、装饰、图标、边框、箭头、填充等，所有这些都可以用来使可视化更丰富、更精确。

图 7-7 显示了客户端—服务器系统的简单但具有欺骗性的图表。这里，客户端和服务器都用相同的符号（矩形）表示，即使它们是不同的。客户端和服务器都使用相同类型的普通线连接，尽管标签清楚地表明这些是不同类型的连接。此外，考虑到这些连接所指示的客户的职责——数据、控制、监控，客户可能不是彼此，即使它们看起来很像。

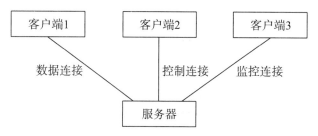

图 7-7 "相同符号，不同含义" 的例子

7.3.2 无意义的差异

类似元素反复重复的图形可视化（例如相同类型的构件或相同类型的链接）看起来无趣且枯燥，通常通过在符号中添加装饰和其他更改来使这些图表更有趣，这主要是为了使它们更具美学价值。

图 7-8 显示了这种情况的一个示例。这里，每个 PC 客户端都用不同的符号表示。不同的连接样式（包括随机分类的线型和箭头）将这些统一的客户端连接到服务器，所有这些都是出于同样的目的。虽然这个图看起来确实比图 7-7 更有趣，但它也会让人感到困惑。这意味着客户端之间存在异构性，并且客户端和服务器之间的连接大不相同。

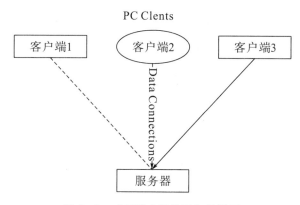

图 7-8 "无意义的差异" 的例子

7.3.3 无意义的装饰

没有意义的差异不是某些图形可视化遇到的唯一问题。一个相关的错误是一致地包含了指示意义但不打算传达它的视觉装饰。一个典型的例子是使用双头箭头表示两个符号之间的简单连接。箭头意味着方向性，该信息或控制在整个连接的两个方向上流动。通常预期的含义只是一种联想，在这种情况下，箭头只能通过指示没有的流来混淆问题。

图 7-9 显示了一个看似无害的实体关系（ER）图，用于指示系统的各种元素及其相互之间的数量关系。例如，系统中有一个业务逻辑元素，与一个普通服务器和许多备份服务器相关联。但是，图上的连接都是双头箭头。传统上，ER 图不包括方向关联，因为它们并不意味着暗示依赖性、数据流或通常与箭头相关的任何其他含义。这些额外的装饰可能暗示这些元素之间的关系是完全不正确的。

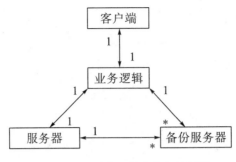

图 7-9　"无意义的装饰"的例子

7.3.4　借来的符号，不同的意义

可视化从未真正被重新解释，用户总是从经验知识的角度来看待可视化。有经验的用户熟悉其他可视化的分类以及与这些可视化相关的符号和含义。如果附带符号的含义，使用与不同可视化强烈关联的符号是一个好方法。使用相同的符号表示完全不同的东西是很糟糕的。例如，在图中使用封闭的白头箭头表示"调用"可能会使 UML 用户感到困惑，他们会将该箭头解释为"泛化"。

图 7-10 显示了应用程序的简单逻辑布局。就上述问题而言，它将三种不同类型的符号用于三种不同的构件，只使用一种箭头，表示一种调用依赖，依此类推。该图的问题在于符号的选择，所有这些符号都用在经典流程图中。此图中用于表示业务逻辑构件的垂直柱面通常用于流程图中以指示数据存储或磁盘，具有波浪形底部的框（此处用于表示数据存储构件）通常用于表示文档或数据文件。熟悉这些解释的用户可能错误地推断数据存储不是构件，而只是文件，并且业务逻辑也充当某种数据存储。

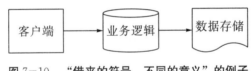

图 7-10　"借来的符号，不同的意义"的例子

7.4　软件架构可视化技术

本节将介绍用于研究和实践的各种架构可视化的代表性示例，从传统的文本和图形可视化到使用动画和效果可视化的更奇特的工具。

7.4.1　文本可视化

文本可视化与文本编辑器一样多，许多模型的规范可视化都是基于文本的。最基本的基于文本的可视化由 Windows Notepad 等编辑器提供，或者在 UNIX 系统上提供"pico"和"joe"。这些编辑器以结构化文本格式显示架构模型，采用单一字体和颜色，并且这些编辑器的交互能力是有限的，用户可以通过基本命令进行编辑，例如插入和删除字符，以及复制和粘贴文本块。

增强的文本编辑器（例如许多集成软件开发环境中的编辑器）支持类似的基本功能

集，但也提供了许多改进。这些改进主要通过文本编辑器提供，该编辑器具有基础表示法的语法或语义的一些内部知识。常见的描述增强包括语法着色和代码折叠，具有语法着色支持的编辑器将文本段标识为标记，并将其着色以表示标记的类型（如关键字、字符串、数字、变量等）。代码折叠是一种技术，编辑器可以识别文本块，并将这些块分成一行，以减少显示的细节数量。这两种技术都要求编辑者理解基础符号的语法。增强功能包括代码完成和模板。代码完成的接口允许用户键入部分或全部令牌，并让编辑器提供完成令牌以保存输入的选项。模板允许用户插入带有占位符的文本块，然后输入每个占位符的数据。在文本可视化中使用的高级技术如图 7-11 所示。

```
Before Code Folding:

[-]  public int getAltitude(){
         ds = getDataStore();
         a = ds.getProperty("altitude");
         return a;
     }

After Code Folding:

[+]  public int getAltitude(){ ... }
```

（a）代码折叠

```
component GameLogic{
    description ~ "my_description"
    interface{
      description = "my_description"
      direction = "none / in / out / inout"
    }
    behavior{
      my_behavior
    }
}
```

（b）模板

```
GameState st = application.getGameState();
st.|
    getAltitude() : int
    setAltitude(int a) : void
    getFuel() : int
    setFuel(int f) : void
    ...
```

（c）自动完成

图 7-11　在文本可视化中使用的高级技术

文本可视化的评估标准见表 7-1。

表 7-1　文本可视化的评估标准

范围和目的	描绘和编辑可以表示为（结构化）文本的模型
基本类型	文本
描写	由人物组成的文字行，根据语法字符将被分组为有序标记
相互作用	对于基本文本编辑器，有插入/删除/复制/粘贴。增强的编辑器可以提供语法、语义感知功能，例如语法着色、代码折叠、代码完成和模板
保真度	通常文本可视化描绘整个模型，包括所有细节
一致性	取决于语言语法的定义，语法设计不当的语言可能会在不同的上下文中为不同的目的使用相同的标记。交互机制通常是一致的，因为它们不会变化
可理解	通常文本可视化最适合可视化可以线性或分层组织的信息，它们对具有许多相互关联元素的复杂模型或在图形结构中组织的元素具有较低的可理解性

动态性	取决于使用中的编辑器，有一些集成环境，模型更改将导致文本可视化的动态更新
查看协调	在一些集成的环境中，文本可视化可以通过共享模型与其他视图的可视化协调
可扩展性	取决于编辑器，一些编辑器提供明确定义的扩展点，用于添加新语言语法和支持功能，如语法着色和新语言的自动完成

7.4.2 图形可视化

Microsoft Visio Drawing 是微软 Office 软件系列中负责绘制流程图和示意图的专业软件，通过该软件可以将复杂信息、系统和流程进行可视化处理、分析和交流。使用具有专业外观的 Office Visio 图表，可以促进对系统和流程的了解，深入了解复杂信息并利用这些知识做出更好的业务决策，尽管该工具不支持架构语义，它只是图表编辑器。由于没有真正的图形语法或语义，这种非正式图形建模的能力和吸引力不是来自模型或符号，而是来自其可视化。从描述的角度来看，非正式的图形通常是直截了当且美观的，文本、符号和位图图形根据需要共存于描述中，什么都没有隐藏，描述中的所有内容都可在单个页面上显示。该页面提供了一次可以呈现多少细节的自然限制，通过具有有限的边界，限制了可视化信息的复杂性。

非正式图形编辑器最吸引人的地方是它们的用户界面。这些编辑器的特点是点击式界面，允许用户轻松灵活地创建和操作图表，只需拖放即可创建和移动符号。Visio 的连接线甚至可以一直保持连接，因为它们连接的形状可在画布上移动。用户还可以轻松地从外部源添加或者定义自己的图形模块，只需点击几下鼠标即可。

图 7-12 显示了用于绘制"4+1"模型的 Visio 图片。尽管可视化具有吸引力，但某些问题已经很明显，例如显示的各种元素只是独立的形状和文字。"4+1"模型提供的视图不是完全独立的，它们在开发视图中通常被表示为一个模块或者一组模块。因为该图不受任何语义表示的约束，所以必须手动完成与其他模型的一致性。可用的图形形状和装饰不容易扩展，用户界面中没有用于建立重复模式或扩展接口以考虑架构概念的工具。

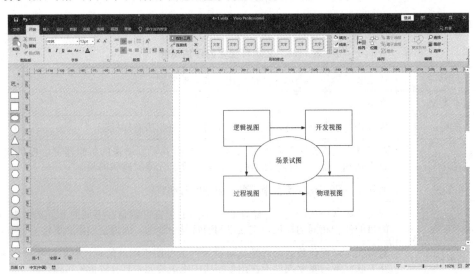

图 7-12 Visio 画一个"4+1"模型

非正式图形可视化的评估标准见表 7-2。

表 7-2　非正式图形可视化的评估标准

范围和目的	任意符号集合、文本元素、剪贴画等的可视化
基本类型	混合动力，主要是带有一些文本注释和元素的图形
描写	作为包含浮动图形和文本元素的画布，由用户任意定位。占据相同空间的一个元素在另一个元素上面绘制，顶部到底部由用户确定
相互作用	主要是点击式用户界面，具有使用鼠标和键盘拖放和操作元素的选项
保真度	通常底层模型直接耦合到可视化，没有任何隐藏，因此可视化完全保真
一致性	用户完全负责开发一致的表示，缺乏一致性是这些可视化中的持久问题
可理解	用户对所呈现信息的可理解性负有全部责任
动态性	提供有限的动画设施以描绘事件的变化
查看协调	一般来说，与其他可视化协调起来非常困难，甚至会连接相同文件中的多个页面/幻灯片上的元素
可扩展性	通常添加新符号很简单，但是扩展用户界面以提供新的交互选项更加复杂。可以使用允许扩展的脚本功能或已发布的接口

7.4.3　ADL、xADL3.0 和 ArchStudio

体系架构描述语言（ADL）是一种形式化语言，它在底层语义模型的支持下，为软件系统的概念体系架构建模提供了具体语法和概念框架。基于底层语义的工具为体系架构的表示、分析、演化细化、设计过程等提供支持。其三个基本元素如下：

- 构件。计算或数据存储单元。
- 连接件。用于构件之间交互建模的体系架构构造块及其支配这些交互的规则。
- 体系架构配置。描述体系架构的构件与连接件的连接图。

ADL 作为一门描述的语言，可以在指定的抽象层次上描述软件架构。它通常拥有形式化的语法语义以及严格定义的表述符号，或者是简单易懂的直观抽象表达。前者可以向设计者提供强有力的分析工具、模式识别器、转化器、编译器、代码整合工具和支持运行工具等；后者可以借助图形符号提供可视化模型，便于理解系统的相关分析。大多数 ADL 依靠形式化方法支持对系统描述的分析与验证，也有一些 ADL 仅关注结构化的语法语义，并且结合其他 ADL 完成形式化的描述与分析。主要的体系架构描述语言有 Rapide、UniCon、Wright、Acme、xADL 等。

xADL（Highly-extensible Architecture Description Language for Software and Systems）是由美国加州大学欧文分校的软件研究院为软件系统开发的架构描述语言。不同于其他 ADL，xADL 语言本身不受任何特定体系架构的样式、工具集或方法的约束。xADL 3.0 语言的语法在一组 XML 模式中定义，除了具备普通的体系架构建模功能外，还提供了对系统运行时刻和设计时刻的元素建模支持，类似版本、选项和变量等更高级的配置管理理念，以及对软件产品的体系架构的建模支持，其结构如图 7-13 所示。因此，xADL 3.0 文件的规范可视化是 XML 文本，符合模式规定的语法，这为 xADL 提供了前所未有的可扩展性和灵活性，以及许多可用的商业 XML 工具的基本支持。

图 7-13　xADL 3.0 结构

当前的 xADL 模式包括对以下内容的建模支持：

• 运行时和设计时的系统元素。

• 支持架构类型。

• 高级配置管理概念，例如版本、选项和变量。

• 产品系列架构。

• 架构"差异"（初始支持）。

xADL 3.0 最有趣的一个方面是它的规范可视化很少被用户使用或看到。支持 xADL 3.0 建模的工具提供了各种替代可视化，包括图形和文本，其中一些可视化包括 ArchStudio 5 中的内容。

ArchStudio 5 是美国加州大学欧文分校的软件研究实验室基于 xADL 3.0 开发的面向体系架构的开源集成开发环境，该环境作为开源开发工具 Eclipse 的插件，可以在任何支持 Eclipse 的系统上运行。ArchStudio 5 的界面如图 7-14 所示。ArchStudio 5 在前一版的基础上添加了新的特性和功能，在可扩展性、系统实施和工程特性上有新的发展。ArchStudio 5 的作用主要体现在基本功能和扩展功能两方面。ArchStudio 5 提供了多种可视化的构件，例如视图和编辑器。视图和编辑器用文本或图形方式形象化体系架构描述，如 ArchEdit、Archipelago 等工具，同时也给利益相关者提供了交互与理解的平台。另外，ArchStudio 5 在 xADL 3.0 的支持下允许开发者定义新的语义和规则去获取更多的数据信息来满足新的需求。

ArchEdit

ArchEdit 是一个提供 xADL 3.0 模型的半书面可视化的工具，其界面如图 7-15 所示。文档结构以具有可选节点的树格式描绘。选择节点后，将显示该节点的文本属性以进行编辑。尽管此视图中的信息是按层次结构组织的（非常类似于 XML 可视化），但 ArchEdit 的用户界面更具交互性。ArchEdit 有一个点击式界面，不仅允许用户扩展和折叠文档的子树，还提供上下文相关菜单，提供用户特定的选项来添加、删除或操作元素。ArchEdit 提供了一种语法导向的可视化，用户界面和屏幕上显示的内容都至少部分地来自 xADL 3.0 本身的语法。例如，当右键单击 ArchEdit 中的元素时，它会显示一个可添加到该元素的子菜单。可用子项列表是根据 xADL 3.0 语言的定义生成的，并不在工具本身中进行硬编码。对于具有可塑语法（如 xADL 3.0）的语言，语法指导的可视化和其他工具变得更有价值。语法指导可视化的问题主要是底层符号的语法驱动信息如何在视觉上呈现。如果符号是树状和分层的，则符号的语法指示可视化也可能采用树和层次结构。

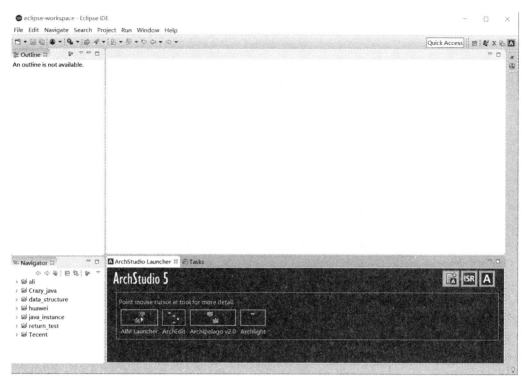

图 7-14　ArchStudio 5 的界面

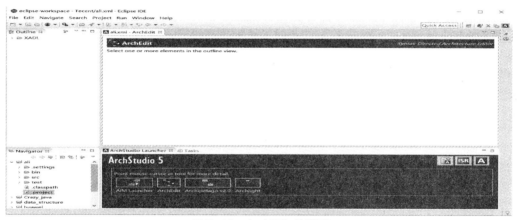

图 7-15　ArchEdit 的界面

Archipelago

Archipelago 的内部架构在很大程度上依赖于插件来实现可视元素及其图形表示以及行为——Archipelago 如何对用户输入和外部事件做出反应。事实上，Archipelago 本身就是扩展点的一小部分核心，几乎所有的行为都是由插件实现的。这使得 Archipelago 成为一个高度灵活的环境，用于添加新的可视元素和行为，当底层符号可视化本身是模块化和可扩展时，这是一个真正的必需品。Archipelago 的界面如图 7-16 所示。

完全语义感知编辑器（如 Archipelago）的主要问题是创建和维护它们的费用。用户希望根据个人标记量身定制直观、全面的自定义行为，对于更广泛的标记，构建起来可能会非常昂贵。Archipelago 尝试通过使用模块化架构来限制此成本，但这不能将此类编辑器的复杂性降低到接近简单语法导向编辑器的水平。

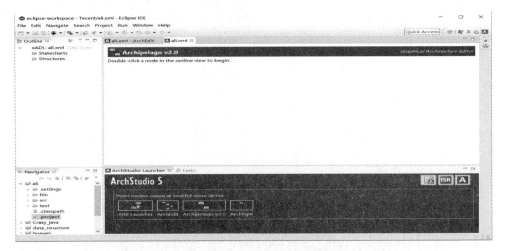

图 7−16　Archipelago 的界面

MTAT

消息跟踪和分析工具（Message Tracing and Analysis Tools，MTAT）为 xADL 3.0 架构提供了额外的可视化支持，这些架构映射到由使用异步事件交互的构件组成的实现。MTAT 的界面如图 7−17 所示。与 Rapide 和 LTSA 一样，MTAT 的可视化捕捉了系统架构的动态方面，即事件的发送和接收。然而，与仅适用于模拟架构的 Rapide 和 LTSA 不同，MTAT 提供了两个生命周期活动的统一可视化：架构设计和实现。在 MTAT 中，可视化的事件是在真实系统中的构件之间发送的真实事件。动画可以将这些事件覆盖在 Archipelago 中可视化架构的结构图上，用户可以跟踪从构件到构件的一系列事件，同时观察正在运行的应用程序如何工作。

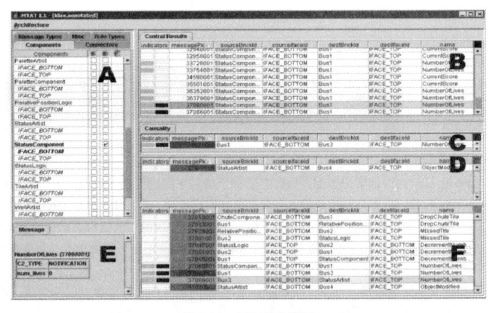

图 7−17　MTAT 的界面

xADL 3.0 可视化的评估标准见表 7-3。

表 7-3 xADL 3.0 可视化的评估标准

范围和目的	xADL 3.0 模型的多个协调文本、图形和效果可视化
基本类型	协调的文本、图形和效果
描写	文本可视化为 XML，图形可视化为树和文本（在 ArchEdit 中）或符号图（在 Archipelago 中），MTAT 中的混合效应可视化
相互作用	多个协调编辑器，每个编辑器都有自己的"交互范例"，类似于其他知识的可比编辑器
保真度	文本可视化和 ArchEdit 显示整个模型而不遗漏细节，各种图形可视化都省略了一些细节
一致性	每个可视化都有自己描述概念的方法，尽管诸如常见图标之类的功能将它们统一起来。交互机制也针对特定可视化进行了优化，尽管它们倾向于与其他符号的类似工具一致
可理解	不同的可视化具有不同的可理解性水平。图形可视化比文本符号更容易理解，但它们会留下一些信息。选择不同的可视化以显示不同类型的信息
动态性	诸如 MTAT 之类的可视化使用动画来描述运行系统的行为；其他可视化实时协调，以便一个可视化中的更改在其他可视化中显得非常明显
查看协调	通过共同的模型存储库来协调不同的可视化，该存储库维护基础 xADL 模型的存储器表示
可扩展性	可以通过挂钩到公共模型库来添加新的可视化，像 Archipelago 这样的可视化也可以通过它们自己的内部插件机制进行扩展

7.4.4 Rapide

效果可视化描绘了架构决策的影响，而不是决策本身，这一点可以在 Rapide 项目中看到。然而，Rapide 的真正技术来自允许用户运行这些架构模型的模拟工具。Rapide 模拟器将 Rapide 表示法中的架构模型作为输入，然后模拟由模型中指定的行为定义的各种构件的交互。模拟运行会生成一系列事件，其中一些事件彼此之间存在因果关系。由于 Rapide 构件以并行方式运行，因此模拟结果并非具有严格的确定性，相同架构的重复模拟可以生成不同的事件流，具体取决于模拟器的调度程序如何为各个构件分配时间。

Rapide 模拟的结果是节点的有向图，每个节点代表一个事件，每条边代表事件之间的因果关系，如图 7-18 所示。这可以看作是系统及其架构的一种可视化。尽管它不一定描述具体的设计决策，但它描绘了构建设计决策的直接结果，并且同样可以为利益相关者提供有关该架构工作的情况。

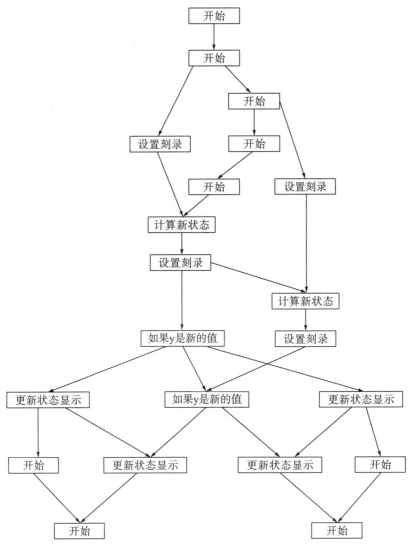

图 7−18 Rapide **效果可视化的月球着陆器应用**

Rapide 评估标准见表 7−4。

表 7−4   Rapide **评估标准**

范围和目的	以文本格式规范架构和部件行为，以图形格式显示模拟结果
基本类型	架构模型在文本可视化中指定，效果描绘是图形化的
描写	严谨的文本格式的模型，效果可视化是包含表示事件的节点和表示因果依赖性的边的有向图
相互作用	模型在普通的文本编辑器中编辑，效果可视化不可编辑
保真度	模型的文本可视化是规范的，效果可视化显示了一种可能的模拟运行。多次模拟可能会在非确定性系统中产生不同的结果
一致性	有限的符号词汇确保一致性
可理解	用户对所呈现信息的可理解性负有全部责任

动态性	建筑模型可能难以编写和理解，尽管这主要是由于基础符号的复杂性导致的。效果可视化很容易理解，尽管复杂的系统可能会生成很难解释的非常大的交织图形
查看协调	效果可视化由架构模型自动生成
可扩展性	难以延伸，Rapide 及其工具集是一个相对的黑盒子

7.4.5　UniCon

UniCon（Universal Connector）是由美国卡耐基梅隆大学设计的一种软件架构描述语言。该语言关注软件架构的结构化特性，将系统（本身也是一个复合构件）描述为构件和连接件的配置，其中构件表示计算或数据，而连接件表示构件之间的交互。每个构件都对外提供一些端口，构件通过这些端口与外界交互。类似地，一个连接件的协议也对外提供一些端口（称为角色），并通过这些端口来调节构件之间的交互。图 7-19 是用 UniCon 图形化编辑器生成的示意图。

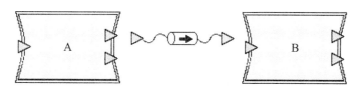

图 7-19　UniCon 图形化编辑器生成的示意图

图 7-19 中由两个构件组成，标记为 A 和 B，这是 Unix 的过滤器。每个构件包含三个端口，左侧端口表示"标准输入"，右侧端口表示"标准输出"与"标准错误"。两个构件之间的连接件表示 Unix 的管道，管道有两个接口，左边为输入（source），右边为输出（sink）。

UniCon 的提出是为了达到以下目的：

（1）解决系统描述和组装的实际问题，为实际工具提供一个原型。

（2）为各种连接机制提供一个一致的访问方式。

（3）帮助软件设计师区分不同的构件类型和连接件类型，并验证构件和连接件配置的正确性。

（4）支持图形化和文本化以及二者之间的转换。

下面的程序是一个连接件约束的示例，使连接件角色接受指定构件的端口。

```
ROLE output IS Source
MAXCONNS(1)
ACCEPT(Filter. StreamIn)
END onput
```

下面的程序是 UniCon 描述管道的一个示例，在这个示例中，两个连接包括构件和连接件。

```
USES p1 PROTOCOL Unix — pipe
USES sorter INTERFACE Sort — filter
```

CONNECT sorter. output TO p1. source
USES p2 PROTOCOL Unix — pipe
USES printer INTERFACE Print — filter
CONNECT sorter. input TO p2. sink

7.4.6　Wright

Wright 是由美国卡耐基梅隆大学开发的一种软件架构描述语言，它支持对构件之间交互的形式化和分析。连接件通过协议来定义，而协议刻画了与连接件相连的构件的行为。对连接件角色的描述表明了对参与交互的组建的"期望"以及实际的交互进行过程。构件通过其端口和行为来定义，表明了端口之间是如何通过构件的行为而具有相关性的。一旦构件和连接件的实例被声明，系统组合便可以通过组建的端口和连接件的角色之间的连接来完成。

Wright 的主要特点是对软件架构和抽象行为的精确描述、定义软件架构风格的能力以及对软件架构描述进行一致性和完整性的检查。软件架构通过构件、连接件以及它们之间的组合来描述，抽象行为通过构件的行为和连接件的联系来描述。

在 Wright 中，对软件架构风格的定义是通过描述能在该风格中使用的构件和连接件以及刻画如何将它们组合成一个系统的一组约束来完成的，因此，Wright 能够支持针对某一特定软件架构风格所进行的检查，但是它不支持针对异构风格组成的系统的检查。Wright 提供的一致性和完整性检查包括端口—行为一致性、连接件死锁、角色死锁、端口—角色相容性、风格约束满足以及联系完整性等。

下面的程序是用 Wright 对管道连接件进行描述的例子。在这个例子中，定义了 Pipe 连接件，该连接件具有两个角色，分别为 Writer 和 Reader。其中，→表示事件变迁，√表示过程成功的终止，□表示确定性的选择。

```
connector Pipe=
    role Writer=write →Writer □ close →√
    role Reader=
        let ExitOnly=close →√
        in let DoRead=(read →Reader □ read — eof →ExitOnly)
        in DoRead □ ExitOnly
    glue=let ReadOnly=Reader. read →ReadOnly
                    □ Reader. read — eof →Reader. close →√
                    □ Reader. close →√
        in let WriteOnly=Write. write →WriteOnly □ Writer. close →√
        in Writer. write →glue
            □ Reader. read →glue
            □ Writer. close →ReadOnly
            □ Reader. closed →WriteOnly
```

7.4.7　ACME 和 AcmeStudio

ACME 是由美国卡耐基梅隆大学的 Garlan 等人创建的一种体系架构描述语言，其最初的目的是创建一门简单的、具有一般性的 ADL，该 ADL 能用来为架构设计工具转换形式以及开发新的设计和分析工具提供基础。

严格来说，ACME 并不是一种真正意义上的 ADL，而是一种架构变换语言，它提供了一种在不同 ADL 的体系架构规范描述之间实现变换的机制。因此，虽然 ACME 没有支持工具，但却能够使用各种 ADL 提供的支持工具。

ACME 提供了描述体系架构的结构性的方法，此外还提供了一种开放式的语义框架，使得可以在架构特性上标注一些 ADL 相关的属性。这种方法使得 ACME 既能表示大多数 ADL 都能描述的公共架构信息，又能使用注解来表示特定的 ADL 相关的信息。有了这种通用而又灵活的表示方法，再加上 ADL 之间关于属性的语义转换工具，就能顺利地实现 ADL 之间的变换，从而使 ADL 之间能够实现分析方法和工具的共享。

目前的 ACME 语言和 ACME 工具开发库（Acme Tool Developer's Library，AcmeLib）为软件体系架构的描述、表示、生成和分析提供了一种通用的、可扩展的基础设施。

ACME 语言和开发工具包提供以下三种基本功能：

（1）体系架构的相互交互。通过提供一种体系架构设计的交换格式，ACME 允许各种开发工具与其他补充工具协同工作。

（2）为新的体系架构设计和分析工具提供了可扩展的基础。许多体系架构设计和分析工具需要一个用于描述、存储、操纵体系架构设计的表示法。但开发好的表示法往往需要很高的时间和经济成本。使用 ACME 可以有效减少这方面的成本，因为可以用它提供的语言和用于工具开发的函数库作为基础。使用 ACME 还使所开发的工具能够有更好的通用性，因为它可以与其他使用 ACME 格式的工具交流设计、协作开发。

（3）体系架构描述。ACME 本身是一种很好的开发语言。尽管不是适合于所有的应用系统，但 ACME 体系架构描述语言能够让开发者很好地认识体系架构建模，提供了一个相对容易的对简单软件系统的描述方法。

ACME 通过定义七种体系架构实体建模，即构件、连接件、系统、端口、角色、表达和表述映射，其中最基本的实体是构件、连接件和系统，见表 7-5。

表 7-5　ACME 描述体系架构元素

元素名	功　　能
构件	描述系统中的基本计算单元和数据存储单元
连接件	描述构件间相互作用的连接规则，通常是构件间的通信和协调活动
系统	描述构件和连接件之间的组合结构
端口	描述构件与其环境进行交互的界面元素或接口
角色	描述连接件的界面元素或接口
表达	根据要求对同一实体的多个层次进行观察、分析和表示
表述映射	用表格形式描述表达实体层间的关系连接

AcmeStudio 是一个可定制的编辑环境和可视化工具，用于基于 ACME 架构描述语言（ADL）的软件架构设计，其界面如图 7-20 所示。使用 AcmeStudio，用户可以定义新的 ACME 系列，并通过定义图表样式自定义环境以与这些系列配合使用。AcmeStudio 是一款适应性强的前端，可用于各种建模和分析应用。AcmeStudio 是作为 Eclipse 环境的插件实现的，这是一个开源 Java 集成开发环境。Eclipse 提供了一个插件环境，允许通过新的分析和功能轻松扩展 AcmeStudio，并为特定组织定制新的体系架构环境。AcmeStudio 具有如下特点：

- 具有架构设计的图形编辑器。
- 编辑现有簇（样式）中的设计，或创建新的簇和类型。
- 根据用户定义的可视化约定创建新的图表样式。
- 集成的 Armani 约束检查器用于检查架构设计规则。
- 实现为 Eclipse 插件，具有可移植性和可扩展性。
- 跨平台，适用于 Windows、Linux 和 MacOS X。

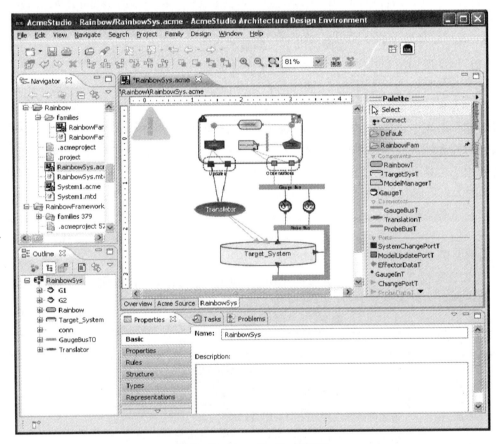

图 7-20　AcmeStudio 的界面

7.4.8　标记过渡系统分析仪

来自英国伦敦帝国理工学院的标记过渡系统分析仪（The Labeled Transition System Analyzer，LTSA）是一种分析和同时可视化当前系统的方法。LTSA 中的系统被建模为一组交互式有限状态机（Finite State Machines，FSM）。用户在称为有限状态过程（Finite State Process，FSP）的紧凑过程代数中指定构件行为，然后将 FSP 编译为具有标记转换的状态机。LTSA 工具可以使用传统节点和箭头可视化以图形方式显示这些状态机。

图 7-21 显示了 LTSA 工具的屏幕截图，并显示了多个同时维护的可视化。右上方区域显示模型的规范文本可视化——原始 FSP。左边是一棵树，基于项目组织的可视化。较低的中心部分显示了 FSP 模型的图形可视化，作为状态、转换、图表。右下方显示了文本效果可视化，这是由 FSP 模型的自动分析产生的，动画效果可视化也可用。

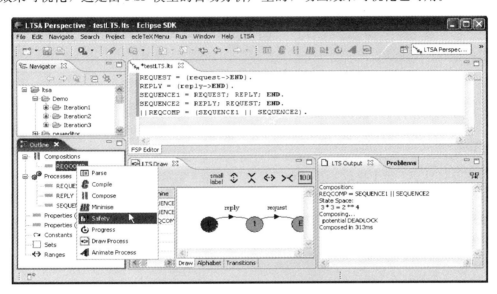

图 7-21　LTSA 工具的屏幕截图

LTSA 的独特优势在于其采用动态可视化的能力。由于 LTSA 并发处理，因此其可视化需要随时间呈现系统状态。为了达到这个目的，LTSA 采用的两种策略都使用了动画。首先，当模拟标记过渡状态并且正在查看其状态机时，当前状态和状态转换在节点顶部被动画化，并且箭头可视化如图 7-21 所示。其次，LTSA 可以连接到动画可视化，特定的角度直接显示系统中正在发生的事情。

LTSA 文档中包含的一个示例是如图 7-22 所示的著名餐饮哲学家问题的实现，这是并发处理的一个经典问题。在两个哲学家之间是一个叉子。哲学家们需要拿起他们相邻的叉子吃饭，但也受到一系列规则的限制：他们什么时候可以拿起和放下叉子。问题的挑战是提出一套规则，使所有哲学家都能定期进食并且系统不会进入锁定状态（例如，每个哲学家拿起一个叉子，没有人会放下）。

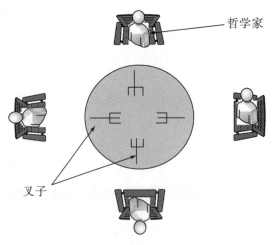

哲学家

叉子

图7-22　四个哲学家就餐

LTSA 工具将哲学家建模为通信状态机，但还可以将模型可视化为哲学家所围绕的表格图，类似于图7-22。状态的变化就像哲学家获得一个叉子，被视为一个哲学家拿起叉子的实际图片。与 Rapide 不同，Rapide 只允许用户在事后可视化事件流量，LTSA 允许用户使用直接从真实域中提取的动画和符号实时显示正在模拟的系统。虽然 LTSA 的用户必须花费时间和精力为每个应用程序构建这些特定域的可视化，但它们的价值来自在很大程度上传达了抽象状态机的真正含义。在节点和箭头图中可能很难理解特定状态转换的含义，但它更容易理解哲学家拿起叉子的图片。

LTSA 的评估标准见表7-6。

表7-6　LTSA 的评估标准

范围和目的	协调可视化不同的效果可视化
基本类型	多个文本和图形模型视图和效果可视化
描写	FSP 模型在文本和图形状态转换图中都可视化。效果可视化可以是文本的，在状态转换图上动画，或者是自定义和特定域的
相互作用	一组集成的工具允许用户在文本和图形可视化中操作 FSP 模型
保真度	可视化和模型之间的协调自动维护，图形可视化方式忽略了一些信息
一致性	有限的符号和概念词汇有助于确保一致性
可理解	FSP 是一种复杂的文本符号，但它比其他形式更容易理解。状态转换图很简单，其格式众所周知。通过图形化将模型重新回到域概念，自定义域特定可视化可以显著增加理解
动态性	状态转换图和自定义域特定可视化上的动画
查看协调	效果可视化由架构模型自动生成
可扩展性	可以将新的自定义域特定可视化添加为插件

小结

本章我们重点介绍了可视化在基于软件架构的开发中的作用。可视化包括描述（如何在视觉上呈现一组设计决策）和交互（利益相关者如何与这些描述交互、探索和操作）。

本章最重要的内容是可视化与其基础建模符号的不同。每种建模符号都至少有一个规范的可视化，可以是文本、图形或两者的组合。尝试从精神上分离模型的信息内容是困难的，有时甚至是违反直觉的，但这种区分是有用的。一旦做出这种区分，就有可能考虑同一模型的替代或协调可视化。还可以将建模符号的优点和缺点与符号可视化的优点和缺点分开。这种区别也有助于解释诸如使用 PowerPoint 之类的工具进行架构建模之类的现象。在这里，可视化非常成熟和多样化，但底层模型缺乏语义。

为项目选择可视化时不要忽视效果可视化。效果可视化不是直接可视化架构设计决策，而是将一些过程应用于那些设计决策，如分析、模拟等。通常，如此多的重点放在模型可视化上，使得效果可视化变得举足轻重。分析和模拟结果至关重要，必须正确解释，通过使用适当的效果可视化可以让这一过程变得非常容易。

如果使用得当，可视化可以使架构设计决策的使用、理解、交流和沟通变得更加容易。要最大化此效果，可选择具有高保真度、一致性（内部和外部）、可理解性、动态性等的可视化。应在目标利益相关者及其自身需求、技能和先前经验的背景下考虑这些决策。

练习

1. 什么是可视化？可视化的两个关键要素是什么？
2. 可视化和建模符号之间有什么区别？什么是规范可视化？
3. 确定并描述可视化的两个主要类别。
4. 什么是混合可视化？确定混合可视化并描述它是混合动力的原因。
5. 可视化、视点和视图之间的关系是什么？
6. 枚举并描述可用于评估可视化的一些标准。
7. 应该何时考虑创建新的可视化？枚举并描述一些创建有效的新可视化的策略。

第 8 章　软件架构分析

通过对复杂系统的软件架构进行分析可以在出现真正的错误或灾难之前将其挑出，进而选择更好的结构设计或者对原结构设计进行改进。因此，读者应充分认识到软件架构分析的重要性，并掌握软件架构分析技术。

8.1　软件架构分析概述

严格的软件架构模型与非正式的方框和线图相比有更多优点。它们强制软件架构师解决可能遗漏或忽略的问题；它们允许各利益相关者之间进行更精确的沟通，并为系统的构建、部署、执行和演进形成一个坚实的蓝图；它们通常会比非正式模型更详细地介绍架构，这样就可以更准确地询问和回答更多的问题。

定义：架构分析是利用系统的架构模型发现重要系统属性的活动。

及早获得有关系统架构相关方面的有用答案，可以在将架构模型部署到系统中之前帮助确定不适当或不正确的设计决策，从而减少系统和项目失败的风险。对于软件架构师以及其他系统利益相关者来说，了解有关架构的问题，学会如何询问它们以及如何最好地确保它们能够通过推断和解释在架构模型中捕获必要的信息来回答问题是非常重要的。

在确定所给架构是否满足某一要求时，并不是所有的模型都一定会有效果。例如，如图 8-1 所示的月球着陆器架构图，此关系图可帮助架构师在系统客户那里进行澄清，反之亦然；经理也可以（非正式地）分析它，以确保有一个适当的项目范围。但是，这种早期的非正式模式对于与系统开发团队的沟通和内部交流并不总是有用的，比如模型无法回答诸如构件（即模型框）如何相互作用、彼此之间相互部署的问题，以及它们交互的性质。

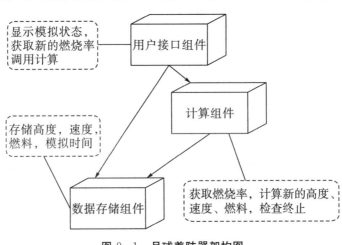

图 8-1　月球着陆器架构图

　　另外，给定系统的一个更正式的架构模型可以精确地定义构件接口，合法调用给定接口的条件、构件的内部行为、合法的外部交互等。月球着陆器架构的部分模型如图 8-2 所示，该模型可以分析多个属性。例如，模型可以帮助确保构件可组合到系统中，分析完成后，可以将各个构件分配给开发人员。在某些情况下，可以使用单独的构件模型进行进一步的分析，来发现与现有构件的紧密匹配程度，以便将其抓取并在新系统中重用。

```
type DataStore is interface
        action in SetValues();
                out NotifyNewValues();
        behavior
        begin
                SetValues => NotifyNewValues();;
end DataStore;

type Calculation is interface();
        action in SetBurnRate();
                out    DoSetValues();
        behavior
                action CalcNewState();
        begin
                SetBurnRate => CalcNewState();DoSetValues();;
end Calculation;

type Player in interface
        action out DoSetBurnRate();
                in NotifyNewValues()
        behavior
                TurnsRemaining : var integer := 1;
                action UpdateStatusDisplay();
                action Done();
        begin
                (start or UpdateStatusDisplay) where \
                        ($TurnsRemaining > 0) => \
                        if ($TurnsRemaining > 0) then \
                                TurnsRemaining := $TurnsRemaining -1; \
                                DoSetBurnRate(); \
                        end if;;
                NotifyNewValues => UpdateStatusDisplay();;
                UpdateStatusDisplay where $TurnsRemaining ==0 \
                        => Done();;
end UserInterface;

architecture lander() is
        P1,P2 : Player;
        C : Calculation;
        D : DataStore;
connect
        P1.DoSetBurnRate to C.SetBurnRate;
        P2.DoSetBurnRate to C.SetBurnRate;
        C.DoSetValues to D.SetValues;
        D.NotifyNewValues to P1.NotifyNewValues();
        D.NotifyNewValues to P2.NotifyNewValues();
end LunarLander;
```

图 8-2　月球着陆器架构的部分模型

这样一个丰富的模型可能不是回答有关给定项目范围问题最有效的方法，也不是对最终系统的关键要求的满意度的答复。这类问题可能会由系统的技术利益相关者通过非正式的或者手工分析不太严谨和详细的模型来进行更有效的回答。

能认识到分析软件架构时没有相同的目标，并且不处理相同的问题也很重要。软件架构师必须确定在软件架构里发现的问题中哪些是重要的，哪些是不重要的。如果在分析过程中发现软件架构的某些部分缺失，但系统仍在进行软件架构设计，那么发现的这些问题可能是可以接受的。

理论上，软件开发人员应该努力在系统构件之间实现完美匹配，给定构件提供的每个服务将被系统中的一个或多个构件所需要，并且给定构件所需的每个服务都将由系统中的另一个构件提供。换言之，系统中没有任何不需要的功能，也没有缺少任何必要功能。以这种方式开发的系统更简单，概念更清晰。但是，这在大多数大型软件系统中都难以实现，因为基于软件架构的开发是面向对象的，大多数此类系统都需要重用现成的功能，以及设计和实现可在多个系统中使用的可扩展构件。因此，给定软件架构中构件之间的某些不匹配可能不仅是可接受的，而且在更大的上下文中也是可取的。

8.2 分析目标

与对任何软件构件的分析一样，对架构模型的分析可以有不同的目标。这些目标可能包括对系统规模、复杂性和成本的早期估计，遵循软件架构模型设计准则和约束，满足系统功能和非功能性要求，评估已执行系统在其文件化软件架构方面的正确性，评估在实现软件架构系统的各个部分时重用现有功能的可能性等。我们将这些软件架构分析目标归为以下四类。

8.2.1 完整性

完整性既是外在的也是内部的分析目标。作为系统需求的外部目标，评估软件架构在这方面的主要目标是确定它是否充分地捕获了系统的所有关键功能和非功能性需求，因此为外部完整性分析软件架构模型是必须的。从以软件架构为中心的开发视角来看，最有用的软件系统通常是庞大的、复杂的、长寿的和动态的。在这样的设置中，捕获的要求和模型化的软件架构可能非常大而且很复杂，并且可能会使用多种不同精度和等级的符号来捕获。此外，这两种可能性都将逐步确定，并随着时间的推移而发生变化，因此，系统工程师需要仔细地选择软件架构外部完整性的有意义的评估点。

分析内部完整性软件架构可以确定系统的所有元素是否都已完全捕获，无论是建模符号还是在软件架构设计方面。

建立模型关于完整性的建模表示法，确保模型包含所要求的所有的符号句法和语义规则信息。例如，图8-2中描述的软件架构模型在互联网架构描述语言中被捕获，因此必须遵循互联网的语法和语义，考虑到这种建模符号的选择，根据互联网络的规则，软件架构中的构件实例模型的一部分必须附加到另一个中（参见图8-2中的连接语句），即构件的出动作必须连接到另一个构件的入操作。此外，互联网中没有显式声明连接件。

但是，满足诸如互联网这样的语言的建模要求并不能确保软件架构实际上完全被捕获。互联网对于软件架构师是否无意间省略一个主要系统构件，或者指定构件的接口是否缺少关键服务是不可知的。在设计的系统上建立软件架构模型的完整性需要检查在软件架构中是否缺少构件和连接件，通常是手动进行的，如是否完全指定了构件和连接件的接口和交互协议、系统的软件架构配置是否捕获所有依赖项和交互路径等。

原则上，内部完整性比外部完整性更容易评估，并且适合自动化。许多软件架构分析技术都侧重于这一分析类别，后面将对此进行阐述。

8.2.2　一致性

一致性是软件架构模型的内部属性，旨在确保该模型的不同元素不相互矛盾。一致性的需要源于这样一个事实，即软件系统及其体系结构模型是复杂和多方面的。因此，即使在体系结构设计过程中没有体系结构设计决策失效，在体系结构建模过程中捕获这些决策的细节也可能导致许多无意中引入的不一致性。模型中不一致的示例包括名称不一致、接口不一致、行为不一致、交互不一致和细化不一致。

1. 名称不一致

名称不一致可能发生在构件和连接件级别或其组成元素级别，如构件导出的服务的名称。使用编程语言的经验可能会觉得名称不一致是微不足道的，易于捕获，但情况并非总是如此，尤其是在架构一级，多个系统元素和服务可能具有相似的名称。例如，一个大型系统可能有两个或多个相似的命名的 GUI 渲染构件，同样，大型 GUI 构件也可以提供两个或多个类似的命名构件呈现服务，因此确定访问了错误的构件或服务可能会很困难。

可能出现名称不一致的另一个问题涉及软件架构师可用的设计选择的丰富性。在 Java 这样的编程语言中，尝试访问不存在的类或方法通常会导致编译时发生错误，工程师必须在继续开始之前对其进行更正。这是不同程序元素的相对紧密耦合的副产品，即早期绑定、类型检查和同步点对点过程调用语义。软件架构师可能依赖于具有发布订阅或异步事件广播构件交互特征的高度分离的架构。此外，该软件架构可能具有很强的适应性和动态特性，因此在给定时间跟踪所有名称不匹配可能毫无意义，软件架构中提到的构件或服务最初可能不可用，但将在给定时间内添加到系统中。

2. 接口不一致

接口不一致包括名称不一致中存在的问题。具体地说，所有名称不一致也都是接口不一致，反之则不是。构件所需的服务可能与其他构件提供的服务同名，但它们的参数列表以及参数和返回类型可能会有所不同。使用软件架构描述语言指定的简单 QueueClient 构件中所需服务的接口可能如下所示：

ReqInt：getSubQ(Natural first，Natural last，Boolean remove)
　　　　returns FIFOQueue；

此接口旨在访问返回指定的第一个和最后一个索引之间的"FIFOQueue"子集的服务。原始队列可能保持不变，或者可以从它提取指定的队列，具体取决于移除参数的值。

提供服务的 QueueServer 构件可以导出两个 getSubQ 接口，如下所示：

ProvIntl：getSubQ(Index first，Index last)

returns FIFOQueue;

ProvInt2:getSubQ(Natural first,Natural last,Boolean remove)

returns Queue;

所有三接口都有相同的名称，因此可以立即观察到没有名称不一致。但是，三接口的参数列表和返回类型不相同，尤其是所需接口 ReqInt 和提供的接口 ProvInt1 的第一个和最后一个参数的类型不同；所需的接口 ReqInt 引入了一个布尔移除参数，它在 ProvIntl 中不存在；提供的接口 ProvInt2 的返回类型和所需的接口 ReqInt 是不同的。

这些差异是否导致实际的界面不一致将取决于几个因素。如果 QueueClient 和 QueueServer 是以 Java 等编程语言实现的对象，并且它们各自提供和需要的接口表示方法调用，则系统可能甚至无法编译。然而，软件架构为工程师提供了一组更丰富的选择，并在所提供和所需接口之间存在三个差异，以及受到它们对潜在接口不一致的影响。

(1) 如果将数据类型自然定义为索引的子类型，则请求 getSubQservice 将不会导致 ReqInt 和 ProvInt1 之间的类型不匹配。但是，将会发生简单类型强制转换，请求将正常服务。

(2) 如果 QueueClient 和 QueueServer 构件之间的连接件是直接过程调用，则由于所需接口中的附加参数，ReqInt 和 ProvInt1 之间会出现接口不一致的情况。在具有相同参数列表的 ReqInt1 和 Realtek PCIe GbE Family Controller 之间不会发生这种不一致。例如事件连接件，连接件可以简单地将请求打包，这样 QueueServer 构件仍然可以通过 ProvInt1 接口对其进行服务，而忽略删除参数，即 QueueServer 只访问它需要的两个参数，并且不需要关注可能通过事件传递的任何附加参数。在这种情况下，将简单地执行 getSubQ 服务的默认实现。例如，默认实现可能是从队列中提取指定的队列。当然，如果删除值设置为 false，则可能与 QueueClient 对 getSubQ 行为的预期不匹配。

(3) 除非此系统的软件架构说明显式指定队列是 FIFOQueue 的子类型，或者它们是相同的类型，否则 ProvInt2 将不能为 ReqInt 请求提供服务。

确定系统中是否存在接口不一致将取决于一些因素。这是一个相对容易完成的软件架构分析任务，应该易于自动化。

3. 行为不一致

在请求和提供名称与接口匹配的服务的构件之间会发生行为不一致。作为一个非常简单的示例，请考虑以下接口导出的服务：

subtract(Integer x,Integer y)returns Integer;

此服务以两个整数作为输入，并返回它们的差。看起来是做的减法计算，并且许多数学库将支持这一操作以及更复杂的运算。但是，提供此服务的构件不需要计算两个数字的算术差，而是可以提供一个日历减法操作。例如，请求构件可能期望 427 和 27 之间的差额为 400，而提供服务的构件可以将其视为从 4 月 27 日起的 27 天的减法，并返回 331（3 月 31 日）。

软件架构模型可以为给定系统的构件及其服务提供行为规范，行为规范可能采取不同的形式。例如，每个所需的和提供的接口都可以附带先决条件，在访问通过接口导出的功能之前必须保持为 true，并且后置条件在功能执行后必须保持为 true。

例如，让我们假设上面讨论的 QueueClient 构件需要前面的操作，其目的是返回队列的第一个元素。此外，让我们假设 QueueServer 提供此操作，并且两个对应的接口匹配。QueueClient 所需服务行为指定如下：

precondition q. size>=0;

postcondition~q. size=q. size;

其中 ～ 在执行操作后表示变量 q 的值。因此，QueueClient 构件假定队列可能为空，并且前端操作不会更改队列。

让我们假设 QueueServer 构件提供的前端操作具有以下前置和后置条件：

precondition q. size>=1;

postcondition~q. size=q. size−1;

前置条件断言队列是非空的，而后置条件指定操作将更改队列的大小（即前面的元素将出列）。

对这两个规范的分析表明，QueueClient 所需的前端操作的行为与 QueueServer 提供的不匹配。此外，所提供的操作假定在确定队列中至少有一个元素之前不会调用 front。

构件的行为可以用几种不同的方式指定，如状态转换图、通信顺序过程和部分有序事件集。确保服务之间行为一致性的确切方式将因这些符号而异，这不在本章的讨论范围之内。另外，总体分析过程将遵循上面概述的一般模式，而不考虑行为建模表示法。

4. 交互不一致

即使两个构件各自提供的和必需的操作具有一致的名称、接口和行为，也可能发生交互不一致。如果以违反某些交互约束的方式访问构件所提供的操作（如要访问构件操作的顺序），则会发生交互不一致。此类约束包括构件的交互协议。

可以使用不同的符号指定构件的交互协议。通常，它通过状态转换图进行建模。在这种情况下，分析系统的交互一致性包括确保给定的操作请求序列与每个构件的协议指定的某些合法状态转换顺序相匹配。

图 8-3 提供了此类交互协议的一个示例。在图中，QueueServer 构件要求至少有一个元素在尝试出列元素之前始终排队。此外，它假定不会将元素排到完整队列中。不遵守这些约束的 QueueClient 构件（即其调用顺序不能由图 8-3 中的状态机执行）将导致与 QueueServer 的交互不一致。

5. 细化不一致

细化不一致的原因在于系统的架构经常在多个抽象级别中捕获。例如，架构的一个非常高层次的模型可能只表示主要子系统及其依赖项，而较低级别的模型可能会详细说明这些子系统和依赖项的许多细节。图 8-4 显示了 Linux 操作系统的高级架构，其过程调度子系统建模为复合连接件。分析 Linux 架构的一致性需要建立以下三个条件：

（1）更高层次的架构模型的元素已被结转到低级模型，即在细化过程中没有丢失现有的架构元素。

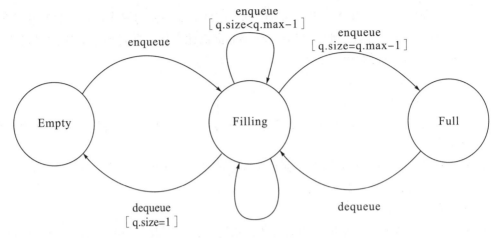

图 8-3　QueueServer 构件交互协议示例

（2）更高层次模型的关键属性被保留在低级模型中，即在细化过程中没有遗漏、无意更改或违反现有的架构设计决策。

（3）低级模型中新引入的详细信息与低级模型的现有详细信息是一致的，即任何新的设计决策都无意更改或违反现有的设计决策。

图 8-4 中没有包含足够的信息来建立上述三个条件，这是因为较高级别和较低级别的模型都不完整。可以确定的是，Linux 进程计划程序在两个细化级别之间作为一个单独的实体进行维护。但是在较低的级别，它被建模为一个连接件，而在更高的级别上它是一个构件。还需要进一步的分析，并根据这一分析提供更多的信息，然后才能做出具体的决定，即是否将构件更改为连接件，并判断是否违反了更高级别的架构设计决策，以及它对架构其余部分的影响。

8.2.3　兼容性

兼容性是软件架构模型的外部属性，旨在确保模型遵循软件架构样式、参考软件架构或软件架构标准强加的设计准则和约束。如果设计约束是正式捕获的，或者至少是严格的，那么确保软件架构与它们的兼容性将相对简单。如果软件架构必须与一套半正式或非正式指定的设计准则兼容，则分析软件架构的兼容性可能会更具挑战性，分析过程的结果有时也可能不明确。

参考架构通常是使用软件架构描述语言正式指定的。因此，确保一个给定系统的软件架构与参考架构的兼容性可能是一个精确而自动化的过程。由于参考架构捕获了一组必须在给定域中任意数量的系统中保持为 true 的属性，所以它可能只是部分指定，或者它的某些部分可能处于非常高的抽象级别。在这种情况下，可以通过前面讨论的方式确保细化一致性，来确定特定于产品的软件架构遵循参考架构。

但是，大多数软件架构风格和许多标准都提供了一般的高级设计指南，因此，建立一个软件架构对于令它们遵守参考架构来说可能会更具挑战性。这种困难可能来自风格定义的模糊性，或者软件架构模型部分的不精确性或不完备性。例如，图 8-5 根据基于事件的样式描述了月球着陆器架构。确定此软件架构所遵循的样式是一个非平凡的任务，描述的构件配置可以坚持 C2's 原则，如基底的独立性。同样，这种特定的软件架构拓扑结构的视觉布局可能会误导人，因为航天器构件实际上可以在这个系统中扮演黑板的角色。在这种情况下，软件架构师可能需要获取更多信息，依赖隐性知识，并使用一个或多个软件架构分析技术。

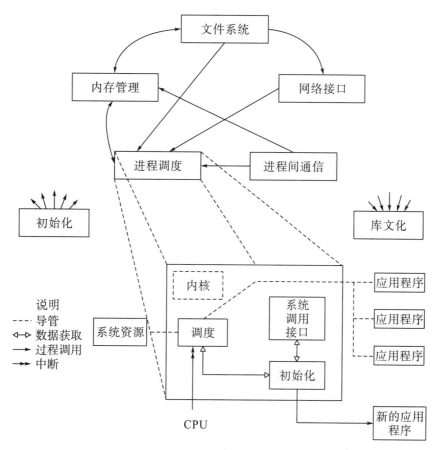

图 8-4　一个高层次的 Linux 操作系统模型

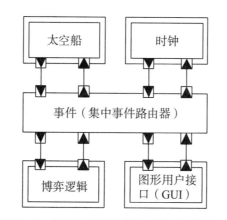

图 8-5　基于事件风格的月球着陆器的描述

169

8.2.4　正确性

正确性是软件架构模型的外部属性。如果体系结构设计决策完全实现了这些规范，则系统的体系结构相对于外部系统规范是正确的。此外，如果实现完全捕获且实现包含软件架构所有的主要设计决策，则系统的软件架构的实现是正确的。因此，正确性是相对的，这与其他构件架构的结果有关。在这里，构件要么是用来精化和实现软件架构的，要么是用来精化和实现其他构件的。

一个有趣的现象出现在许多大型的、现代化的软件系统实现中，它们重用现成的功能，或现成的软件架构解决方案。在这种情况下，通过使用现成的组件，实现的系统将包括结构元素或功能以及非功能属性，这些属性在需求中没有指定，或者没有在体系结构中建模。使用 1970 年的基于细化的正确性概念，就体系结构而言，这样的系统不会被认为是正确的。然而正如前面所述，随着实现的正确性概念的建立，这些系统不仅是正确的，而且很有可能有效地创建，并为有效满足新的系统要求奠定了适当的基础。

8.3　分析范围

软件系统的架构可以从不同的角度和不同的层次进行分析。软件架构师可能对评估单个构件或连接件的属性，甚至对其组成元素（如接口或端口）感兴趣。更常见的是，软件架构师可能对给定子系统或整个系统中构件和连接件组合所展示的属性感兴趣。（子）系统级分析的一个具体重点可能是系统元素之间交换的数据。

除了评估单个架构的属性外，软件架构师有时还需要同时考虑两个或多个软件架构。其中一种情况是在多个抽象级别分析给定系统的体系结构。例如，可以将更详细的体系结构模型与派生它的更高层次的模型进行比较，以确保没有违反现有的设计决策或引入意外的设计决策。当比较具有相似抽象级别的两个软件架构模型，以建立设计相似性或对约束（如参考架构中所体现的）的一致性时，会进行类似的分析。

8.3.1　构件级和连接件级分析

在大型系统中，单个构件和连接件可能并不总是像它们的组合那样有趣，但构件和连接件都需要在特定的质量级别上提供特定的服务。对于构件，这通常意味着特定于应用程序的功能；对于连接件，这意味着应用程序、独立的交互服务。

最简单的构件和连接件级别分析可确保给定的构件或连接件提供所需的服务。例如，可以检查构件或连接件的接口，以确保没有预期的服务丢失。图 8-6 显示了月球着陆器在 xADLite 中建模的数据存储构件。手动或自动分析此构件以确定它提供 getValues 和 storeValues 服务是很简单的。此外，如果系统利益相关者期望或要求数据存储构件提供进一步的服务，则可以很容易地确定当前不存在此类服务。即使该构件更大，并且提供了更多的服务，这项任务也不会很困难。

当然，"checking off" 组件或连接器提供的服务并不能确保这些服务被正确地建模，所描述的分析可以被认为等同于仅建立名称一致性。构件或连接件可以提供具有预期名称的服务，但接口不正确。例如，前面示例中的 getValues 可能被建模为错误格式的值，如未知类型与确定类型或字符串与整数。因此，确定构件或连接件能提供适当的命名服务是不够的，必须分析构件或连接件的完整接口。图 8-6 中提供的信息将需要补充更多的细节，可能来自其他模型。

```
component{
    id = "datastore";
    description = "Data Store";
    interface{
        id = "datastore getValues";
        description = "Data Store Get Values
Interface";
        directon = "in";
    }
    interface{
        id = "datastore.storeValues";
        description = "Data Store Values Interface";
        directon = "in";
    }
}
```

图 8-6　xADLite 中月球着陆器的数据存储构件

进一步考虑这个参数，仅确保组件或连接器的服务通过适当的接口导出是不够的。建模（最终实现）的服务的语义可能与期望的语义不同。因此，图 8-6 中的 getValues 服务可能不会被建模，这样它就可以访问数据存储区以获取所需的值，而不是从系统用户那里请求这些值。由于其名称中隐含的构件的预期用法是访问一个存储库，因此 getValues 的这种实现虽然原则上是合法的，但是对于上下文来说是错误的。

同样，连接件可以提供与预期语义不同的语义交互服务。例如，可能希望连接件支持异步调用语义，但实际上是为同步调用建模的。建立这种语义一致性并非易事，作为一个例证，Wright 的管道连接件模型如图 8-7 所示。管道连接件扮演着两个角色，即它提供了两个服务：读者和作者。它们之间的相互作用，即连接件的整体行为，由连接件捕获。尽管管道是相对简单的连接件，但是手动地确定它是否符合预期的行为要比使用名称或接口一致性更具挑战性。例如，预期语义允许不受阻碍地写入管道，如当前规范中的作者角

```
connector Pipe =
  role Writer = write → Writer ⊓
                  close → √
  role Reader =
    let ExitOnly = close → √
    in let DoRead = (read → Reader □
                     read-eof → ExitOnly)
    in DoRead ⊓ ExitOnly
  glue = let ReadOnly = Reader.read → ReadOnly □
              Reader.read-eof → Reader.close → √ □
              Reader.close → √
  in let WriteOnly = Writer.write → WriteOnly □
         Writer.close → √
  in Writer.write → glue □
     Reader.read → glue □
     Writer.close → ReadOnly □
     Reader.close → WriteOnly
```

图 8-7　Wright 的管道连接件模型

色，或者管道有限制的缓冲区，以便编写一定数量的数据时可以在编写附加数据之前读取某些数据。为这些类型的交互属性评估更复杂的连接件会更加困难，而且可能特别容易出错。

8.3.2 子系统级与系统级分析

即使单个构件和连接件都有所需的属性，也不能保证其在给定系统中的组合表现与预期一致，甚至是合法的。复杂成分之间的相互作用本身就非常复杂，软件架构师可以通过集中于特定的子系统来评估其组合物在整个系统级别上的属性或增量。

最易于管理的增量是成对一致性，即一次只考虑两个交互构件，并且就像前面讨论的那样建立名称、接口、行为和交互一致性。下一步是采用一组可能通过单个连接器交互的构件。在大型子系统和整个系统的级别上确保理想的属性是相当有挑战性的，许多分析技术都试图解决这个问题。

在某些情况下，分别具有属性 α、β、γ 等的两个或多个构件的组合将具有这些属性的某些组合。例如，将数据加密构件（旨在提供通信安全性）与数据压缩构件（旨在提供通信效率）相结合，可以预期提供安全和效率。

在实践中，更为常见的情况是构件之间的相互作用会导致它们相互干扰，增强或减少彼此的属性。在某些情况下，这些是可以接受甚至是可取的。例如，提供非常有效的关键服务的构件可能容易受到恶意攻击。架构师可能会决定牺牲一些效率以增强系统的安全性，并将此构件与一个或多个提供服务（如加密、身份验证或授权）的构件组合。这种组合将是协同作用的，系统最终将大于各部分的总和。

在所有情况下，系统构件之间的这种干扰具有不好的影响。更重要的是，这种干扰通常不会像在上述情况下那样明显，会导致非预期的复合属性。软件工程文献中一个著名的例子涉及集成两个构件，假定它们都拥有系统的主要控制线程，最终导致一个不可用的系统。另一个类似的例子涉及集成用两种不同编程语言实现的并发构件，结果系统的性能是不可接受的，对系统进行了冗长而细致的分析后发现单个构件的线程模型不兼容。读者可以很容易地设想许多这样的场景，例如，系统包含交互内存高效构件（使用计算密集型数据压缩算法）和 CPU 高效构件（使用技术，如数据缓存和预取），一个构件将容错服务（如通过连续状态复制）引入到这样的系统中。

8.3.3 系统或子系统中交换的数据

在许多大型的分布式软件系统中，大量的数据被处理、交换和存储。数据密集型系统的例子很多，并出现在诸如科学计算、基于 Web 的应用程序、电子商务和多媒体等领域。在这种系统中，除了单个结构构件的属性以及整个架构配置外，更重要的是要确保系统的数据得到正确的建模、实现和在结构元素之间交换，包括评估数据元素，主要有以下内容：

（1）数据的结构，如类型化与非类型，或离散与流式。

（2）通过系统的数据流，如点对点与广播。

（3）数据交换的属性，如一致性、安全性和滞后时间。

举一个简单的示例，考虑一个由数据生成器构件和两个数据使用者构件组成的系统，其结构配置如图 8-8 所示。该图显示了它们能够交换数据的各自频率。生产者构件每秒发送 1 兆，消费者 1 能够及时接收和处理这些数据。事实上，消费者 1 可能会无所事事地等待 50% 的时间来接收来自生产者的额外数据。但是，消费者 2 能够接收和处理数据的速率仅为生产速率的一半，这意味着消费者 2 可能会损失多达一半的生产数据。

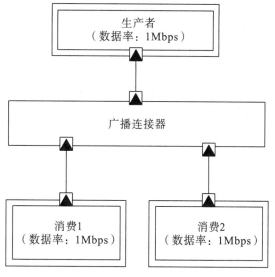

图 8-8 一个系统的结构配置

如果系统运行时间长，连接件的缓冲区最终会溢出，则可能会减轻此问题。连接件还必须包括附加的处理逻辑，以临时存储数据，并按照收到的顺序将其路由到两个构件中，这将在系统中引入额外的开销。如果两个使用者构件要求数据的格式与生产者生成的不同，则连接件还必须充当适配器，这将引入进一步的开销。同样，连接件还可能根据架构要求执行其他任务，例如，加密数据以获得安全性，确保数据按照指定的路由策略传递（如最佳工作或恰好一次），在必要时压缩数据。

8.4 软件架构分析中所关注的问题

软件架构分析技术关注给定架构的不同方面。一些技术努力确保软件架构的结构特性，另一些则侧重于软件架构元素所提供的行为及其构成。有人可能会分析软件架构元素之间的相互作用是否符合某些要求和约束。

1. 结构特征

软件架构的结构特征包括软件架构构件和连接件之间的连接性、将底层软件架构元素包含到更高复合层次的元素、网络分发的可能点以及给定系统的潜在部署架构。关注这些特征可以帮助确定软件架构是否良好。结构分析可以建立对软件架构约束、模式和样式的遵守。结构问题有助于分析系统并发和分布的不同方面，因为它们将系统的软件元素及其属性与要执行的硬件平台捆绑在一起。

2. 行为特征

如果单个组件没有提供它们所期望的行为，而且它们没有结合起来提供所期望的系统级行为，那么一个体系结构的实用价值是有限的。因此，分析软件架构的行为特征有以下两个方面：

（1）考虑各个组成部分的内部行为。

（2）考虑软件架构结构以评估复合行为。

特别是在由现成的第三方组件组成的系统中，架构师对不同系统组件内部工作方式的洞察可能仅限于组件的公共接口。如前所述，在接口级别推断的行为属性类型相当有限，而且软件架构中的许多潜在问题仍可能未被发现。

3. 交互特性

给定软件架构中相互作用的相关特性可能包括不同软件连接件的数量和类型，以及它们对各种连接件尺寸的值。交互特性可以帮助确定软件架构是否能够满足某些要求。例如，图 8-8 中的一个非缓冲连接件将导致系统中的一个构件接收到的大部分数据都是一半。

交互特性分析可能还包括不同系统构件的交互协议（如图 8-3 所示）和为不同系统连接件指定的内部行为（如图 8-7 所示）。这些详细信息将有助于分析更细粒度的交互特性，例如是否可以合法地访问通过其他适当连接件进行交互的构件，或者一组交互构件是否会死锁。

4. 非功能特性

非功能特性构成了几乎所有软件系统的关键维度。这些特性通常跨多个构件和连接件进行切割，这使得它们特别难以评估。此外，非功能性的特点往往不能被正确理解，它们是定性的性质，其定义是部分或非正式的。因此，虽然非功能性特征对软件架构师来说是一个重要而艰巨的挑战，但侧重于这些特性的软件架构分析技术却是稀缺的。

8.5 软件架构模型的等级

软件架构模型与分析之间的关系是共生的，利益相关者希望能够分析将会影响软件架构师在其架构模型中捕获的内容。软件架构师在软件架构模型中捕获的东西直接决定了他们将能够分析什么，他们将使用什么分析方法。

软件架构模型可以分为非正式模型、半正式模型和正式模型。

1. 非正式模型

非正式模型通常在方框和线条图中捕获，可以为系统提供一个有用的高层次图片。它们可以进行非正式和手动分析，通常由广泛的利益相关方（包括管理人员和系统客户等非技术性利益相关方）进行。例如，系统管理员可以使用它们来确定项目的总体人员需求。同时，因为非正式模式存在固有的歧义和缺乏细节，所以应谨慎对待它们。

2. 半正式模型

大多数在实践中使用的软件架构模型都是半正式的。力求对大量系统涉众（包括技术涉众和非技术涉众）有用的表示法，通常会试图在高度精确和正式以及表达性和可理解性之间取得平衡。一个广泛使用的例子是统一建模语言（UML），它既适合于手动分析，也可用于自动解析。半正式模型的部分不精确性使得其很难进行一些更复杂的分析，需要有正式的模型。

3. 正式模型

虽然半正式建模符号通常只有一个正式定义的语法，但正式的符号也有正式定义的语义。正式模型适合于正式的、自动化的分析，通常用于系统的技术利益相关者。同时，使用正式表示法生成完整的软件架构模型也很费力，正式模型在实践中经常有可伸缩性问题。

8.6　分析类型

1. 静态分析

静态分析包括从一个或多个模型推断软件系统的属性，而不实际执行这些模型。静态分析的一个简单例子是句法分析，即确定系统模型是否遵循建模符号的句法规则，无论它是结构描述语言、设计图表符号还是编程语言。静态分析可以是自动化的（如编译）或手动的（如检查）。所有的架构建模符号（包括非正式的方框和线条图）都可以进行静态分析，不过更正式和更具表现力的符号可用来提供更精确和更复杂的答案。用于建模软件系统的正式符号包括以下几种：

（1）公理符号，通过逻辑关系建立模型系统。

（2）代数符号，通过等价关系集合建立模型系统。

（3）时态逻辑符号，在执行顺序和时间上对系统进行建模。

2. 动态分析

动态分析涉及实际执行或模拟软件系统模型的执行。为了对某个软件架构模型进行动态分析，其语义支撑必须是可执行的或适于仿真的。状态转换图是一个可执行形式的示例，读者应该熟悉它，其他可执行形式包括离散事件、队列网络和 Petri 网。

3. 基于场景的分析

对于大型和复杂的软件系统，在其可能状态或执行的整个空间中断言整个系统的给定属性通常是不可行的。对于此类系统，标识了特定用例，这些用例表示最重要或最常见的系统使用情况，并且分析侧重于这些情况。基于场景的分析可以是静态分析的一个实例，作为减少模型化系统的状态空间的工具。同时，基于场景的分析要求软件架构师对他们从固有的有限证据中推断出的推论持谨慎态度。

8.7 自动化水平

不同的软件架构分析技术可以实现不同层次的自动化。自动化程度取决于几个因素，包括软件架构模型的形式和完整性以及正在评估的属性。首先，用正式的表示法提供的软件架构模型比用非正式的表示法提供的模型更适于自动分析。其次，为给定系统捕获更多软件架构设计决策的模型将比缺少许多此类设计决策的模型更易于进行严格的自动化分析。最后，一个被充分理解的、可量化的、可以自己正式定义的属性，将比一个可能不太好理解的定性属性更容易被自动评估。最后一点在软件工程中尤为重要，大多数软件系统至关重要的非功能属性都是在直觉、意识和非正式指导原则的层次上理解的。

1. 人工分析

对软件架构的人工分析需要大量的人力参与，因而成本高昂。但是，可以对不同层次的具有严谨性和完整性的模型进行手动分析。它有额外的优势，即可以考虑默认的体系结构原理。当必须同时确保多个潜在冲突属性时，也可能需要进行这种类型的分析。

许多软件架构分析技术属于此类，一个众所周知的例子是架构权衡分析方法（Architecture Tradeoff Analysis Method，ATAM）。从人工分析中产生的分析结果通常是定性的，由于不可能总是量化软件系统的重要属性（如可伸缩性、适应性或异构性），所以对系统展示这些属性的程度的任何分析都不能量化。分析结果也经常被一个特定的上下文所限定，系统可以在其中展示给定的属性，基于场景的技术就属于此类。

鉴于这类软件架构分析技术的人力密集型性质，关键的问题是必须使分析可靠和可重复。由于软件架构模型以及感兴趣的属性可能少于正式捕获，所以许多手动分析技术的重点是指定一个详细的过程，让软件架构师和其他利益相关者参与分析。

2. 半自动化

体系结构模型的严格程度的提高，以及对软件系统关键属性的理解，为自动化体系结构分析的不同方面提供了机会。事实上，大多数软件架构分析至少可以半自动化，涉及软件工具和人工干预。从这个意义上说，软件架构分析技术可以被认为是涵盖了自动化的频谱，而人工和全自动分析是该频谱的两端。

大多数软件架构建模符号都可以确保给定的软件架构描述的句法正确，以及不同程度的语义正确。例如，可以分析样式特定构件互连规则的 xADL 模型，而 Wright 则允许分析通过连接件为死锁通信的构件的给定组合。同时，两种模型都不能自动分析其他属性，如可靠性、可用性和滞后时间。这是因为与评估这些属性相关的系统参数不会被捕获到必要的程度，或者根本不被这些架构建模符号捕捉到。

3. 全自动

前面提到的具体分析，如果确保结构描述中的句法正确或死锁自由，则可以被认为是完全自动化的，因为在没有人参与的情况下能够完成它们。同时，自动化分析的结果通常是部分的，在给定的 ADL 中提供的软件架构描述完全遵守 ADL 的语法，或者部分系统描述是无死锁的，仍然留下大量关于各自模型的问题未回答。这意味着在实践中，完全自动化的软件架构分析技术必须与其他技术相结合，它们本身可能需要人工干预，以便获得更全面的答案。

8.8　利益相关者

软件项目中的利益相关者通常会有不同的目标。例如，客户可能对以尽可能低的成本尽快获得最大的功能感兴趣。项目经理可能有兴趣确保项目的人员配备适当，而且支出率不超过某一目标。软件架构师的主要目标可能是提供一个技术健全的系统，在未来可以很容易地进行调整。开发人员可能感兴趣的是确保他负责的模块按时实现并且没有 bug。因此，不同的利益相关者不一定具有相同的软件架构分析需求。

1. 软件架构师

软件架构师必须考虑软件架构的全局视图，并有兴趣在架构中建立完整性、一致性、兼容性和正确性。根据项目的上下文和目标，软件架构师可能需要依赖于所有级别和类型的软件架构模型。虽然他们可能更喜欢使用自动化的分析技术，但是软件架构师经常不得不依赖手工和半自动化的技术。

2. 开发人员

软件开发人员通常对体系结构（即他们直接负责的模块或子系统）的看法比较有限。因此，开发人员感兴趣的主要是与系统的其他部分建立模块的一致性，这些模块将相互作用，并建立与所需的软件架构样式、参考软件架构和标准的兼容性。他们不必担心软件架构的完整性，并且可以最好地评估其部分正确性。开发人员可能会发现最有用的模型是正式的，指定了所有必要的细节并准备好实现。但是，这些可能是特定开发人员直接负责的单个元素的模型，而不是整个软件架构的模型。

3. 项目经理

项目经理通常对软件架构的完整性（是否所有要求都得到满足）和正确性（架构中的需求都得以实现并能在最终应用中使用）感兴趣。如果软件架构和最终实现的系统必须遵循参考架构或一套标准，管理人员也可能对软件架构的兼容性感兴趣。

一致性是系统的内部属性，管理人员通常不关心它，他们自然地将此类责任委派给软件架构师和开发人员。但也有例外，例如软件架构缺陷可能成为影响项目日程或预算的主要问题。客户或项目合同可以明确规定某些一致性属性，在这种情况下，管理人员需要显式地考虑它们。

对管理器有用的软件架构模型的类型通常是整个系统的不正规模型。管理者的关注点通常是交叉的、切割的非功能性系统特性，以及系统的结构和动态特性。

4. 客户

客户主要对委托系统的完整性和正确性感兴趣。他们关注的可以归纳为以下两个关键问题：

（1）发展组织是否建立了正确的制度？

（2）开发组织是否对系统进行了正确的构建？

客户还可能对系统与某些标准的兼容性感兴趣，并可能对具有既得利益的参考架构有兴趣。一致性并不重要，除非它反映在外部可见的系统缺陷中。

在架构模型方面，客户通常倾向于易懂的模式。他们对整体模型和系统的关键属性感兴趣，并且通常对系统的结构、行为和动态特性的场景驱动评估感兴趣。

5．供应商

软件供应商通常销售技术，如单个构件和连接件，而不是软件架构。因此，他们主要关注这些构件和连接件的可组合性，它们与某些标准的兼容性以及广泛使用的参考架构。与给定系统的客户一样，供应商可能看重软件架构模型的易懂性，但是他们的客户是软件开发人员，可能需要从他们那里购买软件的正式模型。供应商主要分析各个元素及其属性，总体软件架构的结构特征并不那么重要，尽管动态特性可能会影响未来系统中各个元素的可组合性。

8.9 分析技术

软件架构师可以使用大量的分析技术，其中有些是应用于其他软件开发工件（主要是正式规范和代码）的技术的变体，而另一些则是专门针对软件架构开发的。在本节中，我们将讨论架构分析技术的交叉部分，虽然它不打算提供现有技术的完整概述，但交叉部分具有广泛的代表性。

我们将软件架构分析技术分为以下三类：

（1）基于检查和审查的分析。

（2）基于模型的分析。

（3）基于仿真的分析。

对这些类别中技术的讨论将侧重于软件架构分析维度，该维度在图 8-9 中进行了总结。

8.9.1 基于检查和审查的分析

软件检查和审查是广泛使用的代码分析技术。如果不熟悉这些技术，可查阅介绍性软件工程文本。软件架构检查和审查由不同的利益相关者进行，以确保软件架构中的各种属性。它们涉及由系统利益相关者进行的一系列活动，其中针对特定属性研究了不同的软件架构模型。这些活动通常发生在软件架构评审委员会中，其中几个利益相关者定义了分析的目标，例如确保软件架构满足给定的非功能属性，然后作为一个小组仔细研究和分析软件架构或部分内容。

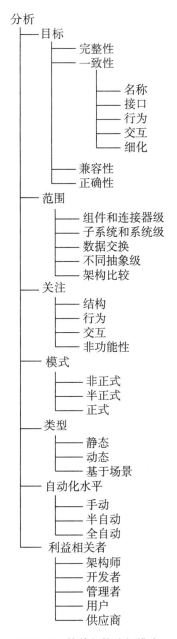

图 8-9　软件架构分析维度

　　检查和审查是手工分析技术，因此可能成本比较高。它们的优点是在非正式或部分软件架构描述的情况下有用。在"软"架构属性的情况下，也可以有效地使用它们，例如可伸缩性或适应性，这些属性不能被精确地理解并服从于正式的定义。检查和审查的另一个优点是可以同时考虑多个系统利益相关者的目标，并考虑多种需要的软件架构属性。

　　根据上下文，检查和审查可以具有四个架构分析目标中的任何一个，即一致性、正确性、完整性和兼容性。就一致性而言，它们通常非常适合于名称和接口一致性分析。行为、交互和细化一致性分析可能由技术利益相关者——软件架构师和开发人员进行，尽管手动操作可能是一项困难且容易出错的任务。手动处理大量此类模型会让哪怕是最有能力的软件架构师也超负荷。因此，如果在软件架构检查或审查期间对行为、交互和细化一致性中的任何一种进行分析，则最好将分析限制在严格限定的软件架构子集中。

检查和审查的范围可能有所不同。利益相关者可能对单个构件和连接件，或其在特定子系统或整个系统中的组合感兴趣。利益相关者还可以集中在特定构件和连接件之间或在全球范围内跨越整个软件架构交换数据。他们可能会尝试评估软件架构对作为其起点的更高层次软件架构的遵从性，还可能尝试评估软件架构与已知属性的现有软件架构的相似性。

同样，分析的具体关注点也会有所不同，利益相关者可以关注结构、行为或交互属性。检查和审查可能特别适合于建立某些非功能性需求，特别是那些需要由利益相关者达成某种解释和共识的性质。

就特别适合检查和审查的模型类型而言，任何形式的正式程序原则上都适用。然而，高度形式化的模型对非技术性的利益相关者毫无用处，甚至技术利益相关者也会发现它们难以阅读和理解。如果检查的目的是对软件架构的一般特征形成共同的理解，非正式模型可能会很有用。另外，在对感兴趣的具体属性的软件架构进行检查时，依赖非正式模型可能并不十分有意义。

根据其性质，检查和审查所针对的分析类型是静态的和基于场景的。由于风险承担者手动评估软件架构模型，因此他们必须关注软件架构的静态属性，如适当的连接性、交互构件之间的接口一致性、遵守所需的软件架构模式等。此外，在使用 ATAM 分析技术的情况下，风险承担者可能会手动运行一些关键方案，以确保软件架构的行为与预期的一样。

所有系统利益相关者（可能是构件供应商）都可以参与检查和审查。软件架构师和开发商会更频繁地进行检查和审查，并定期让项目经理或客户参与。

8.9.2　基于模型的分析

基于模型的软件架构分析技术仅依赖于系统的软件架构描述，并操作该描述来发现软件架构的属性。基于模型的技术涉及不同层次复杂度的分析工具。这些工具经常由软件架构师指导，他们可能需要解释中间分析结果并指导工具进行进一步分析。

由于其工具驱动的性质，基于模型的技术比检查和审查需要的人力更少，因此通常成本更低。它们只能用于建立系统架构的"硬"属性，即可以在软件架构模型中编码的属性。它们不能很容易地解释隐式属性，因而选择不显式地建模。此外，模型、驱动分析技术通常不能评估架构中的"软"方面，但这些又非常重要，比如设计意图和基本原理。基于模型的技术通常还侧重于单一系统架构的特定方面，如语法正确性、死锁、对给定样式的遵从等。

模型驱动分析技术的另一个关注点是它们的可伸缩性，需要更复杂的技术来跟踪大量模型化系统的元素和属性。在许多静态分析工具（基于架构分析工具的模型就是一个实例）中经常需要权衡的，一方面是可伸缩性，另一方面是精确性或置信度。换言之，软件架构师可能获得高度精确的分析结果，对较小系统的结果有高度的信心，但必须牺牲这种精度和对较大系统的信心。由于这些原因，模型驱动分析的结果通常是局部的，并且在任何给定的软件架构驱动的软件开发项目中都使用了多个这样的技术。

　　基于模型的软件架构分析技术的目标通常是一致性、兼容性和内部完整性，还包括外部完整性和正确性的某些方面。外部完整性和正确性都可以评估系统的软件架构模型对需求的遵从性，以及系统对软件架构模型的实现。通过软件架构模型可以确定外部完整性和正确性的某些方面，如结构完整性或正确性。此外，分析技术的输出可以从架构模型中自动生成（部分）系统实现，从而保证了结构的外部完整性和正确性。如果分析涉及系统要求，那么在某种程度上需要将需求形式化。

　　基于模型的软件架构分析的范围可以跨越单个构件和连接件、在特定子系统或整个系统中的组合以及在特定构件和连接件之间交换的数据，或者在全局范围内跨越整个软件架构。基于模型的技术还可以尝试评估模型对从其派生的更高层次模型的遵从性，此类别中的分析技术可以尝试评估软件架构与已知属性的现有软件架构的相似性。这假定两个软件架构都建模在分析技术支持的一个符号中。

　　基于模型的分析的具体关注会有所不同，这些技术可能侧重于结构、行为和交互属性。行为和交互属性可能很难完全使用基于模型的技术进行评估，而这些技术通常与基于仿真的方法相结合。基于模型的技术可以用来分析架构的非功能属性，但通常需要使用特定的形式。

　　就特别适合这种分析的模型类型而言，一般的经验法则是更多的形式会产生更有意义和更精确的结果。通常，使用复杂分析工具的架构模型具有正式指定的语法和语义。

　　根据它们的性质，基于模型的技术的分析类型很适合于静态分析。这些技术非常适合于评估属性，如适当的连接性、类型一致性、体系结构服务的定义使用分析、交互组件之间的接口和行为一致性、对所需体系结构模式的结构遵从性、死锁自由等。

　　基于模型的技术的自动化水平通常是至少部分自动化，而且经常是全自动的，不需要人工干预。

　　模型驱动的软件架构分析技术通常针对技术利益相关者，即软件架构师和开发人员，其他利益相关者可能对分析结果的摘要感兴趣，但通常需要掌握这些技术，并对架构提供低级的洞察力。

　　1. 模型检验

　　在计算机系统（软件和硬件）中，一种特别广泛使用的基于模型的分析技术是模型检验。模型检验是算法验证形式化系统的一种方法。这是通过验证来自硬件或软件设计的模型是否满足并表示为一组逻辑公式的正式规范来实现的。

　　系统的模型通常表示为有限状态机，即由顶点和边组成的有向图。一组原子原型与每个顶点（即状态）相关联，原子原型表示在给定的执行点上保存的属性。

　　模型检验问题：给定一个期望的属性，表示为一个时序逻辑 p、一个模型 M 与初始状态 s，确定模型是否满足如下逻辑公式：

$$M, s \mid = p$$

　　如果模型 M 是有限的，则模型检验被简化为图形搜索。不幸的是，软件系统很少出现这种情况，模型检验工具面临的关键挑战是状态爆炸，即状态空间的指数增长。每个模型检验技术都必须解决状态爆炸，以便能够解决现实世界中的问题。

　　研究人员开发了可以帮助减轻状态爆炸的技术，如符号算法、部分阶降和二进制决策图。有一种对抗状态空间指数增长的策略采用了合金技术，它明确地约束状态空间的大小，从而确保技术的可行性。当然，这样做在分析过程中引入了不精确性，虽然分析中没有发现缺陷，但不能保证模型实际上是无缺陷的。

2. 可靠性分析

软件系统的可靠性是指系统在指定的设计限制下执行其预期功能而不会出现故障的概率。失败是由于收到的输入值不规范而导致错误输出的发生，失败表示某个系统构件无法运行。可靠性可以使用多种指标进行评估，例如：

（1）失败的时间，例如系统在上次还原后出现故障的平均时间。

（2）修复的时间，例如系统在上次故障后修复的时间。

（3）故障之间的时间间隔，例如两个系统故障之间的平均时间。

几十年来，软件可靠性的建模、估计和分析一直是一个活跃的学科。在大部分时间里，可靠性分析技术已经开发并应用于系统实现。在实现过程中可得到关键系统参数，包括系统的操作配置文件以及可能的故障和恢复历史记录。这些参数通常用于创建系统的基于状态的模型，其中状态之间的转换概率从系统的操作配置文件和故障数据中派生。然后，将该模型引入随机模型，如离散马尔可夫链或 DTMC，用标准技术解决系统的可靠性问题。

工程师不应该等到系统实现后才评估系统的可靠性，软件架构模型可以用上面描述的方式进行可靠性分析。同时，在一个架构模型中，还有以下几种固有的不确定性来源：

（1）软件开发人员可以在不同的开发方案中工作，开发方案的示例可能包括实施全新的系统、重用以前项目中的构件和/或架构、从供应商购买软件等，每个方案都引入了不同的可靠性挑战。

（2）软件架构模型的粗粒度可能会有很大差异。一个系统可能伴随着粗粒度非常大的构件，部分模型使用现成的构件和安全关键部件等。

（3）系统可能使用不同的信息来源。开发人员可能很少或根本没有关于系统的信息，一个功能相似的系统可能有类似的访问专家或广泛的领域知识等。

在架构级可靠性建模和分析中必须考虑这些不确定性。与已实现的系统一样，可以构建与软件架构相对应的基于状态的模型。某些信息（如操作配置文件和系统故障频率）无法获得，但必须进行估计。因此，在架构级获得的可靠性值不应被视为绝对值，而是应由假定的操作配置文件（如对系统所做的假设）来限定。此外，架构级可靠性模型固有的不确定性表明，利用 DTMCs 以外的随机模型可能更有意义，隐马尔可夫模型或 HMM 模型可以专门用于处理建模的不确定性。

8.9.3 基于仿真的分析

仿真需要为给定的系统或特别感兴趣的系统部分生成动态的、可执行的模型，这些模型可能来自其他不可执行的源模型。例如，8.2 节中指定的 QueueServer 构件的行为模型（根据其操作的前置和后置条件）是不可执行的。另外，可以通过选择可能的构件调用序列来模拟图 8-3 中的交互协议，也可以将其称为系统事件序列。此事件序列将用于执行 QueueServer 的交互协议状态机。例如，如果假设空状态是状态机中的启动状态，则以下将是有效的事件序列：

　　＜enqueue，enqueue＞

　　＜enqueue，dequeue，enqueue＞

　　＜enqueue，enqueue，dequeue，enqueue，dequeue＞

而单事件序列＜enqueue＞无效，但与从出列事件开始或具有更多出列的任何序列相同。注意 se _ quence 的有效性，如＜enqueue，dequeue，enqueue＞不能在不引入有关系统的附加信息（即队列的大小）的情况下建立。

　　仿真不需要对系统的执行产生相同的结果。例如，QueueServer 构件的模型没有提到调用构件的频率、放置在队列中的元素大小、存储或访问和返回队列元素所需的处理时间等。正因为如此，仿真输出可能只观察事件序列、一般趋势或值范围，而不是特定结果。系统的实现可以看作是一个非常忠实的可执行模型，运行该模型可以被认为是高精度的仿真。

　　显然，并不是所有的软件架构模型都能被仿真，即使是那些适合仿真的软件架构模型，也可能需要用外部形式来扩充，以实现它们的执行。例如，基于事件的软件架构的模型可能不提供事件生成、处理和响应频率，为了包括这些信息，可以将软件架构模型映射到一个离散的事件系统模拟形式或排队网络，其中可能有指定的频率范围，然后进行仿真。

　　当然，每当引入诸如事件、频率之类的附加信息时，软件架构师就会在架构模型中注入不精确的风险，从而进入分析结果中。由于仿真是工具支持的，软件架构师可以为模型参数提供许多不同的值，表示不同的可能的系统使用情况。因此，将获得更精确的结果，而不是以一个大小适合所有基于模型的分析为基础，并且比通过检查和审查分析更容易和更便宜。

　　图 8−10 描述了 ADLs 与仿真模型和平台之间的概念关系，某些软件架构模型（如 UML 的状态转换模型或互联网络的部分有序事件模型）可以直接仿真。从软件架构模型到仿真模型所需的映射可能是部分的或完整的，并且具有不同程度的复杂性，这取决于 ADL 和仿真平台之间的语义贴近度。反过来，仿真平台可以在特定运行时间平台的顶部执行。

　　基于仿真的软件架构分析技术的目标可以是完整性、一致性、兼容性和正确性。然而，由于仿真的性质，这些属性只能建立有限的置信度和特定的子系统或系统属性。

　　基于仿真的软件架构分析的范围通常是整个系统或特定的子系统，以及系统中的数据流，但可以隔离单个构件和连接件并模拟它们的行为。基于仿真的技术可以特别有效地评估给定软件架构模型对从中派生的更高级别模型的遵从性，以及模型与已知属性的现有软件架构的相似性。因为这样的模型以及它们的模拟结果可以预期不同，可能需要额外的知识来确定所考虑的软件架构模型之间的确切关系。

　　由于基于仿真的分析技术允许运行软件架构并观察结果，因此基于仿真分析的关注范围涵盖行为、交互和非功能属性。例如，软件架构师可以针对架构中的一组构件，以确保它们能够以所需的方式进行交互。同样，软件架构师对分析结果的信心也会因架构模型中提供的详细程度而异。软件架构师对仿真结果的信心也取决于他的自信程度，即选定的操作方案（即系统输入）将与已实现的系统的最终使用相匹配。例如，图 8−3 中的

QueueServer 构件，如果软件架构师可以确定在其实际执行的环境中，构件的第一次调用永远不会出列元素，那么他可以信任仿真结果。

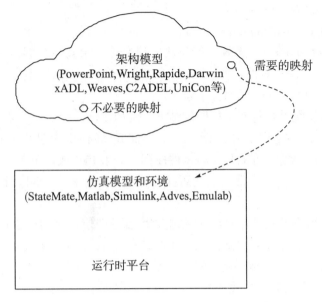

图 8-10　ADLs 与仿真模型和平台之间的概念关系

　　基于仿真的分析要求软件架构模型是形式化的，除非系统的软件架构师在映射过程中做出许多临时的、武断的、不正确的设计决策，否则不能将非正规模型映射到仿真基板。

　　仿真技术非常适合的分析类型是动态分析，尤其是基于场景的分析。基于仿真的技术非常适合于评估系统的运行时间行为、交互特性和非功能性品质。如果假定已知系统的使用情况，那么软件架构师不再需要关注分析结果的完整性，以及结果是否代表系统的实际使用。

　　基于仿真的技术通常是完全自动化的，除了提供系统输入之外，不需要人工干预。然而，将软件架构模型映射到仿真模型的过程可能需要大量的人力参与，这会使过程容易出错。

　　仿真驱动的软件架构分析技术对所有利益相关者都是有用的，设置和运行仿真可能需要丰富的技术专业知识以及对体系结构模型、体系结构建模符号和仿真底层的熟悉。

　　软件架构是大规模分布式系统开发的一种有前途的方法，但是 ADL 及其相关的架构分析技术存在着一些缺点。2007 年，Edwards，Malek，Medvidovic 等提出了一种用于评估架构模型的可扩展工具链——XTEAM（The eXtensible Tool-chain for Evaluation of Architectural Models）。这是一种面向高度分布式、移动计算和资源受限软件系统的模型驱动的架构描述和仿真环境。XTEAM 为移动软件系统提供了 ADL 扩展，在可重用模型解释器框架的基础上实现了一组相应的动态分析，并可以转换生成系统仿真，提供执行系统的动态、场景和风险驱动视图。软件架构师可以通过视图比较架构备选方案，并对多个设计目标进行权衡。XTEAM 提供了可扩展性，可以轻松地适应新的建模语言特性和体系架构分析。符合 XTEAM ADL 的体系架构模型是在现成的元可编程建模环境中构建的。

要满足该模型的条件，必须满足以下两个要求：

（1）该语言应该是可扩展的，以根据需要适应新的领域特定的概念和关注点。

（2）所提供的工具支持应该是灵活的，以允许快速实现利用领域特定语言扩展的新体系架构分析技术。

XTEAM 的高级视图如图 8-11 所示。利用 GME 的元建模环境，创建一个 XTEAM ADL 元模型，它由 xADL 核心、ADL 扩展和 FSP 组成。xADL 核心定义了 ADL 描述和扩展中的通用元素。FSP 是一种建模符号，用于根据保护选项、本地和条件流程、操作前缀等捕获软件体系架构构造的行为。GME（Generic Modeling Environment）是一个元可编程的图形化建模环境，可以创建特定于领域的建模语言 DSML（Domain-Specific Modeling Languages）和符合 DSML 的模型。因此，在 XTEAM 元模型配置域特定的建模环境中，可以创建 XTEAM 体系架构模型。有了这种语言基础，便能够实现 XTEAM 模型解释器框架，它提供了生成 ADEVS（A Discrete EVent System simulator）离散事件模拟引擎中执行的应用程序体系架构模拟的能力。然而，这些模拟本身并不实现任何体系架构分析技术。为此，可以使用语言扩展增强 XTEAM ADL 元模型，这些语言扩展捕获了与能耗、可靠性、延迟和内存使用相关的系统特征。我们可以利用模型解释器框架中内置的扩展机制，以生成用于测量、分析和记录感兴趣的属性的模拟。

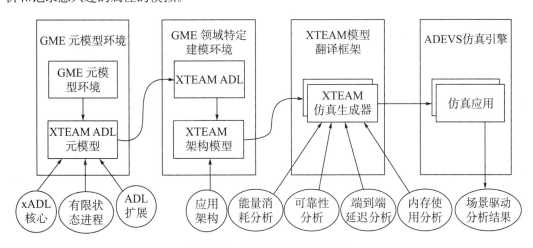

图 8-11 XTEAM 的高级视图

对于建模问题，XTEAM 构建一个软件架构元模型。这个元模型利用了 xADL 的核心定义了大多数其他 ADLs 通用的软件架构和类型。这个元模型增加了有限的状态进程（Finite State Processes，FSP），用来规范构件的行为。xADL 和 FSP 的组合允许创建可以仿真的软件架构表示形式。

组成 ADL 的模型包含足够的信息来实现一个语义映射到低级模拟构造中，这可以由现成的离散事件模拟引擎执行，如 ADEVS。这种语义映射是由 XTEAM 的模型解释器框架实现的。当架构师调用时，XTEAM 解释器框架遍历软件架构模型，在过程中建立一个离散事件模拟模型。解释器框架将构件和连接符映射到离散事件构造，如原子模型和静态图。在 XTEAM 中编码的基于 FSP 的行为规范，被转换为离散事件模拟引擎所使用的状态转换函数。解释器框架还创建表示各种系统资源（如线程）的离散事件实体，框架提供的挂钩方法允许架构师生成实现各种动态分析所需的代码。

XTEAM 实现了基于仿真的分析功能，用于端到端延迟、内存利用率、构件可靠性和能耗。每个分析类型都需要实现所需的 XTEAM ADL 扩展和模型解释器。例如，XTEAM 实现了构件可靠性建模扩展和分析技术。这种可靠性估计方法依赖于构件故障类型的定义、在构件执行过程中不同时间发生故障的概率以及从失败中恢复的可能性和需要的时间。为了支持这类分析、事件和概率，XTEAM 通过一种分析技术进行了扩充，确定了当系统中的构件通过不同任务和状态时是否和何时发生故障。

XTEAM 支持的另一个分析是模型化的移动系统的能耗率。采用能耗模型，作为另一种 XTEAM ADL 扩展和模型解释器，其中包含了能源成本模型的必要元素。XTEAM 生成了另一个 ADEVS 模拟，以显示系统在某些使用假设下的可能能耗。

小结

好的架构实践的一个主要部分是决定一个人想从架构中得到什么。个人或组织不能也不应该仅仅因为人们普遍认为这样做是正确的就关注架构，利益相关者应该首先确定他们想要从显式架构中获得的具体好处。其中一个明显的好处是在系统实施和部署之前建立一个系统的利益属性，确保系统具有所需的关键属性，并没有或不太可能有任何不良特征。软件架构分析为利益相关者提供了一套强大的技术和工具。

但是，软件架构分析并不容易且成本高昂，应该仔细规划和应用，利益相关者必须明确其项目目标，并且必须将这些目标映射到特定的软件架构分析。本章提供了一种结构，可用于确定最适合特定系统开发方案的软件架构分析技术。在许多情况下，可能需要在协同安排中使用多种分析技术。决定使用哪种技术是软件架构师工作的一个关键部分，使用太多将不必要地花费项目的资源，使用太少会有将缺陷传播到最终系统的风险，使用错误的分析将会带来更大的问题。

一旦系统的软件架构被正确地设计和建模，并且通过分析确定其拥有所需的属性，软件架构就可以实现了。

练习

1. 选取月球着陆器的模型之一，确定其构件。对于每个单独的构件，根据其名称和接口要求，对它提供的服务进行建模。完成模型后，手动分析模型的名称和接口不一致。

2. 选取月球着陆器的模型之一，确定其构件。构造每个构件的交互模型，分析这些模型中的交互不一致。

3. 选择具有文档结构的现有应用程序，可以是使用过的应用程序或开源系统。按照 ATAM 过程确定对系统重要的质量属性，以及所使用的软件架构决策，开发软件架构基础上的一系列方案和关键决策。

4. 选取月球着陆器的模型之一。可使用本章所讨论的基于状态的可靠性模型。研究一种现有的用于可靠性估计的现成技术（如 DTMC 或 HMM），将此技术应用于可靠性模型，制定提高系统可靠性的策略。

5. 选择软件系统的一个重要属性，如可靠性、可用性或容错。说明所需的假设，以便能够在软件架构级别评估此属性。讨论需要假设的系统的缺失知识，然后讨论每个假设的含义和合理性。

6. 选择两个现有的 ADLs 来建模月球着陆器架构。使用两个 ADLs 各自的分析工具来分析给定 ADL 所关注的属性的每个模型。讨论两个 ADLs 的建模功能对可用分析的影响程度，以及所选分析对可用建模功能的影响程度。

第9章　软件架构文档化

软件架构文档化是创建架构的重要一步。无论架构设计多么完美，如果没有人能理解它，那么它将毫无用处。因此，如果要创建了一个强大的架构，则应该有足够准确且详细的信息来描述它，并且可以让需要的人迅速找到所需的信息。前面我们已经提供了建立系统视图的所有可选风格，从而为软件构架文档化打下了基础，本章将帮助读者确定需要捕获哪些信息，并将讨论捕获架构信息的方针。

9.1　软件架构文档化概述

记录软件架构的活动就是架构编档过程，也就是架构的文档化。它包含两个方面：一是过程，编档过程能促使架构设计师进一步思考，使得架构更加完善；二是结果，描述架构的文档将作为架构开发的成果，供项目关系人使用。本节将对软件架构文档化的重要性、使用方法和如何对软件架构进行文档化展开讨论。

9.1.1　软件架构文档化的重要性

参与者是架构的下游设计和实现用户，是为架构的定义、维护和增强功能进行投资的人。向参与者传达正在构建的系统蓝图的关键是将系统架构文档化。可以通过不同的视图——功能、操作、决策等来表示软件构架，没有任何单一视图能够表示整个架构，且并非所有视图都需要表示特定企业或问题领域的系统架构。架构设计师将确定足以表示所需软件构架范畴的视图集。

通过编写不同视图的文档说明并捕获每个部分的开发，可以向开发团队和 IT 参与者传达有关这个不断发展的系统的信息。软件构架具有一组其预期要满足的业务和工程目标，架构的文档说明可以向参与者传达这些目标将如何实现。

把架构的各个方面文档化，有助于架构设计师弥补用白板描述解决方案（使用框线图方法），缩小设计师对下游设计和实现团队的解决方案之间的差距。此外，架构的框线图留下了大量有待解释的空间，需要揭示的细节通常隐藏在那些框线背后，文档化可以很好地进一步解释架构。

文档说明还可以促进创建切合实际且可以系统开发（如遵循标准模板）的架构构件。作为一门学科，软件构架是非常成熟的。可以利用最佳实践和指导原则来为每种视图创建标准模板，以表示架构的某个部分或范畴。模板可以为架构设计师提供有关需要实际产生什么结果的训练，并且模板还可以帮助架构设计师执行强化训练——超越框线图技术，模板使用具体的术语定义架构，因此可直接追溯到解决方案预期要满足的业务和 IT 目标。

由于复杂性，典型的系统开发活动可能要花一年以上的时间。人员流失在设计和开发团队是司空见惯的事情，这导致需要寻找恰当的替换人员。新的团队成员可能会阻碍进度，因为他们必须经历一个学习过程才能成为高效的参与者。具有良好文档说明构件的软件构架可以提供：

- 对新团队成员进行有关解决方案需求教育的完美平台。
- 有关解决方案如何满足业务和工程目标的说明。
- 特定于问题领域的各种解决方案架构视图。
- 提供个人需重点关注的问题视图解释。

总而言之，系统软件构架文档化是教育新团队成员和在最短时间内帮助他们入门所必需的。

9.1.2 软件架构文档化的使用方法

系统的架构取决于对架构的需求，因此架构的文档也取决于对文档的需求。文档不是一种通用的东西，而是抽象的，以便新加入的人员能够快速理解；需要足够详细，以便能够作为分析的蓝图。比如，用于安全性分析的文档和实现人员的文档会有很大不同，这两种文档也不同于为使新员工熟悉该架构所提供的文档。

架构文档不仅是说明性的，而且是描述性的。简单来讲，对于某些人员，它通过对要制定的决策做出限制，来说明哪些内容是真实的；对于其他人员，它通过叙述已经做出的决策，来描述哪些内容是真实的。

文档的不同利益相关者具有不同的需求，即不同种类的信息、不同详细程度的信息、对信息的不同使用方式。我们应该编制一个文档，能够帮助利益相关者快速找到其感兴趣的信息，并且避免找到不相关的信息，因此，我们就要为不同的利益相关者编写不同的文档。

通常情况下，编写架构文档的基本原则之一就是要从读者的角度来编写，即要使利益相关者能够很容易阅读文档。

了解谁是利益相关者以及他们使用文档的方式可以帮助我们对文档进行组织，以便文档对利益相关者来说是可理解和可使用的。我们曾讨论过架构的主要用途是充当利益相关者之间进行交流的工具，文档则能促进这种交流。表9-1给出了架构的利益相关者以及架构所满足的沟通需要。

表9-1 架构的利益相关者以及架构所满足的沟通需要

利益相关者	作　用
设计师和代表客户的需求工程师	在相互冲突的需求之间进行协商和权衡
各组成部件的设计师和设计人员	解决资源争用问题，并确定性能和其他运行时资源消耗预算
实现人员	提供关于下游开发活动的不能违反的限制和可利用的自由
测试人员和集成人员	指定必须组合在一起的各部分正确的黑盒行为
维护人员	解释潜在的变化将会影响的方面
与其他系统互操作的设计人员	定义所提供和所要求的操作集，以及支持的操作协议

利益相关者	作　　用
质量属性专家	提供推动分析工具的模型，如速率单调性实时可调度性分析、模拟和模拟生成器、定理证明程序和验证程序等。这些工具要求提供关于资源消耗、调度策略和依赖性等的信息。构架文档中必须包括评估各种质量属性所需要的重要信息，如安全性、性能、易用性、可用性和可修改性。对每个属性的分析都有其自己的信息需求
经理	根据所确定的工作任务组建开发小组，规划和分配项目资源，并跟踪每个小组的进展
产品线经理	确定产品线家族的一个新成员是否在范围之内，如果不在产品线范围内，程度如何
质量保证小组	为符合性检查提供一个基础，以确保满足构架的规定

9.1.3　如何对软件架构进行文档化

1. 选择相关视图

了解利益相关者以及他们计划使用文档的方式有助于构建需要的文档包。不同的视图支持不同的目标和用途，所以我们基本上不提倡采用某个特定的视图或视图集。对哪些视图文档化取决于期望使用文档的方式，不同的视图强调不同的系统元素或关系。

2. 接口文档化

接口就是两个独立的实体相遇并进行交互或通信的边界。元素的接口就是对其他元素外部课件的属性的载体，是属于架构方面的。因为没有接口就不能进行分析或系统构建，所以接口文档化是架构文档化的重要组成部分。

3. 行为文档化

视图提供了系统的结构信息，然而仅使用结构信息并不能对某系统属性进行推断。例如，对死锁进行推断依赖于理解元素间的交互顺序，仅使用结构信息并不能提供该交互顺序信息。行为描述可以提供元素间的交互顺序、并发机会以及交互的时间依赖性等信息，因此，应将一个元素或系统工作的全部元素的行为编成文档。

4. 视图文档化

视图由一组视图包构成，这些视图包通过兄弟关系和父子关系相互联系，视图文档化就成为文档化一系列视图包的过程。无论对于什么视图，都能将视图包文档放置到标准结构中。

9.2　视图的选择

在文档化视图前，架构师必须确定如何选定包含在文档包内的视图。在前面的章节中我们已经讨论了三种视图，即模块视图、C&C（组件和连接器）视图和分配视图。在具体的项目中，应该具备多少视图？视图的限额是多少？每个视图应该具备怎样的完整性？这就是本节所要讨论的问题。

实际上，架构文档化也要进行成本和效益权衡，应该了解什么时候制作哪些视图以及采取什么样的详细程度，这些问题都要在项目的具体情况中找到答案。在选择视图时，我们应该了解以下的情况：

（1）项目涉及的人员以及他们的技能。

（2）现有资金数量。

（3）制定什么样的进度表。

（4）文档主要的利益相关者。

我们首先应当确认软件架构文档的利益相关者以及每个利益相关者的信息需要，以此选择合适的视图集。

下面将提供一个利益相关者列表的实例。需要注意的是，利益相关者根据具体的项目有不同的变化。

项目经理关注时间进度表、资源分配以及系统子集的临时性计划，他不必关注任何元素的设计细节，而只需了解任务是否完成，但项目经理会关注系统的整体用途和限制以及系统与其他系统的交互作用。如图 9-1 所示，项目经理可能会关注以下方面：

（1）顶层上下文图：模块视图类型。

（2）分解视图、使用视图和分层视图：模块视图类型。

（3）规划任务视图：分配视图类型。

（4）整体用途和限制。

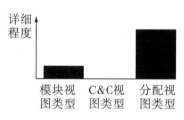

图 9-1　项目经理的关注点

开发人员将服从架构师向他们发出的命令，因此，如图 9-2 所示，他们可能会关注以下方面：

（1）包含分配给他的模块的上下文：模块视图类型。

（2）分解视图、使用视图和分层视图：模块视图类型。

（3）展示开发人员正在开发的组件的视图，以及这些组件在运行时与其他组件进行交互的方式：C&C 视图类型。

（4）将模块展示为组件的视图间映射：模块视图类型和 C&C 视图类型。

（5）开发人员元素的接口规范以及与这些元素进行交互的元素的接口规范：模块视图类型和 C&C 视图类型。

（6）实现所需可变性的指南：模块视图类型。

（7）说明生成的代码必须用于何处的实现视图：分配视图类型。

（8）部署视图：分配视图类型。

（9）应用于视图之外的文档，包含系统概述。

（10）基本原理与限制。

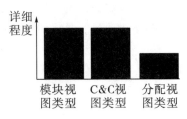

图 9-2　开发人员的关注点

架构设计针对测试人员和集成人员利益相关者为必须组合在一起的各个部分规定正确的黑盒行为。某个元素的单元测试人员所要了解的信息与该元素的开发者所要了解的信息有些不同，开发者注重的是行为规范，而黑盒测试人员必须了解元素的接口范围。简而言之，测试人员和集成人员必须了解接口集、行为规范和使用视图。如图 9-3 所示，测试人员和集成人员可能需要了解的内容如下：

（1）展示待集成或测试模块的上下文图：模块视图类型。

（2）模块的接口规范和行为规范，以及其交互元素的接口规范：模块视图类型和 C&C 视图类型。

（3）说明建造模块在实现视图的位置：分配视图类型。

（4）部署视图：分配视图类型。

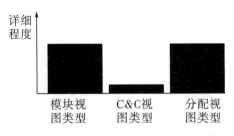

图 9-3　测试人员和集成人员的关注点

维护人员把架构当作维护活动的起始点。维护人员所要了解的信息与开发人员相同，但维护人员还应该了解分解视图，以便确定执行更改的位置。他们有时也需要了解使用视图，以便制作分析报告。维护人员还需要了解设计的基本原理，以便了解架构师的最初设计思想，节省维护时间。因此，如图 9-4 所示，维护人员可能需要了解的内容如下：

（1）针对开发人员介绍的视图。

（2）分解视图：模块视图类型。

（3）分层视图：模块视图类型。

图 9-4　维护人员的关注点

客户是专门的委托项目支付开发费用的利益相关者。客户关注的是成本、进度以及系统能否达到最终质量和功能需求。客户还必须支持系统的运行环境，并且了解在这一环境内与其他系统的交互操作方式。如图 9-5 所示，客户可能想要了解的内容如下：

（1）经过过滤，将开发组织的保密信息留下来之后的工作任务视图：分配视图类型。

（2）部署视图：分配视图类型。

（3）分析结果：模块视图类型和（或）C&C 视图类型。

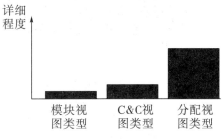

图 9-5　客户的关注点

最终用户不需要了解架构，但他们经常需要对系统有深入的认识，需要学习如何有效地使用系统。如果最终用户对架构进行评审，我们就可能发现一些设计偏差；否则，我们将只能在部署阶段发现问题。如图 9-6 所示，为了达到这一目的，最终用户可能会关注以下方面：

（1）强调控制流和数据变换的视图，以便了解输入是如何变换为输出的：C&C 视图类型。

（2）部署视图，以便了解如何将功能分配给用户之间交互的平台：分配视图类型。

（3）设计相关特性的分析结果，比如性能或可靠性：模块视图类型和（或）C&C 视图类型。

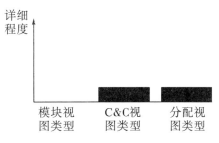

图 9-6　最终用户的关注点

分析人员关注的是达到系统质量目标的设计能力。架构能作为架构评估方法的素材，它必须包含评估安全性、性能、易用性、可用性和可修改等质量属性的必要信息。例如，对性能工程师来说，架构能提供驱动这样一些分析工具的模型：单速实时可调度性分析，模拟和模拟发生器，定理证明器，模型检查器。这些工具需要有关资源消费、调度策略和依赖性等信息。

架构权衡分析方法（ATAM）是一种新的架构评估和分析方法，它依赖合适的架构文档完成。如图 9-7 所示，ATAM 专业人员可能会关注以下方面：

（1）模块视图类型系列中的视图：模块视图类型。

（2）部署视图：分配视图类型。

（3）通信—进程视图：C&C 视图类型。

（4）可适用的组件和连接器视图：C&C 视图类型。

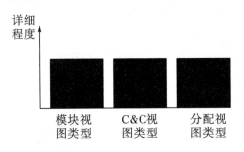

图 9-7　分析人员的关注点

除了上述所描述的利益相关者外，还可能涉及的利益相关者有其他设计系统的设计人员、产品线应用程序制作人员、基础结构支持人员、新的利益相关者以及现任和未来架构师等。

总之，对视图的选择取决于我们想要使用什么视图。一般来说，我们至少应该从模块视图类型、C&C 视图类型和分配视图类型中选择一种视图。此外，我们还应该选择基于利益相关者预期使用的特定视图。需要注意的是，本书介绍的都是一些初步的经验法则，我们应该决定需要为哪些利益相关者提供架构文档，了解他们需要什么类型的信息，利用这些信息我们才能决定需要什么视图以及如何为利益相关者提供支持的视图包。表 9-2 对前面介绍的指导方针进行了概括。

表9-2　文档化需要一览表

利益相关者	模块视图				C&C视图	分配视图			其他					
	分解	使用	泛化	分层	任意	部署	实现	工作任务	接口规范	上下文图	视图间映射	可变性指南	分析结果	基本原理和限制
项目经理	S	S		S		D		D		O				S
开发人员	D	D	D	D	D	S	S		D	D	D	D		S
测试人员和集成人员	D	D	D	D	S	S	S		D	D	S	D		S
其他设计系统的设计人员									D	O				
维护人员	D	D	D	D	D	S	S		D	D	D	D		D
产品线应用程序制作人员	D	D	S	O	S	S	S		S	D	S	D		S
客户						O		O		O			S	
最终用户						S	S						S	
分析人员	D	D	S	D	S	D			D	D		S	D	S
基础结构支持人员	S	S				S	D					S		
新的利益相关者	X	X	X	X	X	X	X	X	X	X	X	X	X	X
现任和未来架构师	D	D	D	D	D	D	S	S	D	D	D	D	D	D

注：D=详细信息，S=某些细节，O=概括性信息，X=任何信息。

下面是一个简单的项目视图选择的过程。

步骤1：制作一份候选视图列表。

在这个步骤中，建立一个类似于表9-2的视图表，定义了表的行和列之后，在每个单元表格中说明需要从视图获取的信息量、不需要的信息、概括性信息、适度详细信息和高度详细信息。

步骤2：组合视图。

通过步骤1生成的候选视图列表可能会产生大量不实用的视图，这一步骤将对列表进行筛选。首先，在表中找出概括性信息或服务于极少数利益相关者的视图。其次，找出适合于成为组合视图的视图。例如，某些C&C视图能展示分配给硬件元素的组件，而部署视图通常能很好地与这种C&C视图组合使用。

步骤3：确定优先级。

完成步骤2后，我们就拥有了服务于利益相关者团体所必需的最小视图集。这一阶段我们需要决定首先应采取什么行动。在此之前，我们还要考虑以下事项：

（1）不要等到完成某一个视图后再开始制作另一个视图。

（2）某些利益相关者的利益将取代另外一些利益相关者的利益。

（3）如果尚未对架构的适宜性做出评估，就应该为支持这一活动的文档确定高优先级。

（4）捕捉基本原理，而不要将其归入"以后再处理"的类别。

9.3　软件接口文档化

处理软件架构时，人们一般关注的是系统元素和元素的交互方式，而元素接口却通常容易被大家所忽略。实际上元素接口的文档化是视图文档化时的关键一环。

接口（interface）是指两个独立实体进行接触、交互或者通信的边界。接口特征由元素视图类型所决定，如果把元素看成组件，接口就是组件与环境交互的交点；如果把元素看成模块，接口就表示服务的定义。

参与者（actor）是指与某元素交互的其他元素、系统或者用户。通常来说，参与者就是对系统交互的外部实体的抽象。本节中，我们将主要讨论元素以及对交互的定义进行扩充，使其包含一个元素影响另一个元素的任何操作，而这种交互就是元素接口的一部分。对于交互，我们确立了以下一些基本原则：

（1）所有元素都拥有接口，并且元素都可以与环境相交互。

（2）元素接口包含特定的视图信息。由于某个元素可能出现在多个视图中，所以每个视图可使用该视图词汇为其接口的各个方面文档化。

（3）接口是双向的。它不仅涉及元素"提供"什么，还涉及元素"需要"什么。元素接口的需求一般分为以下几类：

①元素依赖的资源。这种资源用于元素的实现，比如类库或工具箱，但是通常不是元素间交互的信息。在构建过程中，我们通常会迅速发现这些未能满足的接口需求。

②元素对与之进行交互的其他元素的假设。例如，元素假设以某种模式保存在数据库中，通过这种模式，元素能进行 SQL 查询，也能要求其参与者在查询前调用 init( ) 方法。我们应当将这种关键性的信息文档化，如果这种需求得不到满足，则系统将无法工作。

③一个元素能拥有多个接口，每个接口都有一个有相关逻辑目的的资源集，并且为一个不同的元素类服务。这样多重接口可以提供独立的关注点，并且可以支持开放市场情况下的演进，即可以在保留旧接口的同时添加新接口来演进。

④元素可以通过一个接口与多个参与者进行交互。应该为元素参与者的数量限制文档化，例如 Web 服务器的客户连接数量。

我们设计接口时通常会包含标准资源集、标准异常状态集、标准语义陈述以及接口类型能文档化在架构的视图外文档中。

9.3.1　接口规范

接口规范（interface specification）是对某个元素与其他实体进行交互或通信的某些

信息的陈述。接口规范把其他开发者为了将某个元素与其他元素结合使用所必须了解的元素进行文档化，并且还提供了其他可见性的陈述。文档化接口要在透露过少和过多信息之间进行平衡。如果信息太少，则会阻碍开发人员与元素进行交互；如果信息太多，则会使接口难以理解，使未来操作变得更困难。

如同其他架构文档，接口规范所表示的信息也可能会发生变化，具体情况在该文档的设计过程阶段决定。如果接口在系统中处于开发状态的元素的某个部分，它可能会在设计早期得到部分规范，到后来元素稳定时，接口规范也将更加完善。

9.3.2　接口文档的模板

这里将介绍一种标准的接口文档结构，我们对这一模板进行修改以符合自身项目情况。我们所使用的模板应该能准确描述接口元素外部的可见交互的部分。

1. 接口身份

当一个元素有多个接口时，应当对各个接口进行命名，在必要的情况下应赋予版本信息。

2. 现有资源

接口文档的中心是元素向其他参与者提供的资源集合，包含有语法、语义以及其使用限制。有几个对接口的语法进行文档化的表示法，其中一个是 CORBA 使用的 OMG 接口定义语言（IDL），它为描述数据类型、操作、属性和异常提供了语言构件。对语义信息的唯一语言支持就是注释机制。大多数编程语言都内建有用于指定元素签名的方法，C 头文件就是一个例子。

（1）资源语法：即资源的特定标记，它包含其他程序使用这一资源的语义正确程序所必须要的信息，如资源名称、参数名称、参数逻辑数据类型等。

（2）资源语义：即调用这一资源将产生什么样的结果以及语义的各种表现形式。它可能包括以下方面：

①给调用资源的参与者所能访问的数据赋值。

②使用资源所引起的元素状态变化，包括异常状态、如未完成操作产生的副作用。

③因使用资源而发送的时间或消息。

④由于使用这一资源，其他资源以后将如何改变自己的行为。

⑤可人为观察的结果，这些在嵌入式系统中非常普遍，例如打开 GPS 导航仪中显示屏的程序，显示结果会迅速呈现在我们眼前。

（3）资源使用限制：即在什么情况下能够使用某一资源。例如，在调用某个特定方法之前需要调用另一个方法或读取某个资源前需要初始化等，应该将这些内容记录在文档中。

3. 局部定义数据类型

如果接口资源利用的数据类型不是内置数据类型，则需要传达数据类型的定义。如果它是由另一个元素定义的，那么对该元素文档中的定义进行引用就可以了。在任何情况下，使用这种资源编写元素的程序员都应该知道：①如何声明数据类型的常量和变量；②如何书写数据类型中的字面值（literal value）；③可以对该数据类型的成员执行什么操作和比较；④如何在适当的地方将数据类型的值转换为其他数据类型的值。

4．错误处理

应该描述由资源引发的接口错误状态。通常只需列出每种资源相关的错误状态，并在单独收集的字典内定义，这部分就是字典。常见的错误处理行为也在这一部分进行定义。

5．现有可变性

接口是否允许以某种方式对元素进行配置？是否允许对这些配置参数以及接口交互语义进行文档化？我们应该为每个配置参数起一个名称并提供一个值域范围，并指定实际值的绑定时间。

6．质量属性特征

架构师应该将接口向元素用户公开的质量属性特征编成文档。这一信息以实现接口的元素的限制形式存在，质量保证将取决于上下文。

7．元素的需求

元素的需求可以是其他元素提供的命名特定资源。对所提供的资源来说，文档中的内容是相同的，如语法、语义和使用限制。将这些信息文档化，为设计人员做出关于系统的一组假设通常是很方便的。采用这种形式，可以在设计进展很早之前，由能够批准或拒绝这些假设的专家对其进行评审。

8．基本原理和设计问题

与对待架构的基本原理一样，元素接口的原理也应当记录。基本原理应该解释设计的动机、限制、折中、理由，拒绝了哪些设计方案，以及设计师关于在未来如何改变接口的一些深入认识。

9．使用指南

在某些情况下，必须根据大量单个交互操作相互联系的方式对语义进行判断，如果元素交互相当复杂，则需要编写使用指南。基本上只牵涉到一项协议，该协议通过考虑一个交互序列进行文档化。协议可以代表完整的交互行为，或元素的设计人员预计会反复出现的使用模式。如果通过其接口与该元素交互是复杂的，那么接口文档中将包含一个静态的行为模型，如状态图，或以顺序图的形式执行特定交互。

图 9-8 对上述接口文档的内容进行了总结。

元素接口规范

第1部分 接口身份
第2部分 现有资源

· 资源语法
· 资源语义
· 资源使用限制

第3部分 局部定义数据类型
第4部分 错误处理
第5部分 现有可变性
第6部分 质量属性特征
第7部分 元素的需求
第8部分 基本原理和设计问题
第9部分 使用指南

图 9-8　接口文档的九个部分

9.3.3　接口文档范例——XML

可扩展标记语言（XML）是用于标记电子文件使其具有结构性的标记语言，可以用来标记数据、定义数据类型，是一种允许用户对自己的标记语言进行定义的源语言。因此，XML 能用文档化通过接口进行信息交换。数据元素能定义为 XML 文档，下面是一个通过 XML 来记录学生信息的范例。

```
<student>
    <name>Jack</name>
<university>Jack</university>
    <address>
        <city>Chengdu</city>
        <state>Sichuan</state>
        <country>China</country>
    </address>
</student>
```

在该例中，student 是 XML 文档的根元素，它包含的元素有 name，university 和 address，其中 address 又由其他四个元素构成。

利用 XML 在运行时交换信息能带来以下好处：

（1）所有信息都以文本形式存在，易于阅读和跨平台。

（2）可包含一项对 XML 文档内有效文档成分的描述，也能以引用替代这种描述，该引用使用统一资源定位符（URI）来表示。

（3）通过 XML 交换信息的参与者无须完全遵守接口的同一版本，所有参与者都能理解 XML 文档子集。

（4）多种编程语言和工具都对 XML 有良好支持，如浏览器和解析器等。

简单对象访问协议（SOAP）是一种轻量的、简单的、基于 XML 的协议，它被设计成在 Web 上交换结构化和固化的信息。它给出了一个框架，参与者可以在这个框架内交换 XML 文档，从而实现一种 RPC 机制。交换的文档会保存并被定义为任何使用 SOAP 应用程序的一部分。所以尽管这种标准可以针对 XML 服务的角色提供一些语义信息，如请求和响应，但文档化人员需要向每个文档类型提供应用语义，如"执行"文档会指示参与者做些什么内容、允许什么响应等。

XML 是一种表示接口所用数据的方法，也是一种规定接口资源语法部分的便利方法。但 XML 不能填充资源语义，这需要文档化人员自行完成。

9.4 行为文档化

视图提供了系统的结构化信息，然而仅使用结构化信息并不能对某些系统属性进行推断。例如，对死锁进行推断依赖于理解元素间的交互顺序。结构化信息也不能提供交互顺序信息，行为描述可以提供元素间的交互顺序、并发机会以及交互的时间依赖性（在一个特定时间或一段时间后）的信息。

可以将一个元素或协同工作的全部元素的行为编成文档。对什么进行建模取决于所设计的系统的类型，可以采用不同的建模技术和表示法，这取决于所要进行的分析的类型。在 UML 中，顺序图和状态图就是行为描述的示例，现在这些表示法已得到了广泛使用。

在本节中，我们将讲解应该文档化行为的哪些方面以及如何在系统开发的最初阶段使用这一文档。除此之外，我们还提供了一些针对现有语言、方法和工具的概述和指示，以协助对系统行为进行文档化。

9.4.1 文档化内容

已文档化的行为模型支持对交互的可定序、并发可能性以及系统元素间基于时间的交互依赖性的探索。设计系统的类型决定了建模对象的性质。比如说系统是一种银行业务，就会强调事件的顺序（例如原子事务和回滚过程），而在嵌入式系统中，除了事件顺序，还要注重系统的实时性。

我们至少应该为动作的刺激和元素间信息的传输建模，并且还要针对这些交互时间相关的限制和定序限制建模。行为文档化中应当包含以下三方面的内容：

（1）通信类型：在用于描述两个相关元素的结构图时，通信类型就是指定连接这些元素的线条所表示的类型，如数据流或控制流。行为图可以描述元素间信息传输和动作刺激的各个方面，并且这种描述比图例包含的信息更详细。

（2）定序限制：我们应该具体说明元素对其输入的反应的某些方面。如果在启动某个元素的动作前必须发生一组特定的事件，则应当指定这些事件。这些类型的交互限制能提供对功能正确性以及质量属性进行分析设计的有用信息。

（3）时钟触发刺激：如果指定的活动在特定时间或确定的时间间隔后发生，则需要在文档中引入某种时间概念。

9.4.2　对行为进行文档化的方式

1. 状态图

状态图是在 20 世纪 80 年代由 David Harel 开发的用于反映系统模型的一种图解形式，在给出特定输入的情况下，它允许我们跟踪系统的行为。状态图在传统状态图上进行了一些扩展，如状态嵌套、并发以及表达并发单元间的通信原语等。这些扩展能提供有效地对抽象和并发进行建模的表达式。例如状态嵌套以及"和"状态，给模型抽象和并发提供了表达力，可以通过状态图对系统的整体进行推断。它假定表达了所有状态，并且分析技术对于系统来讲是通用的。

2. 顺序图

顺序图将为交互序列文档化，它会根据定义与结构文档中的元素实例展示协作状态，在结构文档中，重叠交互将按时间顺序排列。顺序图旨在展示参与场景文档化的实例，它是二维的，垂直维表示时间，水平维表示各种实例。在顺序图中，不会显示对象之间的关系。它展示了系统如何对一个特定的刺激做出反应，代表了通过系统的路径选择。例如，它能回答当系统对特定条件下的特定刺激做出响应时会发生什么并行活动。

9.5　制作文档包

到目前为止，我们已经学习了制作完整文档包所需要的全部内容，对一个完整的视图集以及对文档化的结构、行为和接口有了深入认识。这一节将介绍如何把这些内容进行合并。首先，我们已经知道了架构文档化的基本原则，即架构文档化是文档化相关视图，然后我们可以添加适用于多个视图的文档。本节结合这一基本原则为架构文档化提供了标准的文档结构以及视图之外的信息。

9.5.1　视图文档化

目前没有对视图进行文档化的工业标准模板，但是在实践中我们发现，无论对于什么视图，都能将视图包文档放置到由以下六个部分组成的标准结构中，如图 9-9 所示。无论选择包含哪些部分，一定要确保有一个标准的组织。将具体的信息分配给特定的部分能够帮助文档编写者完成任务，而且有助于阅读文档的人快速找到自己所需要的内容。

视图

第1部分　视图的主要表示
第2部分　元素目录
· 元素及其属性
· 元素及其特性
· 元素接口
· 元素行为
第3部分　上下文图
第4部分　可变性指南
第5部分　架构背景
· 设计基本原理
· 分析结果
· 假设
第6部分　其他信息

图 9-9　编成文档的视图的六个部分

1. 视图的主要表示

展示视图中元素和元素之间关系的主要表示，应该包含你首先希望传达的有关系统（用视图的词汇）的信息。主要表示肯定应该包含视图的主要元素和元素之间的关系，但在某些情况下，可能并不包含所有元素和元素之间的关系。例如，你可能希望展示在正常操作中发挥作用的元素和元素之间的关系，但想把错误或异常处理放在文档中。

主要表示通常是图形方式。实际上，大多数图形表示法都采用主要表示的形式来发挥作用，只有很少部分的图形表示法会采用其他形式。如果主要表示是图形方式，则必须给出对所使用的表示法的解释。

有时，主要表示是表格形式。表格通常是传达大量信息的极佳方法，文本表示也提供了视图中最重要的信息摘要。本章后面还会对 UML 用于主要表示进行讨论。

2. 元素目录

元素目录至少显示了在主要表示中所描述的元素和它们之间的关系，可能还会包含其他内容。产生主要表示通常是设计师的重点关注所在，但如果没有对图进行解释的支持性信息，则主要表示就没有任何用处。例如，如果图中有元素 A，B 和 C，那么最好有一份文档有足够的细节来说明 A，B 和 C 是什么以及它们的目的和所扮演的角色，用视图中的词汇对其进行描述。又如，模块分解视图中有作为模块的元素，"是……的一部分"的关系，以及定义每个模块责任的属性；进程视图中有进程元素，定义同步或其他与进程相关的交互的关系以及包括时间参数在内的属性。

此外，如果有从主要表示中遗漏与视图相关的元素或者关系，那么其目录就是介绍并解释它们的地方。

3. 上下文图

上下文图展示了在视图中描述的系统是如何与其环境相关的。例如，在组建一连接器视图中，展示了哪些组件和连接器通过哪些接口和协议与外部的组件和连接器交互。

4. 可变性指南

可变性指南展示了如何应用该视图中所展示的架构的一部分的任何变化点。在一些架构中，到了开发过程的后期才制定决策，而且仍然必须将架构编成文档。可变性指南中应该包括关于架构中每个变化点的文档，内容如下：

（1）要在其中做出选择的选项。在模块视图中，选项就是模块的各个版本或参数变化。在组件—连接器视图中，它们可能包括对复制、进度安排或协议选择的限制。在分配视图中，它们可能包括将软件元素分配给特定处理器的条件。

（2）做出选择的时间。一些选择是在设计时做出的，一些选择是在构件时做出的，一些选择是在运行时做出的。

5. 架构背景

架构背景解释了视图中所反映的设计的合理性。这一部分的目的是说明为什么要这样设计，并提供一个合理的、令人信服的论据。架构背景包括以下方面：

（1）基本原理，说明为何做出了视图中所反映的决策，以及为什么没有采取其他方案。

（2）分析结果，说明设计的合理性，或解释当需要进行修改时，必须改变什么内容。

（3）设计中所反映的假定。

6. 其他信息

这一部分的具体内容是由组织的标准实践决定的。它们可能包括管理信息，如创作者、配置控制数据和变更历史等。设计师可能会记录对某个需求文档的特定部分的引用，从而建立可跟踪性。严格来讲，这些信息并不应当属于架构方面，但是把它们记录在架构旁边很方便，所以此部分就是针对这个目的而提供的。在任何情况下，都必须详细叙述管理信息。

9.5.2 跨视图的文档

现在，我们来看一下使视图文档完整所需要做的工作（即捕获应用于多个视图或作为一个整体的文档软件包）的信息。跨视图的文档包含三个主要部分，如图 9-10 所示，这三个部分概括为如何组织、表示什么和为什么。

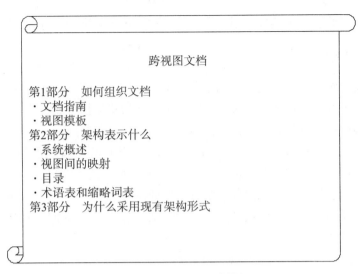

图 9-10 跨视图文档模板

1. 如何组织文档

每组架构文档都必须有引言部分，以便向利益相关者说明其结构，帮助他们有效且可靠地找到所需要的信息。这一部分包含文档指南和视图模板。

（1）文档指南。

文档指南是对视图的介绍性信息，设计师将其放在文档套件中。将文档用作交流沟通的基础时，读者需要确定查阅特定信息的位置；将文档用作分析基础时，读者需要了解哪些视图包含进行特定分析所必需的信息。

对于文档套件中给出的每个视图来讲，在视图目录中有一个条目，每个条目中应该有如下信息：

①视图名称和该名称实例化的风格。

②对视图的元素类型、关系类型和特性类型的描述。

③对视图用途的描述。

④对用于构建视图的语言、建模技术或分析方法的描述。

（2）视图模板。

视图模板是视图的标准组织结构。视图模板的用途类似于任何标准结构，它能帮助读者在感兴趣的部分快速查找信息，而且能帮助编写人员组织信息和确定剩余工作量的标准。

2. 架构表示什么

这一部分提供架构编成文档的系统的信息，视图间的联系和架构元素索引。

（1）系统概述。这一部分简要描述系统功能、系统用户以及任何重要背景或限制条件。其目的是让读者在头脑中对系统及其目的有一致的模型。

（2）视图间的映射。因为架构的所有视图描述的都是同一系统，所以我们可以推断出任意两个视图有很多相同的内容，可以通过提供视图间的映射来弄清楚视图间的关系，这是让读者加深理解和减少混淆的关键点。

（3）目录。目录是出现在任何视图中的所有元素、关系和特性的索引，它还包括一个指向定义每个元素的位置的指针。这有助于利益相关者迅速找到自己感兴趣的内容。

（4）术语表和缩略词表。术语表将定义用于架构文档、具有特殊含义的术语。如果这些列表作为整体系统或项目文档的一部分存在，那么它们就能以指针的形式出现在架构包中。

3. 为什么采用现有架构形式

在目的上与视图的基本原理或接口设计的基本原理类似，跨视图基本原理解释了整体架构实际上是需求的一个解决方案。可以使用该基本原理解释以下方面：

（1）关于满足需求或满足限制条件的系统范围内设计决策的含义。

（2）当添加一个有预见性的新需求或改变现有需求时对架构的影响。

（3）在实现解决方案中对开发人员的限制。

（4）拒绝采用的决策方案。

一般来说，基本原理解释了做出决策的原因以及在改变决策时的暗含意义。

9.6 其他视图文档化

本章介绍了组装有效、可用的架构文档包的指导方针。我们提供了一组可选视图类型和风格，它们能满足大多数架构设计师的需求，并且还展示了如何文档化以架构为中心的广泛信息。然而，设计师可能会使用一些特定的视图集或其他构架方法，这时本章提出的建议可能并不能与之相符合。

这里我们将审视这一领域的某些重要相关工作，并且将本章和它们提出的建议整合起来。讨论的内容包括 Rational 统一过程的文档化应用、统一建模语言（UML）的文档化应用、数据流和控制流的文档化应用。

9.6.1 Rational 统一过程的文档化应用

Rational 统一过程（RUP）是基于 kruchten 4+1 方法引入的针对架构文档化的五种视图方法：

（1）用例视图包含重要架构行为的用例和场景。

（2）逻辑视图包含最为重要的设计。

（3）实现视图能捕捉针对实现做出的架构决策。

（4）过程视图包含对相关任务的描述。

（5）部署视图包含对多数典型的平台配置的各种物理节点的描述。

用例是描述行为的一种工具，行为是每个视图支持文档的一个部分，因此，可以将用例文档化对系统或系统各个部分的行为进行描述。Rational 统一过程用例视图见表 9-3。

表 9-3 Rational 统一过程用例视图

	Rational 统一过程术语	本书采用的术语
元素	用例包 参与者 用例	参与者 用例
关系	包含 扩展 泛化	包含 扩展 泛化

将模块分解风格、模块使用风格和模块泛化风格结合起来后，可利用子系统和类等元素表示逻辑视图的结构部分。Rational 统一过程逻辑视图见表 9-4。

表 9-4 Rational 统一过程逻辑视图

	Rational 统一过程术语	本书采用的术语
元素	设计包 设计子系统 类 接口 封装体 端口 协议	模块 模块、类 接口 组件 端口 连接器
关系	关联 泛化 拥有	使用 泛化 分解

实现视图能表示元素，如实现子系统和组件。RUP 能区分设计模型和实现模型，将一般设计方面与利用特定编程语言引入的实现方面分离开。为了描述设计模型元素和实现模型元素间的关系，应该映射文档化。Rational 统一过程实现视图见表 9-5。

表 9-5 Rational 统一过程实现视图

	Rational 统一过程术语	本书采用的术语
元素	实现子系统 组件	模块 模块
关系	关联 泛化 拥有	使用 泛化 分解

进程视图是理解系统进程结构的基础，它阐明将系统分解成进程和线程的过程，还能展示进程间的交互作用。进程视图还包含类和子系统对进程和线程的映射。

组件和连接器视图类型的通信——进程风格能用来表示进程视图。Rational 统一过程进程视图见表 9-6。为了描述进程和元素之间的关系，如子系统和类之间的关系，应该为它们之间的映射进行文档化。

表 9-6　Rational 统一过程进程视图

	Rational 统一过程术语	本书采用的术语
组件	以构造型表示为进程或线程的类	并发单元：任务、进程、线程
连接器	消息/广播/远程过程调用（RPC）	通信

部署视图能描述为软件部署和运行载体的一种或更多的物理网络、硬件配置。这种视图还能描述将进程和线程从 RUP 进程视图分配到物理节点的过程。分配视图类型的部署风格适用于 RUP 部署视图。Rational 统一过程部署视图见表 9-7。

表 9-7　Rational 统一过程部署视图

	Rational 统一过程术语	本书采用的术语
软件组件	进程/线程部署单元	软件元素：C&C 视图的进程或线程
环境组件	节点、设备、连接器	环境元素：处理器、网络
关系	通信信道 在……上执行	通信 分配到……

表 9-8 对介绍过的 Rational 统一过程视图和本书提出的建议进行了对应整合。

表 9-8　Rational 统一过程视图整合

实现 RUP 视图	使用方法
用例视图	采用用例指定的任何这类视图相关的行为或作为视图外文档一部分的行为
逻辑视图	使用基于模块的，能展示泛化、使用和分解的风格
实现视图	使用基于模块、包含实现元素的风格
进程视图	使用 C&C 视图类型的通信—进程风格
部署视图	使用分配视图类型的部署风格

除了规定的五种视图外，RUP 并未描述其他类型的文档，如接口规范、基本原理和整体行为。我们还应该通过编写适用于视图外信息的文档完善这一文档包。最终我们将获得一个符合 RUP 的文档集，其拥有完善文档包所必需的支持信息。

9.6.2　UML 的文档化应用

虽然 UML 的目的并不在于软件架构建模，但文档化软件架构时我们会添加一些有用的结构。下面我们将概述 UML v1.4 定义的图、包含的重要元素和关系以及它们与本书描述的内容的联系。

1. 类图和对象图

在"静态结构图"的范畴中，UML 能提供两种图，即类图和对象图。UML 类图用于模块视图。表 9-9 对 UML 类图、对象图和本书提出的建议进行了整合。

表 9-9 UML 类图和对象图整合

UML 类图元素	映射到
类图	一种混合风格，这种风格将模块视图的分解风格、适用风格和泛化风格组合起来
类及其变体	特化模块
接口	接口的语法部分：特征标记
子系统	特化模块
模型	针对专门的利益相关者的完整视图
包	用来将包括草图的系统部分的有关信息和支持文档组合起来，映射到视图包
泛化及其变体	泛化关系
关联及其变体	适用关系和分解关系
依赖性及其变体	依赖关系
实例	要求对模块视图的新风格进行定义，这样实例将成为特化模块

2. 组件图

组件图能展示软件之间的依赖性，包括制定它们的类元（如实现类）和实现它们的制品（如源代码文件、二进制代码文件、可执行文件和脚本）。表 9-10 对 UML 组件图和本书提出的建议进行了整合。

表 9-10 UML 组件图整合

UML 组件元素	映射到
组件图	组合模块视图类型和分配视图类型中的实现风格的混合风格
组件	模块
类元	模块
制品	环境元素
依赖性（组件之间的关系）	依赖关系
驻留（类元和组件之间的关系）	部分关系
实现（组件和制品之间的关系）	"分配到"关系

3. 部署图

部署图能展示运行时处理元素和软件组件、进程以及在其上执行的对象的配置。表 9-11对 UML 部署图和本书提出的建议进行了整合。

表 9-11　UML 部署图整合

UML 组件元素	映射到
部署图	分配视图类型的部署风格
组件	C&C 视图类型的组件
进程	C&C 视图类型的通信—进程风格
节点	环境元素（计算单元）
通信	环境元素（网络）
部署（组件和节点之间的关系）	"分配到"关系
变成（从一个节点移植到另一个节点）	"移植到"关系

4. 行为图

UML 提供了对系统行为进行建模的多种表示法，前面已经介绍了大多数表示法，表 9-12概括了这些 UML 图。

表 9-12　UML 行为图

UML 行为图	定　　义
用例图	展示参与者和用例以及它们的关系。用例能表示透露给系统或类元外部交互的系统功能或系统各部分的功能
顺序图	展示通信的显示顺序，适用于实时规范和复杂场景
协作图	展示围绕交互角色及其关系所组织的交互
状态图	通过制定实体行为对事件实例接收的响应表示具有动态行为的实体行为
活动图	展示工作流，在工作流中，状态表示动作或子活动的性能，触发转换的是动作或子活动的完成

9.6.3　数据流和控制流的文档化应用

长期以来，数据流和控制流是文档化软件系统的主要方法，尽管现代软件架构原理已经演变为对结构和行为的一般研究，但如今数据流和控制流仍然起着主导作用。下面将介绍如何把它们联系到更为完整的软件架构文档中。

1. 数据流视图

系统的数据流视图包括数据流图（Data Flow Diagram，DFD）。在表示数据流图时，应该定义一种 C&C 风格，在这种风格中，组件是过程（即进程）和数据存储，连接器是具有附加数据流名称特性的"数据交换"连接器。表 9-13 说明了如何利用 C&C 视图类型表示数据流图。

表 9-13　利用 C&C 视图类型表示数据流图

	数据流图术语	本书采用的术语
组件	过程 数据存储	组件：功能 组件：数据存储
连接器	数据交换	通信 + 数据流名称

在文档化数据类型依赖时，我们能说明哪些模块是特定数据类型的生产者或消费者。通过定义将"依赖"关系特化为"发送数据给……"关系，即可达到以模块视图类型表示数据流的目的。表 9-14 说明了如何利用模块视图类型表示数据流图。

表 9-14　利用模块视图类型表示数据流图

	数据流图术语	本书采用的术语
元素	过程 数据存储	模块 将模块特化为数据存储
关系	数据流	"发送数据给……"，由"依赖"特化而成

分配视图类型也具有文档化潜力，尤其是在分析网络或存储能力时。这种图将表示在网络连接中一次流过多少信息。表 9-15 说明了如何利用分配视图类型表示数据流图。

表 9-15　利用分配视图类型表示数据流图

	数据流图术语	本书采用的术语
软件元素	过程 数据存储	过程 作为数据存储的特化模块
环境元素	处理器 数据存储	物理单元，数据存储器 物理单元，处理器
关系	数据流 通信信道	"发送数据给……" 通信

需要注意的是，DFD 不会像一些新式的构架处理方法那样明确区分模块、组件和硬件平台。因此，如果我们的目标是复制具有结构分析特点的传统数据流，则必须定义一种结合模块风格、C&C 风格和分配风格的混合元素。

2. 控 制 流 视 图

数据流图从数据的角度对系统进行描述，而控制流图则描述执行数据变换的功能。如果流程图是系统文档的一部分，并且要将它们置于文档包中，则可以将其视为一种行为文档形式，并结合任何视图类型使用它们。

在 C&C 视图中，使用特定的连接器即可定义连接组件之间的控制流或交互（见表 9-16）。在模块视图中，将控制流特化为"传输—控制—到"关系（见表 9-17）。在分配视图中，对可执行环境中的控制更改进行表示，包括执行平台的性能、安全性和可用性分析依赖于对系统内控制流的理解（见表 9-18）。

表 9-16　利用 C&C 视图表示控制流图

	控制流图术语	本书采用的术语
组件	过程	组件：进程
连接器	控制流	连接器

表 9-17　利用模块视图表示控制流图

	控制流图术语	本书采用的术语
元素	过程：进程	模块
关系	控制流	由使用关系特化的"传输—控制—到"关系

表 9-18　利用分配视图表示控制流图

	控制流图术语	本书采用的术语
软件元素	过程：进程	进程
环境元素	物理单元	物理单元
关系	控制流	特化到控制流的通信

小结

如果不理解架构是什么或不能正确使用它，那么这个架构并没有多大意义。在创建架构时，对架构进行文档化是非常重要的一个环节，因为对架构进行文档化后，现在和以后的利益相关者就可以通过构架文档来捕获架构，而不必让设计师来回答更多关于架构的问题。

必须了解架构的利益相关者以及他们会怎么使用这些文档。把对架构文档化看成是对相关视图的集合进行文档化，然后用跨视图信息进行补充，让利益相关者来选择相关的视图。

无论采用形式化表示法还是 UML，框线图只提供了整个架构的一小部分信息。需要提供解释在主要表示中展示的元素和关系的支持文档，以便对框线图进行补充。接口和行为是框架图的重要组成部分。

编写任何技术文档时，使读者能得到最大收获的一个基本原则是，读者在阅读文档时并不会去分析或构建它，而仅仅是认识和履行它。

编写架构文档，与我们在软件项目开发过程中编写其他文档类似。因此，架构文档也要遵守以下的基本规则：

（1）从读者的角度编写文档。

（2）避免不必要的重复。

（3）避免歧义。

（4）使用标准结构。

（5）记录基本原理。

（6）使文档保持更新，但更新频率不要过高。

（7）针对目标的合适性对文档进行审核。

练习

1. 请简述架构文档化的使用方法。
2. 什么是简单对象访问协议（SOAP）？
3. 跨视图文档的架构有哪些？
4. 行为文档化的内容有哪些？
5. Rational 的五种视图方法有哪些？

第10章 软件架构评估

本章主要介绍软件架构评估的内容。首先对软件架构评估的起因、时机和结果等进行了整体的阐述，然后系统地介绍了软件架构评估的主要方法，即 ATAM 和 SAAM，最后详细地列出了两种方法各个阶段工作的步骤。

10.1 软件架构评估概述

软件架构是对软件系统的高层抽象，是所有软件系统的基础和软件质量的关键。软件架构将影响系统的很多质量属性，在软件架构确定下来以后，软件系统的这些质量属性就是可预见的。

由于软件架构是在软件开发之初产生的，因此，设计优秀的软件架构可以为成功的系统开发铺平道路，减少和避免软件系统错误的产生和维护阶段的高昂代价。不同类型的软件系统需要不同软件架构，甚至一个系统的不同子系统也需要不同的软件架构。软件架构的选择往往会成为决定一个系统设计成败的关键。

怎样才能知道为软件系统选用的软件架构是否恰当呢？如何确保按照所选用的软件架构能顺利地开发出成功的软件产品呢？要回答这些问题并不容易，因为它受到很多因素的影响，需要专门的方法来对其进行评估。

10.1.1 软件架构评估的起因

在软件开发过程中，问题发现得越早，越有利于问题的解决。改正在系统需求分析中或在设计早期阶段发现的错误的代价要比改正在测试阶段发现的错误的代价小很多。在软件开发过程的早期，经常通过分析系统的质量需求是否在软件架构中得到体现，来识别软件架构中的潜在风险，预测系统质量属性，并辅助软件架构决策的制定。软件架构是早期设计阶段的产物，它对系统或项目的开发具有深远的影响。

软件架构决定了系统的质量属性。可修改性、软件体系性能、安全性、可用性、可靠性这些质量属性随着软件架构的确定而确定。如果软件架构有问题，无论怎样调整，无论采用何种高超的实现技巧，都不能实现软件架构上不支持的质量属性。

软件架构决定了项目的结构，配置控制库、进度与预算、性能指标、开发小组结构、文档组织、测试和维护活动等都是围绕软件架构展开的。如果中途由于发现了某个缺陷而要修改软件架构，则整个项目的工作就可能会陷入混乱。如果在下游的工作开始之前改进软件架构，效果会好很多。

软件架构评估是一种避免灾难的低成本手段。体系评估方法通常是在对软件架构有了书面描述后采用，评估方法要求把一组利益相关者召集起来，有计划地讨论、演示和分析。

10.1.2 软件架构评估的时机

软件架构评估的时机一般是在明确了软件架构之后、具体实现开始之前。如果是重复使用某个迭代或增量生命周期模型，则可在最近一次周期中进行软件架构评估。也可以在软件架构生命周期的任何阶段进行软件架构评估，而且一般的时机也有两种不同的情况，即早期和晚期。

早期：软件架构的评估并不要求必须等到整个软件架构的内容完全确定时才能实施。在软件架构创建的任何阶段都可以对已经做出的软件架构决策进行考察，或从待选的若干项中做出选择。也就是说，既可以评估已经做出的决策，也可以评估正在考虑的决策。

软件架构评估的完备性和逼真性直接依赖于设计师所提交的软件架构描述的完备性和逼真性。在实践中，在软件架构尚不完备的情况下，很少对实施全面评估的成本和工作量做出估计。

有些组织推荐使用发现性评审（discovery review）。发现性评审是很早就实施的小型评估，其目的是找出较难实现的系统需求并对其划分优先级，分析初步的解决方案。对于发现性评审，参与的利益相关者的人数少，但必须要包括有权对系统需求做出决策的人。通过发现性评审可以获得一组更为严格的需求和一种能够满足这些需求的初始方法。

如果要实行发现性评审，一定要保证以下方面：

（1）在系统需求尚未最终确定、设计师已经比较清楚应采用什么方案的情况下实施。

（2）利益相关者小组中要有有权对系统需求做出决策的人。

（3）评审结果中要有一组按优先级排列的需求，以备在不容易满足所有需求的情况下使用。

晚期：这种评估是在软件架构已经完全确定并且其实现已经完成的情况下实施的。这种情况适用于开发组织有老系统的情况，这些老系统可能是在市场中购买的，也可能是从本组织现有的存档中发掘的。评估老系统的软件架构与评估新的软件架构所用的技巧完全相同。通过评估，可以帮助新用户理解老系统，使他们明确是否可以依赖于老系统来满足新的质量及功能需求。

只要有了足够多的可评判的软件架构就可以实施软件架构评估。不同的组织可能对这种评判有不同的要求，但有一条很好的实践原则：应该在开发小组开始制定依赖于软件架构的决策，而修改这些决策的代价超过进行软件架构评估的代价时，实施软件架构评估。

10.1.3 软件架构评估的参与者

软件架构评估的参与者可以分为两大类：

（1）评估小组（Evaluation team）。其中的人员会实施评估并且进行分析，小组中成员和他们确切的角色将在后面定义。

（2）利益相关者（Stakeholders）。利益相关者就是在软件架构及根据该软件架构开发的系统中有既得利益的人。本章所讲的评估方法都是通过利益相关者对该软件架构的具体需求表达出来的。有些利益相关者也可能是开发小组的成员，如编程人员、集成人员、测试人员和维护人员等。

利益相关者中比较特殊的是项目决策者。项目决策者是对评估结果感兴趣并有权做出影响项目未来开发决策的人。项目决策者包括软件架构设计师、构件设计人员和项目管理人员。管理层将做出关于如何解决评估所提出的问题的决策。在有些情况下，客户或出资人也可以是项目决策者。

一般的利益相关者可以按照自己的意图表达对软件架构的期望，项目决策者则有权运用某些资源实现对系统的需求，项目决策者有权对项目发表权威意见。另一个区别是项目决策者有权对项目发表权威意见，而有些方法中的步骤就有这样的需求。另外，一般的利益相关者只能影响项目的开发。

软件架构评估的客户通常是项目决策者，他们在评估结果中有既得利益，并有权对项目做出某些决策。

有时评估小组是从项目中抽取一部分人员构成的，这时每个评估小组成员也都是利益相关者。但是这样一来评估小组就不可能公正客观地审查软件架构，所以我们建议不要这样做。

10.1.4　软件架构评估的结果

软件架构评估会产生一个评估报告，报告的形式和内容随着所使用评估方法的不同而不同。通过软件架构评估可以回答下面两类问题：

（1）软件架构是否与所要开发的软件系统相适应？

（2）如果针对所要开发的系统有多个软件架构可以选择，哪个是最合适的？

如果一个软件架构满足以下两个标准，那么就认为它是适宜的：

（1）根据该软件架构开发出来的系统能够满足质量要求。也就是说，系统将会像所预期的那样运行，并且运行速度足够快，能满足系统的性能或时间需求；系统的修改按照计划的方式进行，并且满足安全性要求，系统能够提供必需的功能。对那些直接受软件架构影响的质量属性而言，如果软件架构提供了用以构建满足这些属性的系统蓝图，我们就说该软件架构是适宜的。

（2）系统能够使用现有的资源来开发，现有资源包括人员、预算、旧系统以及交付之前分配的时间。也就是说，软件架构是可构建的。

适宜性有若干重要的含义。首先，适宜性只有在与软件架构及其对应系统的具体目标相关的上下文环境中才有意义。按照将高速度这一性能作为首要目标设计的软件架构所开发出来的软件系统可能具有很高的运行速度，但对系统所做的每一个改动可能都需要花费若干编程人员数月的时间。如果对该系统来说可修改性比性能更为重要，则这个软件架构就不适用于该系统。

软件架构评估的一个重要问题是获取该软件架构必须满足的具体的质量属性并对其划分优先级。理想情况下，这些质量属性都可以在需求文档中找到。但实际上却往往做不到，这主要是由以下两个原因造成的：

（1）并不总是能够得到完整的、最新的需求文档。

（2）需求文档表述的是对系统的需求。除了要保证系统必须满足的质量目标外，对软件架构还有另外一些要求（可构建性就是其中的一项）。

对适宜性实行评估的第二个含义是，评估的结果不会是与其他类型的软件评估相类似的量化结果。

对于所评估的软件架构，从一组设计目标来看是适宜的，但从另一组设计目标来看比另外一些目标更为重要。有时这些目标会冲突，或者至少是某些目标比另外一些目标更为重要。因此，如果所评估的软件架构在某些方面表现良好，在另一些方面表现不是很好，项目经理就得做出决策。软件架构评估帮助我们搞清楚软件架构的弱势所在，但对软件架构进行改善的成本与收益的对比则完全依赖于项目所处的环境，并由管理层决定。

软件架构评估可以针对一个软件架构，也可以针对一组相互竞争的软件架构。在后一种情况下，软件架构评估可使我们明确每一个备选软件架构的优势与不足。同时可以肯定地说，不存在一种在各个方面都优于其他软件架构的软件架构。相反，某个软件架构可能在某些方面优于其他软件架构，但在有些方面又不如其他软件架构。软件架构的评估将首先确定所关心的是哪些方面，然后确定各个软件架构在这些方面的优势与不足。管理层必须决定应该选择或改进哪个备选的软件架构，如果明确所有备选软件架构都不可接受，则应该重新设计一个软件架构。

10.1.5 软件架构评估所关注的质量属性

软件架构评估可以只针对一个软件架构，也可以针对一组软件架构。在软件架构评估过程中，评估人员所关注的是软件系统的质量属性。软件系统的质量属性不可能在软件开发的最后阶段追加上去，必须在设计之初就考虑到。所有的评估方法所普遍关注的质量属性有以下方面。

1. 性能

性能是指系统的响应能力，即要经过多长时间才能对某个事件做出响应，或者在某段时间内系统所能处理的事务的数量。经常用单位时间内所能处理事务的数量或系统完成某个事务处理所需的时间来对性能进行定量的表示。性能测试经常要使用基准测试程序（用以测量性能指标的特定事务集或工作量环境）。

2. 可靠性

可靠性是软件系统在应用或系统错误面前，在意外或错误使用的情况下维持软件系统的功能特性的基本能力。可靠性通常用平均失效等待时间（MTTF）和平均失效间隔时间（MTBF）来衡量。在失效率为常数和修复时间很短的情况下，MTTF 和 MTBF 几乎相等。

3. 可用性

可用性是系统能够正常运行的时间比例。经常用两次故障之间的时间长度或在出现故障时系统能够恢复正常的速度来表示。

4. 安全性

安全性是指系统在向合法用户提供服务的同时能够阻止非授权用户使用的企图或拒绝服务的能力。安全性是根据系统可能受到的安全威胁的类型来分类的。

安全性又可划分为机密性、完整性、不可否认性及可控性等特性。其中，机密性保证信息不泄露给未授权的用户、实体或过程；完整性保证信息的完整和准确，防止信息被非法修改；可控性保证对信息的传播及内容具有控制能力，防止其为非法者所用。

5. 可修改性

可修改性是能够快速地以较高的性价比对系统进行更改的能力。通常以某些具体的更改为基准，通过考察这些更改的代价衡量可修改性。可修改性包含以下四个方面：

（1）可维护性。用于评估一个软件在日后是否容易修改和维护。这主要体现在问题的修复上，即在错误发生后"修复"软件系统。

（2）可扩展性。可扩展性关注的是使用新特性来扩展软件系统，以及使用改进版本来替换构件并删除不需要或不必要的特性和构件。

（3）结构重组。结构重组处理的是重新组织软件系统的构件及构件间的关系。

（4）可移植性。可移植性使软件系统适用于多种硬件平台、用户界面、操作系统、编程语言或编译器，用于评估应用是否容易地部署到一个全新的操作系统或设备上。例如，ASP. NET 网站可以在轻易地修改后，在 PC、Mac 电脑、iPhone 手机、安卓手机、迷你PC 或者掌上电脑上访问打开，而通过 VB. NET 开发的桌面应用则很难做到。原因是桌面应用需要考虑与各种操作系统和设备之间的底层对接，需要付出大量劳动。

可移植性原则包括是否依赖于硬件、是否依赖于操作系统、是否依赖于数据源和是否依赖于网络。

①功能性。功能性是系统所能完成所期望的工作的能力。一项任务的完成需要系统中许多或大多数构件的相互协作。

②可变性。可变性是指软件架构经扩充或变更而成为新软件架构的能力。这种新软件架构应该符合预先定义的规则，在某些具体方面不同于原有的软件架构。当要将某个软件架构作为一系列相关产品（如软件产品线）的基础时，可变性是很重要的。

③可集成性。可集成性是指系统能与其他系统协作的程度。

④互操作性。作为系统组成部分的软件不是独立存在的，它经常与其他系统或自身环境相互作用。为了支持互操作性，软件架构必须为外部可视的功能特性和数据结构提供精心设计的软件入口。程序和用其他编程语言编写的软件系统的交互作用就是互操作性的问题，这种互操作性也影响应用的软件架构。

10.1.6　质量属性分析的不确定性

质量属性是软件架构评估的基础，但仅仅指明质量属性并不足以使我们对软件架构的适宜性做出判断。质量属性没有被量化，它存在于特定目标所处的环境中，例如：

（1）可修改性相对于特定类型的改变。

（2）安全性相对于特定类型的威胁。

（3）可靠性相对于特定类型的错误发生。

（4）性能相对于特定的评价标准。

（5）产品线的适宜性相对于产品线范围。

（6）可建造性相对于特定的时间和预算约束。

理想情况下，系统的质量需求应该是在需求文档中做出全面的、无歧义的阐述。多数情况是软件架构设计工作将要展开时，还没有编写出需求文档，或需求文档编写的质量不高或尚未编写完毕。另外，软件架构还有一些自己的、不在系统需求中列出的质量目标。软件架构必须能够借助资源实现，应该表现出概念完整性等。因此，软件架构评估的第一项工作就是要搞清楚是针对哪些具体质量目标对系统进行评判。

我们使用场景（scenario）来描述质量目标。场景就是对利益相关者与系统交互的简短描述。每个场景都与某个特定的利益相关者有关，都针对某个特定的质量属性。

10.1.7 软件架构评估的收益与成本

软件架构评估的主要收益是帮助我们发现某些潜在的问题，而这些问题如果不及时发现，就可能在后期花费更高的代价来改正它。简要地说，软件架构评估可使我们得到更好的软件架构。即使通过评估没有发现值得注意的问题，也能极大地增强相关各方对软件架构的信心。

软件架构评估的益处主要有以下几方面：

（1）把各个利益相关者召集在一起。软件架构设计师和利益相关者往往在软件架构评估时才第一次见面，这些利益相关者是为了成功开发出某个系统而聚在一起的。在这种氛围下，他们加深了对彼此的了解，对各自冲突的目标进行妥协。

（2）强制对具体质量目标做出清楚的表述。在软件架构评估中，利益相关者所起的作用就是把软件架构所应满足的质量目标明确地表述出来。这些质量目标经常没有在需求文档中表达出来，或者没有给出无歧义、清晰的说明。场景为清楚地表达质量属性提供了基准。

（3）为相互冲突的目标划分优先级。软件架构评估中，将讨论不同利益相关者提出的相互冲突的质量目标。如果软件架构设计师无法满足相互冲突的质量目标的要求，他会在这一阶段中清楚地得到关于哪些质量目标最重要的指导性信息。

（4）对软件架构有一个清晰的说明。评估过程迫使软件架构设计师要让若干与软件架构的创建不相干的人详细地、无歧义地理解软件架构。

（5）提高软件架构文档的质量。在评估过程中经常会出现使用尚未编制好的文档的情况，应通过评估完成文档编制。

（6）发现跨项目重用的可能性。利益相关者和评估小组人员往往从事其他项目的开发或熟悉其他项目，在其他项目中使用的构件在当前项目中得到重用。

（7）提高软件架构实践水平。由于开发组织能够预测到在评估时将会提出的问题类型、讨论的问题和用到的文档类型，因此，会对软件架构做出调整，以在评估时取得较好的结果。软件架构评估不仅能够在事后，也能够事先促使更好的软件架构产生。

软件架构评估的成本就是参与评估的人员所付出的时间。如果对同一领域中的多个系统或具有相同软件架构目标的系统进行过评估，则可用另外的方式降低评估成本。把在每次评估中使用的场景收集记录好，随着时间的推移，我们将会发现场景表现出很大的相似性。在进行过几次几乎完全类似的评估后，我们就可以根据经验得出"规范的"场景集。此时这些场景实际上已经形成了一种检查表，也就不再需要做生成场景的工作了。场景的生成主要是利益相关者的工作，所以这会给利益相关者节省大部分时间，从而进一步降低成本。

为了后面讨论的需要，我们先介绍几个概念。

1. 敏感点和权衡点

敏感点（sensitivity point）和权衡点（tradeoff point）是关键的软件架构决策。敏感点是一个或多个构件（和/或构件之间的关系）的特性。研究敏感点可使设计人员或分析员明确在如何实现质量目标时应注意什么。权衡点是影响多个质量属性的特性，是多个质量属性的敏感点。例如，改变加密级别可能会对安全性和性能产生非常重要的影响。提高加密级别可以提高安全性，但可能要耗费更多的处理时间，影响系统性能。如果某个机密消息的处理有严格的时间延迟要求，则加密级别可能就会成为一个权衡点。

2. 利益相关者

系统的软件架构涉及很多人的利益，这些人都会对软件架构施加影响，以保证自己的目标能够实现。表 10-1 显示了在软件架构中可能涉及的一些利益相关者及其所关心的问题。

表 10-1　利益相关者列表

	利益相关者	定　　义	所关心的问题
系统的生产者	软件架构设计师	负责系统的软件架构以及在相互竞争的质量需求间进行权衡的人	对其他利益相关者提出的质量需求所要进行的解释和调停
	开发人员	设计或编程人员	软件架构描述的清晰度和完整性，各部分的内聚性和受限耦合，清楚的交互机制
	维护人员	系统初次部署完成后对系统进行更改的人	可维护性，确定某个更改发生后必须对系统中哪些地方进行改动的能力
	集成人员	负责构件集成或者组装的人员	与开发人员相同
	测试人员	负责系统测试的开发人员	集成、一致的错误处理协议，受限的构件耦合，构件的高内聚性，概念的完整性
	标准专家	负责搞清楚所开发软件必须满足的标准（现有的或未来的）细节的开发人员	对所关心问题的分离、可修改性、互操作性
	性能工程师	分析系统的工作产品以确定系统是否满足其性能及吞吐量需求的人员	易理解性、概念完整性、性能、可靠性
	安全专家	负责保证系统满足其安全性需求的人员	安全性
	项目经理	负责为各小组配置资源、保证开发进度、保证不超出预算的人员，负责与客户打交道	软件架构层次上结构清楚，便于组建小组；任务划分结构、进度标志和最后期限等
	产品线经理或"拥有重用权的人"	设想该软件架构和相关资产怎样在该组织的其他开发中得以重复利用的人	可重用性、灵活性

	利益相关者	定　义	所关心的问题
系统的消费者	客户	系统的购买者	开发进度、总体预算、系统的有用性、满足用户（或市场）需求的情况
	最终用户	所实现系统的使用者	功能性、可用性
	应用开发者（对产品软件架构而言）	利用该软件架构及其他已有可重用构件，通过将其实例化而构建产品的人	软件架构的清晰性、完整性、简单交互机制、简单剪裁机制
	任务专家、任务规划者	知道系统将会怎样使用以实现战略目标的客户代表，视野比最终用户更为开阔	功能性、可用性、灵活性
系统服务人员	系统管理员	负责系统运行的人（如果区别于用户的话）	容易找到可能出现问题的地方
	网络管理员	管理网络的人员	网络性能、可预测性
	服务代表	为系统在该领域中的使用和维护提供支持的人	使用性、可服务性、可剪裁性
接触系统或与系统交互的人	该领域或团体的代表	类似系统或所考察系统将要在其中运行的系统的构建者或拥有者	互操作性
	系统软件架构设计师	整个系统的软件架构设计师，负责在软硬件之间进行权衡并选择硬件环境的人	可移植性、灵活性、性能和效率
	设备专家	熟悉该软件必须与之交互的硬件的人，能够预测硬件技术的未来发展趋势的人	可维护性、性能

表10-1列出了所有利益相关者的角色及其关注的问题，软件架构评估的质量在很大程度上取决于为评估召集起来的利益相关者的素质。

3. 场景

在进行软件架构评估时，一般首先要精确地得出具体的质量目标，并以之作为判定该软件架构优劣的标准。我们把为得出这些目标而采用的机制叫作场景（scenarios）。场景是从利益相关者的角度对与系统的交互的简短描述。在软件架构评估中，一般采用刺激（stimulus）、环境（environment）和响应（response）来对场景进行描述。

刺激是场景中解释或描述利益相关者怎样引发与系统的交互的部分。例如，用户可能会激发某个功能，维护人员可能会做某个更改，测试人员可能会执行某种测试等，这些都属于对场景的刺激。

环境描述的是刺激发生时的情况。例如，当前系统处于什么状态？有什么特殊的约束条件？系统的负载是否很大？某个网络通道是否出现了阻塞？等等。

响应是指系统是如何通过软件架构对刺激做出反应的。例如，用户所要求的功能是否得到满足？维护人员的修改是否成功？测试人员的测试是否成功？等等。

10.2　软件架构评估的主要方式

从目前已有的软件架构评估技术来看，某些技术通过与经验丰富的设计人员交流获取他们对待评估软件架构的意见；某些技术针对代码的质量度量进行扩展，自底向上地推测软件架构的质量；某些技术分析把对系统的质量需求转换为一系列与系统的交互活动，分析软件架构对这一系列活动的支持程度。尽管看起来它们采用的评估方式各不相同，但基本可以归纳为三类主要的评估方式：基于调查问卷或检查表的评估方式，基于场景的评估方式，基于度量的评估方式。

10.2.1　基于调查问卷或检查表的评估方式

卡耐基梅隆大学的软件工程研究所（CMU/SEI）的软件风险评估过程采用了这一方式。调查问卷是一系列可以应用到各种软件架构评估中的相关问题，其中有些问题可能涉及软件架构的设计决策，有些问题涉及软件架构的文档，有些问题针对软件架构描述本身的细节问题，如系统的核心功能是否与界面分开。检查表中也包含一系列比调查问卷更详细和具体的问题，它们更趋向于考察某些关心的质量属性。例如，对实时信息系统的性能进行考察时，很可能问到系统是否反复多次地将同样的数据写入磁盘等。

这一评估方式比较自由灵活，可评估多种质量属性，也可以在软件架构设计的多个阶段进行。但是由于评估的结果在很大程度上来自评估人员的主观推断，因此不同的评估人员可能会产生不同甚至截然相反的结果，而且评估人员对领域的熟悉程度、是否具有丰富的相关经验也成为决定评估结果是否正确的重要因素。尽管基于调查问卷与检查表的评估方式相对比较主观，但由于系统相关人员的经验和知识是评估软件架构的重要信息来源，因而它仍然是进行软件架构评估的重要途径之一。

10.2.2　基于场景的评估方式

这种软件架构评估方式分析软件架构对场景也就是对系统的使用或修改活动的支持程度，从而判断该软件架构对这一场景所代表的质量需求的满足程度。例如，用一系列对软件的修改来反映易修改性方面的需求，用一系列攻击性操作来代表安全性方面的需求等。

这一评估方式考虑了包括系统的开发人员、维护人员、最终用户、管理人员、测试人员等在内的所有与系统相关的人员对质量的要求。基于场景的评估方式涉及的基本活动包括确定应用领域的功能和软件架构的结构之间的映射，设计用于体现待评估质量属性的场景以及分析软件架构对场景的支持程度。

不同的应用系统对同一质量属性的理解可能不同。例如，对操作系统来说，可移植性被理解为系统可在不同的硬件平台上运行。而对于普通的应用系统而言，可移植性往往是指该系统可在不同的操作系统上运行。由于存在这种不一致性，对一个领域适合的场景设计在另一个领域未必合适，因此基于场景的评估方式是特定于领域的。这一评估方式的实施者一方面需要有丰富的领域知识，以对某种质量需求设计出合理的场景；另一方面必须对评估的软件架构有一定的了解，以准确判断它是否支持场景描述的一系列活动。

10.2.3 基于度量的评估方式

度量是指为软件产品的某一属性所赋予的数值，如代码行数、方法调用层数、构件个数等。传统的度量研究主要针对代码，但近年来也出现了一些针对高层设计的度量，软件架构度量即是其中之一。代码度量和代码质量之间存在着重要的联系。类似地，软件架构度量应该也能够作为评判质量的重要依据。

基于度量的评估技术涉及三个基本活动：首先需要建立质量属性和度量之间的映射原则，即确定怎样从度量结果推导出系统具有什么样的质量属性；然后从软件架构文档中获取度量信息；最后根据映射原则分析推导出系统的某些质量属性。因此，这些评估技术被认为都采用了基于度量的评估方式。

基于度量的评估方式提供更为客观和量化的质量评估。这一评估方式在软件架构的设计基本完成以后才能进行，而且需要评估人员对评估的软件架构十分了解，否则不能获取准确的度量。自动的软件架构度量获取工具能在一定程度上降低评估的难度，例如MAISA可从文本格式的 UML 图中抽取面向对象软件架构的度量。

10.2.4 比较

经过对三类主要的软件架构质量评估方式的分析，我们用表 10-2 从通用性、评估者对软件架构的了解程度、实施阶段、客观性等方面对这三种方式进行简要的比较。

表 10-2　三类评估方式比较

评估方式	调查问卷或检查表		场景	度量
	调查问卷	检查表		
通用性	通用	特定领域	特定系统	通用或特定领域
评估者对软件架构的了解程度	粗略了解	无限制	中等了解	精确了解
实施阶段	早	中	中	中
客观性	主观	主观	较主观	较客观

10.3　架构权衡分析方法

本节将介绍架构权衡分析方法（Architecture Tradeoff Analysis Method，ATAM），它是评估软件架构的一种综合全面的方法。ATAM 对软件架构进行评估的目标是理解软件架构关于软件系统的质量属性需求决策的结果。ATAM 用于获取系统以及软件架构的业务目标，它不但揭示了软件架构如何满足特定的质量目标，而且可以使我们更清楚地认识到质量目标之间的联系，即它们之间是如何权衡的。一种质量属性的获得可能对另一种质量属性产生负面影响，如果这种负面影响不在可以接受的范围内，那么获得的质量属性就会有问题，会对其他的质量属性产生很严重的负面影响。这些设计决策很重要，会影响整个软件生命周期，并且在软件实现后很难修改。

ATAM 采用结构化的评估方法。这种方法使分析过程可重复，并帮助我们在确定系统需求阶段或设计阶段询问恰当的问题，且能够以相对较低的代价解决所发现的问题。

ATAM 也可以用于对旧系统的分析。当需要对旧系统做较大的更改、与其他系统集成、移植该系统或进行其他重大升级时，就需要对这些旧系统进行分析。即使旧系统有准确的软件架构文档，运用 ATAM 也将使我们更为深刻地认识系统的质量属性。

ATAM 来源于三个方面，即软件架构风格、质量属性分析团体和在该方法之前出现的软件架构分析方法（SAAM）。

评估大型系统的软件架构是一项复杂的任务。首先，大型系统有一个很大的软件架构，要在有限的时间内理解这个软件架构是非常困难的；其次，评估需要把软件系统支持的业务目标和技术决策联系起来；最后，大型系统通常有多个利益相关者，在一个有限的时间里要获得这些利益相关者的不同观点要求仔细管理评估过程。因此，ATAM 的中心问题是对用于软件架构评估的有限时间进行管理。

本节将介绍 ATAM 的步骤，然后根据其目的对这些步骤进行讨论。

10.3.1　ATAM 的参与人员

ATAM 要求下面三个小组的参与和合作。

1. 评估小组

该小组是所评估软件架构的项目外部的小组，通常由 3～5 个人组成。在评估期间，该小组的每个成员都要扮演大量的特定角色。评估小组可能是一个常设小组，其中定期执行软件架构评估，其成员也可能是为了应对某次评估，从了解软件架构的人中挑选出来的。他们可能与开发小组（其软件架构是公开的）为相同的组织工作，也可能是外部的咨询人员。在任何情况下，他们都应该是有能力、没有偏见且私下没有其他工作要做的外部人员。

2. 项目决策者

项目决策者包括客户、项目管理人员、委托进行评估的人。这些人对开发项目具有发言权，并有权要求进行某些改变。他们通常包括项目管理人员，如果有一个承担开发费用的可以确认的客户，他（她）或其代表也应该列入其中。设计师肯定要参与评估，软件架构评估的一个基本准则是设计师必须愿意参与评估。最后，委托进行评估的人通常有权就开发项目发言，如果他没有权利代表项目发言，则他（她）也必须是小组中的一个成员。

3. 软件架构利益相关者

利益相关者在软件架构中有一个既得利益，他们完成工作的能力与支持可修改性、安全性、高可靠性等特性的软件架构密切相关。利益相关者包括开发人员、测试人员、集成人员、维护人员、性能工程师、用户、与正在分析的系统交互的系统的构建人员以及其他人员。在评估期间，他们的工作职责是清晰明白地阐述软件架构应该满足的具体质量属性目标，以使所开发的系统能够取得成功。根据经验，应该有 12～15 个利益相关者参与评估。

10.3.2　ATAM 评估结果

ATAM 评估将产生以下结果：

（1）一个简洁的软件架构表述。通常认为软件架构文档是由对象模型、接口及其签名的列表或其他冗长的列表组成的。但 ATAM 的一个要求就是在一个小时内表述软件架构，这样就得到了一个简洁且通常是可理解的软件架构表述。

（2）表述清楚的业务目标。开发小组的某些成员通常是在 ATAM 评估上第一次看到表述清楚的业务目标。

（3）用场景集合捕获的质量需求。业务目标导致质量需求，一些重要的质量需求是用场景的形式捕获的。

（4）软件架构决策到质量需求的映射。可以根据软件架构决策所支持或阻碍的质量属性来解释软件架构决策。对于在 ATAM 期间分析的每个质量场景，确定那些有助于实现该质量场景的软件架构决策。

（5）所确定的敏感点和权衡点集合。这些是对一个或多个质量属性具有显著影响的软件架构决策。例如，采用一个备份数据库很明显是一个软件架构决策，因为它影响了可靠性（正面），因此是一个关于可靠性的敏感点。然而，保持备份消耗了系统资源，因为它影响了系统性能（负面），因此是可靠性和性能之间的权衡点。该决策是否具有风险取决于在软件架构的质量属性需求的上下文中，其性能成本是否超出正常所需。

（6）有风险决策和无风险决策。ATAM 中有风险决策的定义是根据所陈述的质量属性需求可能导致不期望有的结果的软件架构决策；无风险决策的定义与此类似，根据分析被认为是安全的软件架构决策。所确定的风险可以形成软件架构风险移植计划的基础。

（7）风险主题的集合。分析完成时，评估小组将分析所发现的风险的全部集合，以寻找确定软件架构甚至软件架构过程和小组中的系统弱点的总的主题。如果不采取相应的措施，这些风险主题将影响项目的业务目标。

评估的结果用于建立一个最终书面报告。该报告概述 ATAM，总结评估会议记录，捕获场景及其分析，对得到的结果进行分类。

评估还会产生一些附加结果。通常情况下，为评估准备的软件架构表述可能比已经存在的任何软件架构表述都要清晰。这个额外准备的文档经受住了评估的考验，可能会与项目一起保留下来。此外，参与人员创建的场景是业务目标和软件架构需求的表示，可用来指导软件架构的演变。最后，可以把最终报告中的分析内容作为对制定（或未制定）某些软件架构决策的基本原理的陈述。这些附加结果都是真实的、可列举的。

ATAM 评估还有一些无形的结果。这些结果包括能够使利益相关者产生"社群感"，可以为设计师和利益相关者提供公开交流的渠道，使软件架构的所有参与人员更好地理解软件架构及其优势和弱点。尽管这些无形的结果很难度量，但其重要性不亚于其他结果，而且这些结果通常是存在时间最长的。

10.3.3　ATAM 步骤概览

ATAM 的主要部分包括四组，共九个步骤。

1. 表述

表述包括通过它进行的信息交流。

（1）ATAM 的表述：评估负责人向召集在一起的评估参与者介绍 ATAM 评估方法并回答可能提出的问题，使他们对该方法形成正确的预期。

（2）商业动机的表述：项目经理或系统客户阐述是本着什么商业目标开发该系统的，并说明是在哪些主要因素的作用下采用了该软件架构的。

（3）软件架构的表述：软件架构设计师对软件架构做出描述，重点强调该软件架构是如何适应其商业动机的。

2. 调查与分析

调查与分析包括对照软件架构方法评估关键质量属性需求。

（1）确定软件架构方法：由软件架构设计师确定所采用的软件架构方法，但此时不进行分析。

（2）生成质量属性效用树（utility tree）：说明构成系统"效用"（性能、有效性、安全性、可修改性、可用性）的质量属性，具体化到场景层次，注明刺激/反应，并区分不同的优先级。

（3）分析软件架构方法：基于后面介绍的第 5 步识别出的高优先级的场景，得出针对这些场景的软件架构方法，并对其进行说明和分析。在这里确定出软件架构上的有风险决策、无风险决策、敏感点和权衡点等。

3. 测试

测试包括对照所有相关人员的需求检验最新结果。

（1）集体讨论并确定场景优先级：根据全部利益相关者的意见形成更大的场景集合，由全部利益相关者通过表决确定这些场景的优先级。

（2）分析软件架构方法：针对后面介绍的第 7 步得出的高优先级场景，这些场景被认为是用以确认迄今为止所做分析的测试案例。这种分析可能会发现更多的软件架构方法、有风险决策、无风险决策、敏感点和权衡点等，这些内容要记入文档。

4. 形成报告

（1）结果的表述：根据在 ATAM 评估期间所得到的信息（方法、场景、特定属性的问题、效用树、有风险决策、无风险决策、敏感点和权衡点等），ATAM 评估小组向与会的利益相关者报告评估结果。

（2）有时必须对评估规划做某些动态的更改，以容许人员或软件架构信息的改变。

10.3.4　ATAM 评估步骤详述

第 1 步：ATAM 评估方法的表述

ATAM 评估的第 1 步要求评估负责人向参加会议的项目代表介绍 ATAM 评估方法。在这一步，要对每个人解释参与的过程，并回答提出的问题，为其他活动确定上下文和期望。评估负责人特别要给出以下信息：

（1）ATAM 评估步骤简介。

（2）用于获取信息和分析的技巧：效用树的生成，基于软件架构方法的获取和分析，对场景的头脑风暴及优先级的划分。

（3）评估的结果：所得出的场景及其优先级，用以理解和评估软件架构的问题，描述软件架构的动机需求并给出其优先级的效用树，所确定的一组软件架构方法，所发现的有风险决策、无风险决策、敏感点和权衡点等。

评估负责人使用一个标准的演示来简要描述 ATAM 的步骤和评估结果。

第 2 步：商业动机的表述

评估的参与者（项目代表和评估小组成员）需要理解系统的上下文和促成该系统开发的主要商业动机。在这一步，项目决策者（最好是项目经理或系统的客户）从商业的角度介绍系统的概况。该表述应该包括以下方面：

（1）系统最重要的功能。

（2）技术、管理、经济、政治方面的任何相关限制。

（3）与该项目相关的商业目标和上下文。

（4）主要的利益相关者。

（5）软件架构的驱动因素（即促使形成该软件架构的主要质量属性目标）。

商业动机表述的示例模板如图 10-1 所示。

商业动机表述（约 12 张幻灯片，45 分钟）

（1）描述商业环境、历史、市场划分、驱动需求、利益相关者、当前需要以及系统如何满足这些需要（3~4 张幻灯片）。

（2）描述商业方面的约束条件（如推向市场的时间、客户需求、标准和成本等）（1~3 张幻灯片）。

（3）描述技术方面的约束条件（如 COTS、与其他系统的互操作、所需要的软硬件平台、遗留代码的重用等）（1~3 张幻灯片）。

图 10-1　商业动机表述的示例模板

第 3 步：软件架构的表述

首席设计师（或软件架构小组）在这一步对软件架构进行详略适当的介绍。这里所说的"详略适当"取决于几个因素，即该软件架构的设计已经完成了多少、编写了多少文档、还有多少时间可用以及行为和质量需求的实质。这里所介绍的软件架构信息直接影响可能的分析及分析的质量。在进行更实质的分析之前，评估小组通常需要询问更多的软件架构信息的情况。

设计师应该说明以下方面：

（1）技术约束条件，诸如要求使用的操作系统、硬件、中间件等。

（2）该系统必须要与之交互的其他系统。

（3）用以满足质量属性需求的软件架构方法。

软件架构视图是设计师用来介绍软件架构的主要工具。在每一次评估中，几乎都要用到上下文图、构件—连接件视图、模块或分层视图以及部署视图，设计师应该有这样的准备。如果其他视图也包含了与所评估软件架构相关的信息，尤其是包含了与实现重要的质量属性目标相关的信息，那么应该给出这些视图。设计师应该给出他认为在软件架构创建期间最重要的视图。

软件架构表述的示例模板如图 10-2 所示。

软件架构表述（约 20 张幻灯片，60 分钟）

(1) 驱动软件架构的需求（如性能、可用性、安全性、可修改性、互操作性、集成性等），以及与这些需求相关的可度量的量和满足这些需求的任何存在的标准、模型或方法（2~3 张幻灯片）。

(2) 高层软件架构视图（4~8 张幻灯片）。

功能：函数、关键的系统抽象、领域元素及其依赖关系、数据流；模块/层/子系统：描述系统功能组成的子系统、层、模块，以及对象、过程、函数及它们之间的关系（如过程调用、方法使用、回调和包含等）。

进程/线程：进程、线程及其同步，数据流和与之相连的事件。

硬件：CPU、存储器、外设/传感器，以及连接这些硬件的网络和通信设备。

(3) 所采用的软件架构方法或风格，包括它们所强调的质量属性和如何实现的描述（3~6 张幻灯片）。

(4) COTS 的使用，以及如何选择和集成（1~2 张幻灯片）。

(5) 介绍 1~3 个最重要的用例场景，如果可能，应包括对每个场景的运行资源的介绍（1~3 张幻灯片）。

图 10-2　软件架构表述的示例模板

第 4 步：确定软件架构方法

这里，我们把设计师做出的软件架构决策称为方法（approach）。之所以使用"方法"一词，是因为并不是所有的软件架构设计师都熟悉描述软件架构风格的语言，因而可能不能列出在该软件架构中所使用的一组风格。软件架构方法确定了系统的重要结构，描述了系统成长的方式、对更改的响应、对攻击的防范以及与其他系统的集成等内容。

第 5 步：生成质量属性效用树

评估小组、设计小组、管理人员和客户代表一起确定系统最重要的质量属性目标，并对这些质量属性目标设置优先级和细化。这一步非常关键，它对以后的分析工作起指导作用。即使是软件架构级别的分析，也并不一定是全局的，因此，评估人员需要集中所有相关人员的精力，注意软件架构的各个方面，这对系统的成败起关键作用。这通常是通过构建效用树的方式来实现的。

效用树的输出结果是对具体质量属性需求（以场景形式出现）的优先级的确定。这种优先级列表为 ATAM 评估方法的后面几步提供了指导，它告诉了评估小组应该把有限的时间花在哪里，特别是应该到哪里去考察软件架构方法与相应的风险、敏感点和权衡点。效用树的作用是使质量属性需求具体化，从而迫使设计师和客户代表精确地定义出他们的质量需求。图 10-3 给出了一个效用树的例子。

在如图 10-3 所示的效用树中，"效用"是树的根节点，这实际上代表系统的总体质量。质量属性构成该树的二级节点。典型的质量属性，如性能、可修改性、可用性、安全性等是效用的子节点，参与评估的人也可以根据需要列出自己所关心的质量属性。

在每个质量属性下都对该质量属性做了进一步的说明。例如在图 10-3 中，"性能"被分解成"数据延迟"和"交易吞吐量"，这就朝着将质量属性目标明确为足够具体、能设置优先级并进行分析的质量属性场景迈出了重要的一步。"数据延迟"又被进一步分解为"把客户数据库的存储延迟减到最小值（200 毫秒）"和"提供实时视频图像"，这是与该示例系统相关的两类数据延迟。

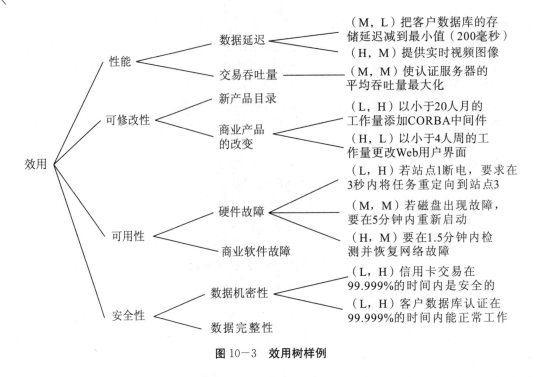

图 10-3 效用树样例

这些处在叶节点位置的质量属性场景已经很具体，可以用来设置相对优先级和进行分析。所设置的优先级可能是从 0 到 10 的数字，也可能是用高（H）、中（M）、低（L）的形式。

软件架构评估的参与者根据以下两个标准为效用树设置优先级：①每个场景对系统成功与否的重要性；②软件架构设计师所估计的实现场景的难度。例如，在图 10-3 中"把客户数据库的存储延迟减到最小值（200 毫秒）"的优先级是（M，L），其含义是该场景对系统成功与否的重要程度为中，软件架构设计师估计其实现难度为低；"提供实时视频图像"的优先级是（H，M），即该场景对系统成功与否的重要程度为高，软件架构设计师估计其实现难度为中。

显然，在 ATAM 的分析中，标有（H，H）的场景是值得仔细审查的主要内容。这些场景处理完成后，就可以根据所有参评人员的意见，选择标有（H，M）或（M，H）的场景进行分析。不管是在哪一类中，标记为 L 的场景都不大可能得到认真分析，这是因为花费时间分析很不重要或很容易实现的场景没有多大意义。

对效用树的求精经常得到一些有趣的或出乎意料的结果。例如，图 10-3 是我们在某次评估中用到的效用树的一部分。当时，利益相关者告诉我们，安全性和可修改性是关键的质量属性。实际上，还有一部分利益相关者认为性能和可用性是重要的质量属性。这种差异直到构建效用树时才显现出来。效用树的构建引导关键的利益相关者考虑并清楚地表述当前或未来的软件架构驱动因素，并为它们设置优先级。

构建效用树的结果是得到了一组划分了优先级的场景。这组场景引导我们展开随后的其他 ATAM 评估步骤。这组场景告诉 ATAM 评估小组应该在哪些方面花些时间，特别是应该在哪些地方探测软件架构方法和风险。效用树使评估人员更容易关注为满足处在叶节点位置的高优先级场景而采用的软件架构方法。另外，效用树使质量属性更为具体，从而迫使评估小组和客户更为精确地定义质量需求。在需求文档中经常看到诸如"软件架构应该健壮且可更改"之类的语句，此时是不能满足要求的——因为它们不具有操作意义，是不可测试的。

第 6 步：分析软件架构方法

现在，我们已经有了划分了优先级的质量需求（第 5 步）和在该软件架构中所采用的软件架构方法（第 4 步），第 6 步则评估它们的匹配情况。此时，评估小组可以对实现重要质量属性的软件架构方法进行探测，这是通过注意软件架构决策和辨认有风险决策、无风险决策、敏感点、权衡点等来实现的。评估小组要对每一种软件架构方法都探测足够多的信息，完成与该方法有关的质量属性的初步分析。评估小组的目标是确定该软件架构方法在所评估软件架构中的实例化是否能够满足所要求达到的质量属性需求。

这一步的结果包括以下方面：

（1）与效用树中每个高优先级的场景相关的软件架构方法或决策。评估小组应该能够期望在第 4 步中已经得出了所有软件架构方法，如果不能做到这一点，评估小组就应该查明其原因。软件架构设计师应该确定软件架构方法以及相关的构件、连接件和约束条件。

（2）与每个软件架构方法相联系的待分析问题。这些问题是与对应于场景的质量属性相匹配的。这些问题可能来自对这些方法的文档编写实践（如 ABAS 及其相关质量属性刻画）、关于软件架构的书籍或所召集的利益相关者的经验。在评估实践中要在这三个方面进行挖掘。

（3）软件架构设计师对问题的解答。

（4）有风险决策、无风险决策、敏感点、权衡点的确认。其中每一个都和效用树与探测到风险的质量属性问题相关的一个或多个质量属性的求精实现有关。

例如，把进程分配给服务器可能会影响该服务器在单位时间内所能完成的处理数量。一些不合适的分配将导致这种响应值不可接受，这就是有风险决策。如果发现某个软件架构决策是不止一个质量属性的敏感点，则可判定它是一个权衡点。

遍历场景将引发对潜在的风险决策、无风险决策、敏感点或权衡点的分析。反过来，这些内容可能又会引发更深入的讨论，这取决于软件架构设计师的回答。例如，如果软件架构设计师不能刻画出客户机的负载情况、不能说明是如何为进程设置优先级的或不能说明通过为硬件分配进程来实现负载平衡，则进行复杂的排除或仅考虑速率的性能分析是没有什么意义的。如果软件架构设计师能够做出相应的回答，则评估小组至少可以进行初步的或大致的分析，以确定这些软件架构决策是否有问题或是否与所要满足的质量属性标示相适应。不要求进行全面、详细的分析，关键是要得到关于软件架构足够多的信息，以建立起所做的软件架构决策与所要满足的质量属性需求之间的联系。

图 10-4 给出了在某一场景下对软件架构方法进行分析的模板示例。

场景：来自效用树的一个场景			
属性：性能、安全性、可用性			
环境：对系统所依赖的环境的相关假设			
刺激：对该场景体现的质量属性刺激（如故障、安全威胁、修改等）的精确描述			
响应：对质量属性响应的精确叙述（如响应时间、修改难度等）			
体系结构决策	风险	敏感度	权衡
影响质量属性响应的体系结构决策列表	风险列表	敏感点编号	权衡点编号
……	……	……	……
……	……	……	……
推理：关于为什么这组体系结构决策能够满足质量属性响应需求的定性或定量的推理			
体系结构图：一个或多个体系结构图，在图中标注出上述推理的体系结构信息，可带解释性文字描述			

图 10-4 软件架构方法分析模板

图 10-5 给出了捕获一个场景的软件架构方法分析的表格。根据这一步的结果，评估小组可以确认并记录一组敏感点和权衡点、有风险决策和无风险决策。所有的敏感点和权衡点都有可能成为有风险决策。在 ATAM 分析结束时，要按照有风险决策还是无风险决策，对每个敏感点和权衡点进行分类。要分别将敏感点、权衡点、有风险决策和无风险决策列成一个单独的表。图 10-5 中的 R8，T3，S4，S12 等代表的就是这些表中的条目。在这一步结束时，评估小组将会对整个软件架构的绝大多数重要方面、所做出的关键决策的基本原理以及有风险决策、无风险决策、敏感点和权衡点的列表有清楚的认识。

至此，评估小组就可以对所生成的软件架构描述进行测试了。

第 7 步：集体讨论并确定场景优先级

场景在驱动 ATAM 测试阶段起主导作用。实践证明，当有很多利益相关者参与 ATAM 评估时，生产一组场景可为讨论提供极大的方便。场景可用于描述利益相关者感兴趣的问题和理解质量属性需求。

生成效用树主要为了了解软件架构设计师是如何看待和处理质量属性软件架构驱动因素的，对场景进行集体讨论则是为了了解多数利益相关者的看法。当参与评估的人员较多时，对场景进行集体讨论的做法很有效，可以创造出一个人的想法激发其他人的灵感的氛围。这一讨论过程能促进相互交流，发挥创造性，并起到表达参评人员共同意愿的作用。这时，我们需要把通过集体讨论确定了优先级的一组场景与效用树中的那组场景进行比较。如果相同，则表明设计师所想的与利益相关者实际所要的非常吻合；如果又发现了其他驱动场景，则可能就是一个风险，它表明利益相关者和软件架构设计师之间的目标还存在不一致。

场景：S12（检测主 CPU 故障并恢复系统）			
属性：可用性			
环境：正常操作			
刺激：CPU 失效			
响应：可用切换概率为 0.999999			
构架决策	风险	敏感度	权衡
备用 CPU	R8	S2	
无备用数据通道	R9	S3	T3
看门狗（watchdog）		S4	
心跳（heartbeat）		S5	
故障切换路由		S6	

推理：
（1）通过使用不同的硬件和操作系统，保证没有通用模式故障。
（2）完成恢复时间最多不超过 4 秒（也就是一个运算状态时间）。
（3）基于心跳和看门狗的速度，保证在 2 秒内能检测到故障。
（4）看门狗是简单的和可靠的（已被证实过）。
（5）由于没有备用数据通道，可用性需求可能存在风险。

架构图：
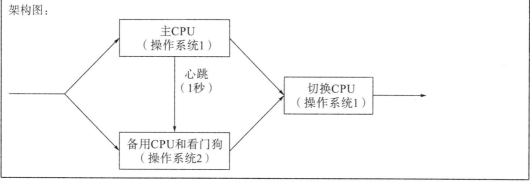

图 10-5　软件架构方法分析示例

　　第 5 步确定的场景主要是从软件架构设计师的角度看待系统的质量属性需求，这一步是从相关人员的角度讨论场景。在这一步中，评估小组请求利益相关者对以下三类场景进行集体讨论，不同的场景对处于不同角色的利益相关者具有意义。

　　（1）用例场景。用例场景描述的是利益相关者对系统使用情况的期望。在用例场景中，利益相关者是最终用户，他们使用所评估的系统完成某个功能。

　　（2）生长场景。生长场景描述的是期望软件架构在中短期内允许的扩充与更改，包括期望的修改、性能或可用性的变更、移植性、与其他软件系统的集成等。

　　（3）探究场景。探究场景描述的是系统成长的一个极端情形，即软件架构由下列情况所引起的改变：根本性的性能或可用性需求（例如数量级的改变），系统基础结构或任务的重大变更。生长场景能够使评估人员看清在预期因素影响系统时，软件架构所表现出的优缺点，而探究场景则是要找出在极端情况下，软件架构所表现出的更多的敏感点和权衡点。对这些方面的考察可帮助评估人员对系统软件架构的极限情况做出评估。我们鼓励利益相关者考虑效用树中尚未分析过的场景，把这些场景作为集体讨论的对象显然是合情合理的。这能够使利益相关者再次考察他们可能认为在第 5 步和第 6 步中没有引起足够重视的场景。

确定了场景后，必须划分其优先级。出于同样的原因，需要对效用树中的场景划分优先级，评估小组需要知道把有限的评估时间用在什么地方。首先，要让利益相关者将他们认为代表相同行为或相同质量属性的场景合并起来。然后，让他们通过投票表决确定哪些场景是最重要的。在分配选票时，每个利益相关者都会拿到相当于总场景数的 30% 的选票，并且此数值只入不舍。因此，如果共有 20 个场景，则每个利益相关者将拿到 6 张选票。在投票时，利益相关者可以随意使用这些选票：可以把这 6 张选票都投给 1 个场景，也可以给 1 个场景投 1 张选票，或者是介于两者之间的其他方式。

每个利益相关者都要公开投票。实践表明，这样做更富有趣味性，也有利于促进参评人员之间的团结。清点选票后，评估负责人按照得票数对场景进行排序，并找出选票数悬殊之处，选择"在某得票数之上"的场景，供后续步骤使用。例如，评估小组可能只考虑得票数最多的前 5 个场景，见表 10-3。

表 10-3　场景排序示例

场景编号	场景描述	得票数量
4	在 10 分钟内动态地对某次任务的重新安排	28
27	把对一组车辆的管理分配给多个控制站点	26
10	在不重新启动系统的情况下，改变已开始任务的分析工具	23
12	在发出指令后 10 秒内完成对不同车辆的重新分配，以处理紧急情况	13
14	在 6 人月内将数据分配机制从 CORBA 改变为新兴的标准	12

这时，应该把对设置场景优先级的结果和第 5 步中效用树的结果进行比较，找出其中的相同之处和不同之处。将场景讨论结果放到质量效用树当中，即系统软件架构设计与系统需求一致。在高优先级的场景和效用树中的高优先级的节点之间的任何差异都必须重新调整，至少要得到合理的解释，从而保证每个利益相关者的需求都得到很好的理解，且所有需求之间不存在矛盾，见表 10-4。

表 10-4　质量属性的高优先级场景

场景编号	得票数量	质量属性
4	28	性能
27	26	性能、可修改性、可用性
10	23	可修改性
12	13	性能
14	12	可修改性

在将集体讨论得到的场景（即新场景）放到效用树中时，可能会出现以下三种情况：

(1) 新场景与效用树中的某个叶节点场景相匹配，本质上就是原有叶节点场景的副本。

（2）新场景成为效用树中某个已有分支的新叶节点。

（3）新场景表达的是以前未曾考虑到的质量属性，因而与效用树中的任何分支都不匹配。

上述第 1 种和第 2 种情况表明大部分利益相关者的思路与软件架构设计师的思路是相同的。第 3 种情况则表明软件架构设计师可能未能考虑到某个重要的质量属性，对这些进行更深入的考察可能会得出某个风险。

生成效用树和讨论场景的活动都反映了质量属性目标，但采用的是不同的手段，是从不同的利益相关者的角度来解决问题的。但初步的效用树通常由系统设计师和关键的开发人员创建，而在产生场景和对场景设置优先级时，有很多利益相关者参与其中。通过不同的推导途径，通常会着重于不同的利益相关者的需求。表 10-5 列出了第 5 步和第 7 步的差异。

表 10-5　效用树与场景集体讨论的差异

	效用树	场景集体讨论
风险承担者	构架设计师、项目负责人	所有风险承担者
一般的人员规模	评估人员，2~3 位项目人员	评估人员，5~10 位项目人员
主要目标	得出促成该构架的主要质量属性，使这些属性更为具体，并为其设置优先级，为以后的评估确定所关注的焦点	促进风险承担者之间的交流，验证通过效用树所得出的质量属性目标
方法	从一般到具体；从质量属性开始，不断求精，直至得到场景	从具体到一般；从场景开始，最终确定出它们所表达的质量属性

在此之前，效用树是来自各方的有详细高优先级质量属性需求的汇集地。经过这些工作之后，通过集体讨论得出的高优先级场景与效用树取得了一致，效用树仍然汇集了所有详细的高优先级质量属性需求。

第 8 步：分析软件架构方法

在收集并分析了场景之后，设计师就可把最高级别的场景映射到所描述的软件架构中，并对相关的软件架构如何有助于该场景的实现做出解释。

在这一步中，评估小组要重复第 6 步的工作，把新得到的最高优先级场景与尚未得到的软件架构工作产品对应起来。在第 7 步中，如果未产生任何在以前的分析步骤中都没有发现的高优先级场景，则第 8 步就是测试步骤。

第 9 步：结果的表述

最后需要把 ATAM 分析中所得到的各种信息进行归纳，并反馈给利益相关者。这种描述一般要采用辅以幻灯片的形式，但也可以在 ATAM 评估结束之后提交更完整的书面报告。

在描述过程中，评估负责人要介绍 ATAM 评估的各个步骤，以及各步骤中得到的各种信息，包括商业环境、驱动需求、约束条件和软件架构等。最重要的是要介绍 ATAM 评估的以下结果：

（1）已文档化了的软件架构方法/风格。

（2）场景及优先级。

（3）基于属性的问题。

（4）效用树。

（5）所发现的风险决策。

（6）已文档化了的无风险决策。

（7）所发现的敏感点和权衡点。

我们在评估过程中得到了这些结果，并对其进行了讨论和分类。然而，在第 9 步中，评估小组还根据一些常见的基本问题或系统缺陷将风险分组为风险主题，从而增添了价值。例如，可以将文档编写不充分或文档陈旧的若干个风险归为一个风险主题，即没有足够重视文档编写；可以将关于系统不能在采用多种硬件时正常运行和/或软件故障归结为一个风险主题，即未提供备份能力或未提供高可用性。

对于每一个风险主题，评估小组都要确定将会影响第 2 步中所列商业因素中的哪几个。确定风险主题并将它们与具体驱动因素联系起来有两方面的作用：首先，这种做法通过将最终结果与最初描述联系起来而使评估过程完满结束；其次，这种方法使所发现的风险得以提升，从而使其引起管理层的注意。有些问题原来在经理看来可能属于技术层次上的，现在被明确为是对经理所关心的某个问题的威胁。

表 10-6 对 ATAM 评估方法的九个步骤进行了总结，并给出了每个步骤能够为最终的 ATAM 报告提供信息的情况。

表 10-6　ATAM 评估方法的步骤、结果及其关联

结果 步骤	质量属性需求的优先级划分	所用软件架构方法的编目	针对方法或质量属性的待分析问题	软件架构方法与质量属性的对应	有风险决策和无风险决策	敏感点和权衡点
（1）ATAM 的表述						
（2）商业动机的表述	＊a				＊b	
（3）软件架构的表述		＊＊			＊c	＊d
（4）确定软件架构方法		＊＊	＊＊		＊e	＊f
（5）生成质量属性效用树	＊＊					
（6）分析软件架构方法		＊g	＊＊	＊＊	＊＊	＊＊
（7）集体讨论并确定场景优先级	＊＊					
（8）分析软件架构方法		＊g	＊＊	＊＊	＊＊	＊＊
（9）结果的表述						

注：＊＊：该步骤是此结果的主要来源；＊：该步骤是此结果的次要来源。

a：商业动机中包括在刚开始时对质量属性的粗略表述。

b：商业动机的表述可能会揭露出某个应捕获的已发现或长期存在的风险。

c：软件架构设计师在自己的表述中可能会发现某个风险。

d：软件架构设计师在自己的表述中可能会发现某个敏感点或权衡点。

e：许多软件架构方法都有与之相关的标准风险。

f：许多软件架构方法都有与之相关的标准敏感点或权衡点。

g：分析步骤可能会得出在第（4）步中未发现的一个或多个软件架构方法，这可能会产生新的针对软件架构方法的问题。

10.3.5 ATAM 评估方法的阶段

本节将讲述 ATAM 的各个步骤是如何随着时间的推移而展开的。对应于重要工作的出现时间，ATAM 评估被分为四大阶段。

第 0 阶段是建立阶段。在这一阶段中，建立评估小组、确立评估组织及其软件架构待评估的组织之间的合作关系。第 1 阶段和第 2 阶段是 ATAM 方法的评估阶段，其中包括前面讲过的九个步骤。第 1 阶段以软件架构为中心，重点是获取软件架构信息并对其进行分析。第 2 阶段则以相关人员为中心，重点是获知相关人员的观点，并验证第 1 阶段的结果。第 3 阶段是后续阶段，形成最终报告、对后续活动（如果有的话）做出规划，评估小组在此阶段实现文档和经验的更新。

1. 第 0 阶段的工作

第 0 阶段包括两方面的工作，即与评估客户建立合作关系和为实际评估做准备。

（1）合作关系的建立。

第 0 阶段包括与评估委托人（即评估客户）的交流。我们假设评估人员和客户已经对软件架构评估的可能性进行了探讨，现在就要对相关问题做进一步讨论并达成最终的协议。

评估客户应该是对所评估软件架构对应的项目有一定影响力的人，而且可以联系到很多位软件架构相关人员，或者评估客户就是项目经理，或者是要采购根据该软件架构开发出的系统的组织代表。

在评估客户允许进行评估之前，必须解决以下问题：

①客户应对所要采用的评估方法有基本了解，并且知道在评估过程中都要做哪些工作。可以通过对该评估方法进行简要介绍或做出书面表述达到这一目的。

②客户应对所要评估的软件架构及其系统做出描述。这可以使评估负责人确定当前是否已经具备了各种材料，即该软件架构是否已经足够守备，以保证基于 ATAM 评估的有效性。评估负责人也要在这时决定是否可以进行评估。

③假设评估负责人已经决定可以进行评估，则应商谈并签署关于评估工作的合同或协议。这能够使双方确信已经清楚了以下问题：

• 由谁负责提供评估所必需的各种资源（如后勤供应、设施、地点、利益相关者的参与、软件架构设计师和其他项目代表的到场等）。

• 对哪个执行阶段进行评估，即评估所处的系统上下文。

• 要在何时、向何人提交最终评估报告。

• 该评估小组是否还将参与评估完成之后的工作。

• 要解决好信息专有性问题。例如，评估小组可能需要签署不得泄露该评估信息的协议。

• 为使评估客户更加相信评估的价值，我们可以与客户共享来自公共信息源和评估人员先前所做评估的成本与收益数据。

• 随着评估经验的增加，把对评估收益的评价告知评估客户。

• 举出一个组织要求进行多个评估的案例。

（2）准备工作。

第 0 阶段的准备工作包括以下几方面：

①组建评估小组。选择若干适于从事软件架构评估的人员（评估小组负责人、评估负责人、场景书记员、进展书记员、计时员、过程观察员、过程监督者、提问者），为他们做时间上的调配，帮助他们完成原有工作的交接。

②召开评估小组开工会议。就评估的经验和体会进行广泛的交流，同时指定每个成员要扮演的角色和职责。

③为第 1 阶段进行必要的准备。

表 10-7 中列出了采用 ATAM 评估软件架构时，评估小组各成员所扮演的角色及其职责。

表 10-7　评估小组各成员所扮演的角色及其职责

角色	职　责	理想的人员素质
评估小组负责人	准备评估；与评估客户协调；保证满足客户的需要；签署评估合同；组建评估小组；负责检查最终报告的生成和提交	善于协调、安排，有管理技巧；善于与客户交流；能按时完成任务
评估负责人	负责评估工作；促进场景的得出；管理场景的选择及设置优先级的过程；促进对照软件架构的场景评估；为现场评估提供帮助	能在众人面前表现自如；善于指点迷津；对软件架构问题有深刻的理解，富有软件架构评估的实践经验；能够从冗长的讨论中得出有价值的发现，或能够判断出何时讨论已无意义，应进行调整
场景书记员	在得到场景的过程中负责将场景写到活动挂图或白板上，务必用以达成一致的措辞来描述，未得到准确措辞就继续讨论	写一手好字，能够在未搞清楚某个问题之前坚持要求继续讨论；能够快速理解所讨论的问题并提取出其要点
进展书记员	以电子形式记录评估的进展情况；捕获原始场景；捕获促成场景的每个问题；捕获与场景对应的软件架构解决方案；打印出要分发给各参与人员所采用场景的列表	打字速度快，质量高；工作条理性好，能够快速查找信息。对软件架构问题理解透彻；能够融会贯通地快速弄清技术问题；勇于打断正在进行的讨论以验证对某个问题的理解，从而保证所获取信息的正确性
计时员	帮助评估负责人保证评估工作按进度进行；在评估阶段帮助控制用在每个场景上的时间	敢于不顾情面地中断讨论，宣布时间已到
过程观察员	记录评估工作的哪些地方有待改进或偏离了原计划；通常不发表意见，也可能偶尔在评估过程中向评估负责人提出基于过程的建议；在评估完成后，负责汇报评估过程，指出应该吸取哪些教训，以便在未来的评估中加以改进；负责向整个评估小组汇报某次评估的实践情况	善于观察和发现问题，熟悉评估过程，曾参加过采用该软件架构评估方法进行的评估
过程监督者	帮助评估负责人记住并执行评估方法的每个步骤	对评估方法的各个步骤非常熟悉，愿意并能够以不连续的方式向评估负责人提供指导
提问者	提出利益相关者或许未曾想到的关于软件架构的问题	对软件架构和利益相关者的需求具有敏锐的观察力；了解同类系统；勇于提出可能有争议的问题，并能不懈地寻求其答案；熟悉相关的质量属性

这里，人员和角色之间并不一定是一一对应的关系，某个人可能扮演多个角色，或者某个角色可能由多个人员共同扮演。人员与角色之间的对应关系由评估小组负责人来确定。

在组建了评估小组后，要召开评估小组正式会议。在此次会议上，应就评估的经验和体会进行广泛的交流，同时应指定每个成员要扮演的角色。还要为第 1 阶段工作的展开做必要的准备工作，这其中包括大量琐碎的筹备工作，以保证每个人（包括评估小组成员和项目代表）都能在规定的时间和地点投入工作中去。

2. 第 1 阶段的工作

第 1 阶段需要一些关键人物的参与。在人数上相对较少，主要是做第 1 步到第 6 步的工作。在这期间，评估小组要介绍 ATAM 评估方法，项目发言人要介绍商业动机，软件架构设计师要对软件架构进行介绍和说明。这一阶段要将软件架构方法规整分类，并完成效用树的构建，然后要从效用树中选取若干高优先级的场景作为后续分析的基础。

除了要完成这些工作之外，评估小组还要实现另一个目标，即需要收集足够多的信息，以决定后续的工作：

（1）之后的评估工作是否可行，能否顺利展开。如果不行，就可在为第 2 阶段的工作召集更多的相关人员之前，在第 1 阶段及时终止。

（2）是否需要更多的软件架构文档。如果需要，则应明确需要的是哪些类型的文档，以及应以什么形式提交这些文档。如果是这种情况，评估小组就应该在第 1 阶段和第 2 阶段之间的中断时间内与软件架构小组进行合作，以便为第 2 阶段工作的展开奠定良好的基础。

（3）哪些相关人员应参与第 2 阶段的工作。在第 1 阶段的最后，评估出资人要保证让合适的相关人员参与第 2 阶段的工作。

在第 1 阶段和第 2 阶段之间有一段中断时间。在这一段时间内，软件架构小组要与评估小组合作，做一些探索和分析工作。另外，在这一中断时间内，还要根据评估工作的需要、可用人员的状况和工作进度来评定评估小组的最终人选。例如，若评估的系统对安全性有很高的要求，就可能要让安全专家参与评估工作；若评估的系统是以数据库为中心的，则可能考虑邀请数据库方面的专家加入评估小组。

3. 第 2 阶段的工作

至此，评估小组应该已经对软件架构有了足够深刻的认识，软件架构已经被文档化，且有足够的信息来支持验证已经进行的分析和将要进行的分析。已经确定了参与评估工作的合适的利益相关者，并且给他们提供了一些书面阅读材料，如对 ATAM 方法的介绍，某些初步的场景，包括软件架构、商业案例和关键需求的系统文档等。这些阅读材料有助于保证利益相关者建立对 ATAM 评估方法的正确期望。

因为将有更多的利益相关者参与第 2 阶段的工作，而且在第 1 阶段和第 2 阶段之间，可能还要间隔几天或几个星期，所以第 2 阶段首先要重复第 1 步，即 ATAM 方法表述，以使全部利益相关者达成共同的理解。之后，要针对新的利益相关者，扼要重复第 1 阶段中第 2 步到第 6 步的工作，然后开始做第 7~9 步的工作。另外，在每一步进行之前，简明扼要地介绍这一步的工作也是很有好处的。

表 10-8 列出了 ATAM 软件架构评估的九个步骤，以及第 1 阶段和第 2 阶段中各步骤工作的代表性参与者。

表 10-8　与利益相关者群体相关的 ATAM 评估的步骤

步骤	所做工作	第 1 阶段的参与者	第 2 阶段的参与者
1	ATAM 方法的陈述	评估小组和项目决策者	评估小组、项目决策者和所有相关人员
2	商业动机的陈述		
3	软件架构的陈述		
4	确定软件架构方法		
5	生成质量属性效用树		
6	分析软件架构方法		
7	集体讨论并确定场景优先级		
8	分析软件架构方法	—	
9	结果的表述		

4．第 3 阶段的工作

在 ATAM 评估快要结束时，必须撰写并提交最终的评估报告。但从维持 ATAM 评估效能的角度看，必须及时更新所积累的工作产品仓库，进行调查并付出相当的努力。评估小组要经常听取相关汇报，以确定可以从哪些方面对评估方法进行改进。

在第 3 阶段，必须完成的工作包括生成最终报告、为改进检查和处理工作收集数据以及更新工作产品仓库。

（1）生成最终报告。

如果在与评估客户所签的合同中规定了最终要提交书面报告，则应在第 3 阶段撰写并提交最终的评估报告，包括做了哪些工作、有何发现、得出了什么结论等。

（2）收集数据。

每次评估都为我们提供了方便而经济的收集数据的机会，这样就可以改进对进行评估的成本和收益的认识，并且能够收集各参与者关于哪些做法很好、哪些做法有待改进的意见。

数据有两个来源：评估小组和评估客户。对这两个来源，应该注意收集改进数据和成本/收益数据。可能要在评估结束很长一段时间后，评估客户才能充分认识到所带来的收益，所以我们建议在评估完成之日起 6 个月之后再做后续的调查，以便能够对长期效果做出评判。

建议做以下五项简短的调查：

①针对参与者的改进意见调查，询问他们对评估实践的看法。

②针对评估小组成员的改进意见调查，询问他们对评估实践的看法。

③针对评估客户的成本调查。

④针对评估小组成员的成本调查。

⑤针对评估客户的长期收益调查。

（3）更新工作产品仓库。

应该对在刚进行过的评估中所生成的工作产品进行维护，这将有助于更好地进行未来的评估工作。

除了要记录成本和收益信息之外，还要把所得到的场景记录下来。如果未来对某个本质上类似的系统进行评估，则很可能会发现表达软件架构需求的那些场景形成了一个统一的集合。这些场景在某种意义上已经逐步变成了一个检查列表。这时的评估主要不再是进行调查，而更多的是进行验证。

除了要列出场景外，还要列出所提出的待分析问题。这些问题是评估小组的最佳工具，不断丰富这些工具可使未来的评估得以简化，并提供可用作对评估小组新成员进行培训的材料。

还要将参与者的意见添加到知识库中。未来的评估负责人将会仔细研读这些内容，以清楚地认识已做评估的细节和特性。对这些评估实践的总结是对评估负责人进行培训的极好材料。

最后，要保留一份所评估的最终报告。如有必要，应去掉其中关于系统的细节内容或不合适的部分。未来的评估可能会用到最终报告模板。

10.4　软件架构分析方法

软件架构分析方法（Software Architecture Analysis Method，SAAM）是一种基于场景的评估方法，是由卡耐基梅隆大学软件工程研究所的 Kazman 等人于 1983 年提出的一种非功能质量属性的架构分析方法，是最早形成文档并得到广泛使用的软件架构分析方法，并最早用于分析架构的可修改性，后来也用于其他质量属性的评估。通过假想例子的分析，判断给定的应用的软件质量指标是否达标，以及软件在日后的修改中对软件质量指标的影响。通用的软件质量指标可以在可修改性、健壮性、移植性和可扩展性中得到应用。

SAAM 是一种直观的方法，试图通过场景来测量软件的质量，而不是泛泛的不精确的质量属性描述。SAAM 比较简单，仅仅考虑场景和架构的关系，也不涉及太多的步骤和独特的技术。

SAAM 的主要输入问题是问题描述、需求声明和架构描述。图 10-6 描绘了 SAAM 分析活动的相关输入及评估过程。

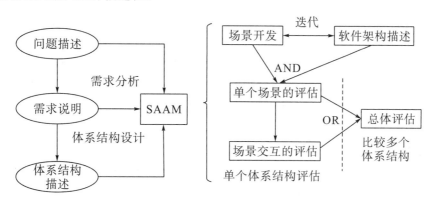

图 10-6　SAAM 输入与评估过程

SAAM 分析评估架构的过程包括下面五个步骤。

第 1 步：场景开发

场景生成是各个利益相关者参与讨论和头脑风暴的过程，通过各类协商讨论，开发一些任务场景，每一位参与者都有自己的视角。这些场景能够体现系统所支持的各种活动，或者描述经过一定时期后系统可能要进行的各种变化，各角色开发的场景能够反映自己的需求。开发场景的关键是捕获系统重用方式。

此阶段可能会迭代进行几次。收集场景的时候，参与者在当时的文档中可能找不到需要的架构信息，而补充的架构描述反过来又会触发更多的场景。场景开发和架构描述是互相关联、互相驱动的。

第 2 步：软件架构描述

软件架构描述是架构评估的前提和基础。架构应该以一种（对于分析人员）易于理解的、合乎语法规则的架构表示，而且这种表示应能体现系统的计算构件、数据构件以及构件之间的关系（数据和控制）。对于没有直接的架构描述可用的软件系统，可使用逆向工程的方法进行提取。场景的形成与架构的描述通常是相互促进的并且需要重复进行。

第 3 步：单个场景的评估

首先，进行场景分类，即将其分为直接场景和间接场景。直接场景是指开发的系统已经能满足的场景，而间接场景则是要对现有架构中的构件和连接件进行适当的变化才能满足的场景。其次，对于直接场景需要弄清架构是如何实现这些场景的，针对间接场景，列出为支持该场景所需要对架构做出的修改，以及这些变化的难易程度、实现代价，估计出这些修改的代价。最后，应生成一个关于特定架构的场景描述列表。

第 4 步：场景交互的评估

有可能不同的间接场景需要修改同一个构件和连接件，在这种情况下，场景与构件和连接件发生交互。场景交互的作用在于，它以一种非常清晰的方式显示了模块的不同本质，能够反映出系统构件划分的质量，并在一定程度上表达了产品设计的功能分配。通过对场景交互的分析，应能得出系统中所有的场景对系统中的构件所产生影响的列表。

第 5 步：总体评估

最后一步需要形成总结报告。如果候选架构只有一个，那么总体评估要做的就是审查前面步骤的结果并形成总结报告。修改计划将基于此报告。

如果有多个候选架构，就需要进行一番比较。为此，需要根据各个关键场景和商务目标的关系来决定每个关键场景的权重。比较架构时会发现，某个架构在某些场景下表现突出，而另一个架构在另一些场景下最好。有时简单地根据候选架构在哪些场景下具有优势很难做出最好的选择。而事实上，即使同样叫作关键场景，场景的重要性也是不同的。这时就需要设置权重来体现。多年来，出现了几种决定权重的策略，其中一种是利用相关者的讨论，有时是通过争论来得到相对权重。如果有历史记录，则是很好的参考资料。

SAAM 最终的步骤就是要对场景和场景间的交互做一个总体的权衡和评价，即按照重要性为每个场景及场景交互分派权值，权值的选择反映了该场景表现的质量因素的重要程度，对于架构影响较大的质量因素，其权值较大，而影响该质量因素的场景和场景交互也应该赋予较高的权值。最后将这些权值加起来得出总体评价。

小结

软件架构评估是指对系统的某些值得关心的属性进行评价和判断。评估的结果可用于确认潜在的风险，并检查设计阶段所得到的系统需求的质量。本章从软件架构评估的概述谈起，讨论了评估的原因和时机，分析了评估的参与者和结果，介绍了评估所关注的质量属性和不确定性以及成本和收益。

目前的评估方式归纳起来主要有三种：基于调查问卷或检查表的方式，基于场景的方式，基于度量的方式。其中最著名的评估方法是基于场景的方式。场景是系统使用或改动的假定情况集合。

本章介绍了两个最常用的基于场景的评估方法——ATAM 和 SAAM，其中详细介绍了 ATAM 评估方法的步骤和评估的阶段。SAAM 本质上是一个寻找受场景影响的架构元素的方法，而 ATAM 建立在 SAAM 的基础上，关注对风险决策、无风险决策、敏感点和权衡点的识别。

练习

1. 为什么要评估软件架构？从哪些方面评估软件架构？
2. 软件架构评估所关注的质量属性有哪些？
3. 请简要描述 ATAM 的评估步骤和评估方法的阶段。
4. 请说明软件质量评估指标。
5. 请简述 SAAM 的评估步骤。

附件 A　图书借阅系统架构设计

A1　简介

A1.1　编写目的

本文档全面、系统地表述了图书杂志采购和借阅系统的架构，并通过使用多种视图来从不同角度描述本系统的各个主要方面，以满足图书杂志采购和借阅系统的相关涉众（客户、设计人员等）对本系统的不同关注焦点和需求。本文档记录并表述了系统架构的设计人员对系统架构方面做出的重要决策。

项目经理将根据架构定义的构件结构制定项目的开发计划；程序设计员将据此进行各构件的详细设计；测试设计员按照架构设计系统的总体测试框架；另外，构架文档还用于指导各构件的实施、集成及测试。

本文档的预期阅读人员为项目经理、程序设计人员、测试人员和其他有关的工作人员。

A1.2　文档范围

本软件架构文档适合于图书杂志采购和借阅系统的总体应用架构。

A1.3　定义

（1）SSH：由 Struts，Spring，Hibernate 组成的三个开源框架，用于构建灵活、易于扩展的多层 Web 应用程序。

（2）Mysql：一个小型关系型数据管理系统，开发者为瑞典 Mysql AB 公司，属于开源软件。

（3）JSP：Java Server Pages（JSP）是由 Sun Microsystems 公司倡导、许多公司参与建立的一种动态网页技术标准。

（4）Javascript：为客户提供更流畅的浏览效果。

（5）Myeclipse：开发工具。

A2　架构表示方式

本软件架构设计文档以一系列的视图（View）来表示系统的软件架构，主要包括用例视图、逻辑视图、进程视图、部署视图、实施视图等，每个视图拥有一个或多个模型

（Model），并围绕相关视图来描述系统的基本结构、组成机制与工作原理等。本软件架构设计文档还将系统的架构机制描述放在了逻辑视图之下。本文档主要使用统一建模语言（UML）来充当相关模型的表达语言，主要图表（Diagram）引用自图书杂志采购和借阅系统的 Rose Model。

A2.1　架构设计目标与约束

描述架构设计最主要的目标就是满足关键系统功能需求和质量约束，这些功能需求和质量约束对软件构架有重大的影响，并决定了架构的设计。同时，还列明了影响架构的其他相关因素，如软件的复用策略、使用商业构件、设计与实施的策略等。

A2.2　关键功能需求

按照需求分析文档的规格要求，本图书杂志采购和借阅系统的设计分成了以无登录一般功能模块、读者功能模块以及管理员功能模块为主的三大模块进行开发，而在此三大模块的基础上又细分成了图书信息管理、读者信息管理等子功能模块。系统的开发主要是为了使图书的管理工作更加规范化、系统化和程序化，提高信息处理的速度和准确性，提高读者的用户体验。

1. 采购管理模块

采购管理模块是图书采购人员进行采购业务的工具，该业务包括图书订购、取消订购、验收确定、编目入库四个主要的流程。对于其他途径所得来的图书，比如捐赠、交换，则需要经过清点确认后编目入库。在必要的时候可以同其他模块进行交互以完成业务。

2. 流通管理模块

流通是图书馆业务的主要环节之一，包括借书、还书、续借以及根据借换情况进行相应的罚款处理。借书时对于超期、未交罚款、证件有效期、预约以及其他违规因素能进行自动区别，以决定用户是否有借书的权限。

在流通的过程中还存在一个图书维护的流程，也就是说，某些图书需要下架修补，修补完成后再重新上架。在修补的过程中用户是无法借到此书的。

3. 用户管理模块

该系统的用户包括图书管理人员、普通的借阅者、采编人员以及系统的管理人员（后台的管理人员）。不同的人员具有不同的权限，每种角色都可以查询和修改自己的相关信息。

系统的管理人员可以增加、删除以及修改其他所有人员的信息。

4. 库存管理模块

图书的增加、减少以及有关图书信息的修改，一般由图书管理人员来完成。

5. 查询模块

为了使读者能方便地查询和实现简单操作，系统提供了公共查询和个人查询。公共查询对所有读者都开放信息，包括根据多种条件进行藏书查询、新书通报和图书推荐等功能。个人查询在读者通过在线登录以后才能实现授权功能的访问，包括借阅图书查询、历史借书查询、续借处理、图书催还、预约处理、违规记录和登录信息修改等。

A2.3 关键质量需求

由于此开发项目针对一般事业单位图书馆，所以使用频度较高，使用性要求比较高。为防止对信息资料和管理程序的恶意破坏，要求有较为可靠的安全性能。总之，要求稳定、安全、便捷，易于管理和操作。

查询速度：不超过 10 秒。

其他所有交互功能反应速度：不超过 3 秒。

可靠性：平均故障间隔时间不低于 200 小时。

A2.4 开发策略

1. 软件复用策略

系统中重要基础构件应当具备较高的设计与构建质量，可以在产品中复用。

2. 使用开源架构

本系统采用了一个开源的框架 Struts。Struts 是采用 Java Servlet/Java Server Pages 技术，开发 Web 应用程序的开放源码的 Framework。Struts 就是在 JSP Model2 的基础上实现了 MVC 设计模式的 Web Framework。采用 Struts 能开发出基于 MVC（Model-View-Controller）设计模式的应用架构。

A3 用例视图

A3.1 概述

用例视图从用户使用的角度描述系统架构的基本外部行为特性，通常包含业务用例模型与系统用例模型。业务用例模型不适用于本系统，这里只关注系统用例模型。这里选取了用例模型中对系统架构的内容产生重大影响的应用场景与用例集合，这些用例代表了系统主要的核心功能，决定了系统架构的基本组成元素。有些用例强调或决定了架构的某些具体且重要的细节，所列的用例集合应基本覆盖系统架构的主要方面。

A3.2 关键用例

1. 关键的系统参与者

（1）游客的用例。

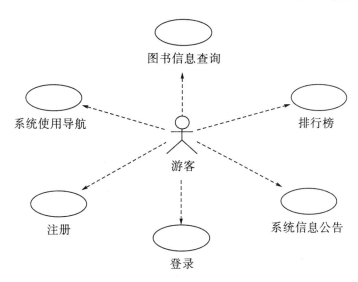

用例名称	简单描述
图书信息查询	根据用户输入图书信息进行图书查询
排行榜	查阅新书推荐排行榜、借阅排行榜、优质书籍排行榜
系统信息公告	查阅系统公告
登录	根据用户账号和密码登录
注册	游客填写基本信息并注册成为读者后可以享受读者功能
系统使用导航	查阅系统相关使用说明

（2）读者的用例。

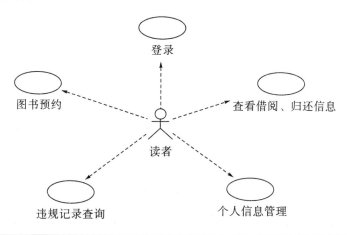

用例名称	简单描述
图书预约	对相关图书进行预约
查看借阅、归还信息	查阅该用户相关的图书借阅、归还信息
个人信息管理	对该用户的个人基本信息进行管理
违规记录查询	查询该用户的图书违规记录
登录	根据用户账号和密码登录

（3）图书管理员的用例。

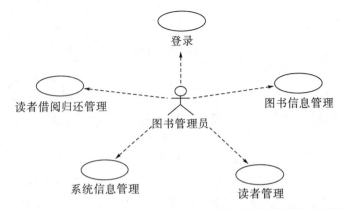

用例名称	简单描述
登录	根据用户账号和密码登录
图书信息管理	对图书进行管理
读者管理	对读者进行管理
系统信息管理	对系统相关信息进行管理
读者借阅归还管理	对读者借阅归还图书情况进行管理

（4）系统管理员的用例。

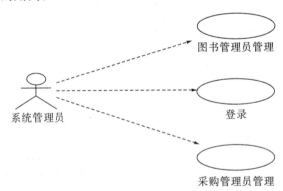

用例名称	简单描述
登录	根据用户账号和密码登录
图书管理员管理	对图书管理员进行相关的管理
采购管理员管理	对采购管理员进行相关的管理

（5）图书采购管理员的用例。

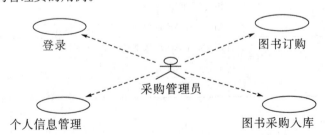

用例名称	简单描述
登录	根据用户账号和密码登录
图书订购	订购图书
图书采购入库	对新订购的图书进行入库标识
个人信息管理	对该用户进行个人基本信息管理

2. 关键的系统用例

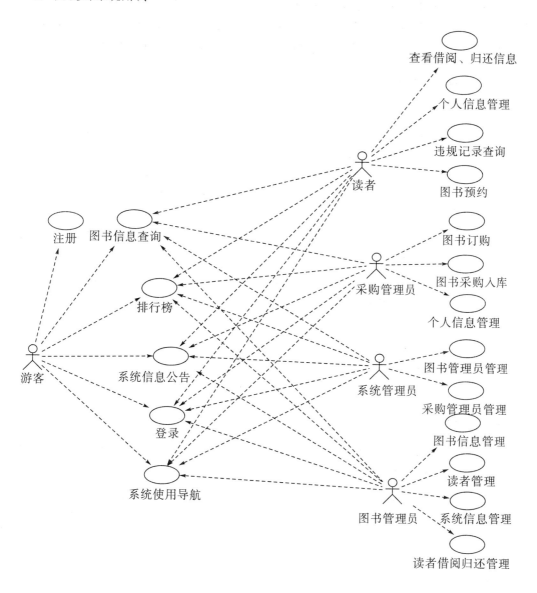

A4 逻辑视图

A4.1 概述

逻辑视图从系统内在逻辑结构的角度描述系统的基本结构与动态行为，通常包括分析模型（Analysis Model）、设计模型（Design Model）和数据模型（Data Model）等。设计模型说明了系统的组成元素、组织架构和关系，并描述了各组成元素的协作以及状态转换关系等（通过用例实现 Use Case Realization 予以表达）。下面将分别在系统层次结构模型中描述系统的层次组织结构，在主要的包和子系统中说明系统的具体组成。

A4.2 系统层次模型

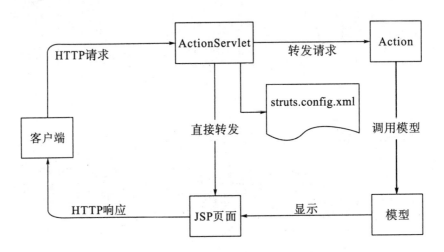

A5 进程视图

A5.1 概述

进程视图从系统运行时刻的角度描述系统的进程、线程的结构及其动态关系。模型主要说明不同系统角色之间的创建、交互和消息通信关系等。

A5.2　角色进程视图

1. 搜索图书信息

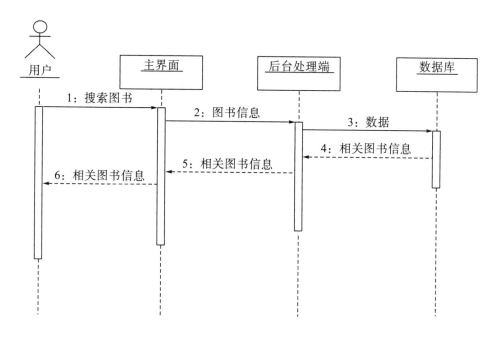

2. 图书采购管理员录入图书信息

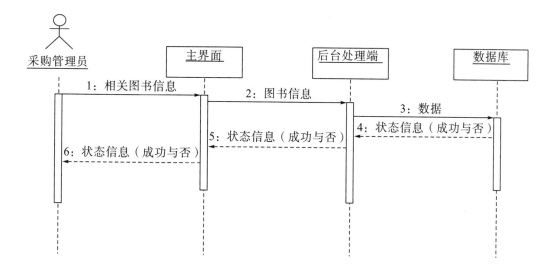

3. 游客注册

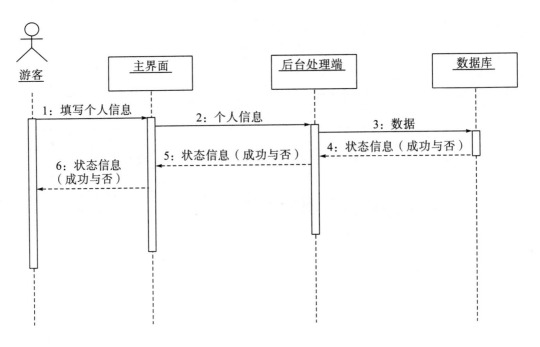

4. 读者修改个人信息

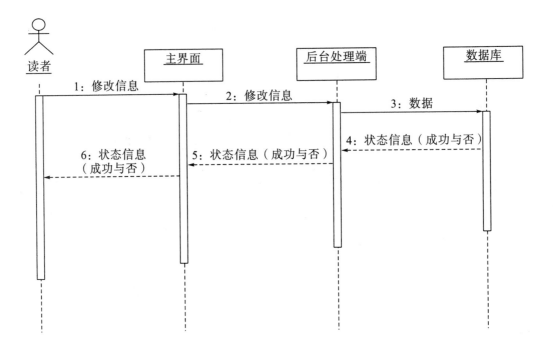

5. 读者预约图书过程

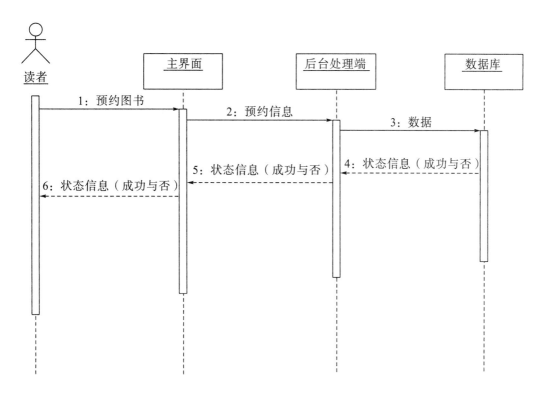

6. 读者查询借阅信息

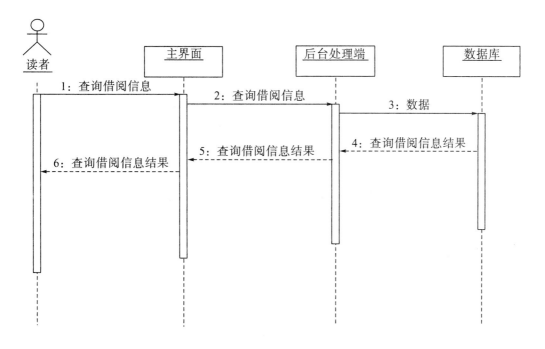

7. 系统管理员添加图书管理员

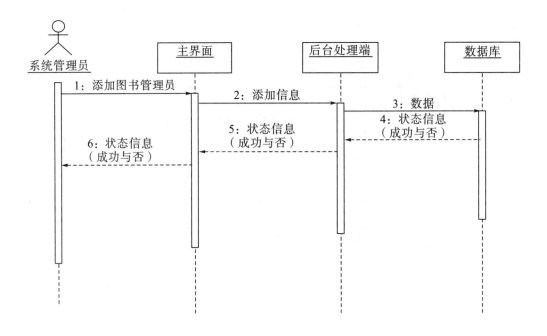

A6 实施视图

A6.1 概述

本部分从编译与构建的角度描述系统实施构件的组织结构与依赖关系（主要是编译依赖）。模型包括实施子系统和构件结构及其依赖关系。同时还表达了逻辑视图中各个包和类分配到实施视图中的子系统和构件的映射关系。

A6.2 实施模型视图

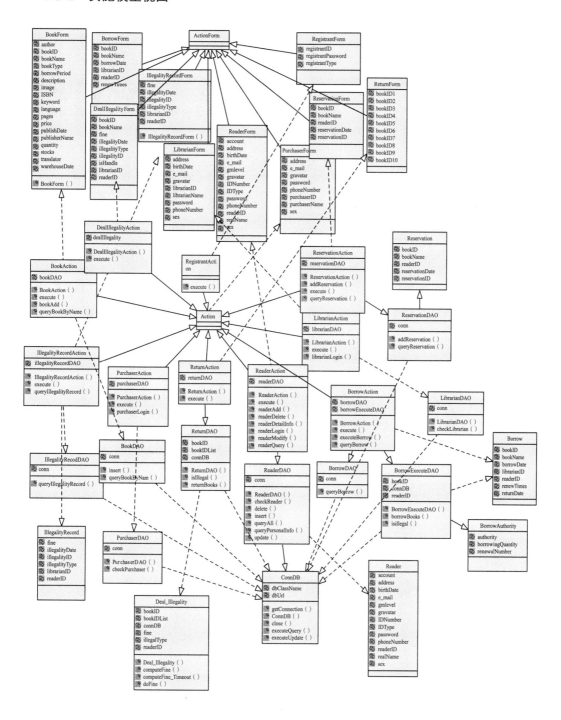

A7 部署视图

A7.1 概述

从系统软硬件物理配置的角度描述系统的网络逻辑拓扑结构。模型包括各个物理节点的硬件与软件配置、网络的逻辑拓扑结构、节点间的交互和通信关系等，同时还表达了进程视图中的各个进程具体分配到物理节点的映射关系。

A7.2 部署方案视图

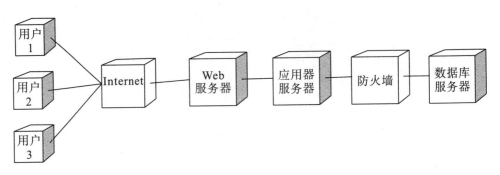

附件 B 票务系统软件架构设计

B1 项目背景

由于票务种类的繁多，客户信息的量大且复杂，所以在其管理上存在较大困难，特别是早期单用人力和纸张进行管理时，导致信息的不全面和错误率高，加之存储介质的约束，难以长期有效地进行管理。

随着计算机网络的发展、电子商务的普及，出现了一种基于 B/S 模式的票务系统。由于票务的特殊性，需要系统有很强的稳定性，要求较快的反应速度，响应多点同时请求。另外，后台对票务的所有相关信息需要完全记录，完成历史信息的保存、查询，对当前信息的录入、查询、修改和删除。

B2 需求分析

1. 主要任务

创建代表"目前"业务情况的业务模型，并将此业务模型转换成"将来"的系统模型，包括功能需求和非功能需求。非功能需求又包括质量属性和各种约定。

通过对客户的当前业务的分析，我们得到当前业务的基本需求。

2. 功能需求

功能	说　　明
客户信息管理	用户的创建、登录、删除和维护
票务信息管理	票务的添加、删除和维护
票务查询	查看相应的票务信息
预定购票	票务的预定、购买和取消

3. 非功能需求

质量属性	说　　明
性能	用户访问的系统应该能在规定的时间内做出响应，如果系统由于网络或者数据库原因不能在规定时间内做出响应，那么系统应该发出警告，不能出现用户无故长时间等待的情况

续表

质量属性	说　　明
安全性	在 Web 数据库客户端、Web 服务器和数据库服务器之间都应该有防火墙保护，防止网络上的非法数据请求
易用性	不同的用户应该能够以不同形式访问不同的内容
可用性	系统提供 7×24 小时的服务，且很少停机
可测试性	系统的各部分易于单独测试，并能方便地进行整体测试

B2.1　定义系统

根据业务的功能需求，该系统主要的涉众有系统管理人员和客户，系统管理人员又分为票务管理人员和用户管理人员。票务管理人员会对票务信息进行相关维护，用户管理人员对客户信息进行相关维护，由此得出系统角色，分析其对系统的具体要求，并找出系统的各个用例。

用例	说　　明
票务信息查询	用户输入相关查询条件信息，查看到相关票务的具体信息，当查询条件不符合规定时，系统给出相应提示
票务操作	用户根据查询出来的票务信息进行预订、购买和取消等操作
票务信息维护	票务管理员对票务信息进行维护，如添加、删除等
用户信息维护	用户管理员根据用户资料，维护系统中记录的用户相关信息
……	……

根据上述分析，可以得到如下系统用例视图：

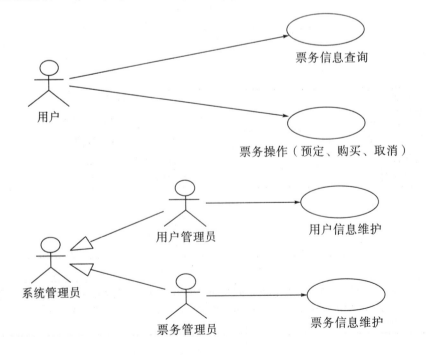

B2.2 细化定义

1. 细化用例

细化业务用例模型是为了更加详细地分析和描述用例，同时将业务用例模型转换成系统的用例模型。下面以"角色"用户进行票务购买为例。

细化用例后，还需对用例进行详细描述，直到所有涉众都认可描述的内容已经能够正确表达出他们的需求为止。在 RUP 方法论中指明通过阐述一个用例的名称、简要描述、事件流、特殊需求、前置条件和后置条件等方面可以对用例进行描述。下面以"用户购买票务"为例进行细化描述。

要　素	说　明
用例名称	用户购买票务
简要描述	用户根据当前票务信息购买相应票务
事件流	基本事件流： （1）用户在购票的名称栏中输入要购买的票务的起始地与目的地； （2）系统根据客户输入列出相应的票务信息； （3）用户根据自己的实际情况选择符合自己相应条件的票务，如票价、时间等； （4）系统显示购买成功，或者显示交易失败； （5）该"用户购买票务"用例结束
备选事件流	系统查询不到票务相关信息，则按以下步骤进行： （1）提示用户票务交易无法进行，并给出交易失败原因； （2）撤销此次交易的记录
特殊需求	系统不可伪造数据，交易失败原因要合理并且详尽
前置条件	用户必须先登录
后置条件	交易成功后数据库及时更新票务信息

上面对用例的描述仅限于文字，还不够形象，再以活动图的形式进行建模描述如下：

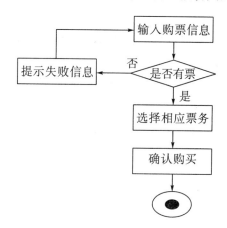

2．结构化用例

结构化用例的目的是通过观察这些已经细化的用例，查看能不能抽取出共有的、可选的行为，把这些共同的内容建立为新的用例。这样做的好处是可以消除冗余的需要以及改善系统整体需求内容的可维护性。像"用户信息维护"用例中，"查询用户信息"应作为一个新的用例提取出来，以提高需求内容的可维护性。

B3　系统软件架构设计

将需求内容转换成设计模型的雏形以及用户体验模型，其目的是建立整个系统初步的解决方案，为详细设计活动打下基础。这一阶段的具体活动如下：

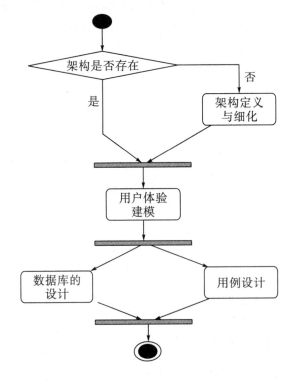

B3.1　软件架构的选择

早期的票务系统仅仅针对售票单位，只是简单的数量控制、票务记录。而新的票务系统不仅具有以前的所有功能，而且利用网络将客户包括进来，方便客户操作，客户在任何有网络的地方都可以直接连入系统。由于有计算机的支持，数据库中包含所有客户的信息，可以方便售票方对客户进行管理，提供更好的服务。

本系统采用基于 B/S 的分层结构。这种结构的特点：节省投资，跨地域广；维护和升级方式简单，如果想对功能进行修改，可以方便地更改，大大减少了维护成本。

系统的结构视图如下：

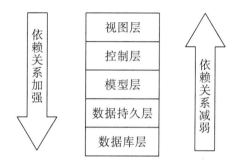

在 J2EE 开发中，搭配良好的框架可以降低开发人员解决复杂问题的难度，而如何将框架整合起来，以使每一层都向另外的层次以松散的方式来提供接口，同时让组合的三个框架在每一层都以一种松耦合的方式彼此沟通，从而与低层的技术透明无关，就是框架分析的目的和要求。

我们把 Structs、Hibernate 和 Spring 组合起来就是希望能实现系统的"低耦合、高内聚"，也就是要求系统具有易于维护、易于适应变更、可重用性的特点。

根据前期对需求的分析，决定采用基于 SSH 框架来构建此分布式的信息管理系统。SSH 多层的软件架构模式，从上到下依次为视图层、控制层、模型层、数据持久层和数据库层，如下所示：

```
依赖关系加强 →        视图层              ← 依赖关系减弱
                    控制层
                    模型层
                  数据持久层
                   数据库层
```

1. 框架讲解

（1）视图层：职责是提供控制器，将页面的请求委派给其他层进行处理，为显示提供业务数据模型。

（2）控制层：职责是按预定的业务逻辑处理视图层提交的请求。

· 处理业务逻辑和业务校验。

· 事务管理。

· 管理业务层对象间的依赖关系。

· 向表示层提供具体业务服务的实现类。

（3）模型层：职责是将模型的状态转交给视图层，以提供页面给浏览器。

（4）数据持久层：职责是建立持久化类及其属性与数据库中表及其字段的对应关系，提供简化 SQL 语句的机制，实现基本的数据操作（增、删、读、改）。

（5）数据库层：数据库的建立与管理。

2. 规则（约束）

（1）系统各层次及层内部子层次之间都不得跨层调用。

（2）由 Bean 传递模型状态。

（3）需要在表示层绑定到列表的数据采用基于关系的数据集传递。

（4）对于每一个数据库表（Table）都有一个 DB Entity class 与之对应，由 Hibernate

完成映射。

（5）有些跨数据库或跨表的操作（如复杂的联合查询）需要由 Hiberna 来提供支持。

（6）表示层和控制层禁止出现任何 SQL 语句。

3. SSH 框架介绍

视图层、控制层的功能用 Structs 框架来实现，模型层的功能用 Spring 来完成。数据持久层是使用 Hibernate 实现，在这层使用了 DAO 模式。

Structs 应用 MVC 模型使页面展现与业务逻辑分离，做到了页面展现与业务逻辑的低耦合。当充当表示层的页面需要变更时，只需要修改该具体的页面，不影响业务逻辑 Bean 等；同样，当业务逻辑需要变更的时候，只需要修改相应的 Java 程序。

使用 Spring 能运用 IoC 技术来降低业务逻辑中各个类的相互依赖，假如类 A 因为需要功能 F 而调用类 B，在通常的情况下类 A 需要引用类 B，因而类 A 就依赖于类 B，也就是说，当类 B 不存在的时候类 A 就无法使用了。使用 IoC 之后，类 A 调用的仅仅是实现了功能 F 的接口的某个类，这个类可能是类 B，也可能是类 C，由 Spring 的 XML 配置文件来决定。这样，类 A 就不再依赖于类 B，耦合度降低，重用性得以提高。

使用 Hibernate 能让业务逻辑与数据持久化分离，就是将数据存储到数据库的操作分离。在业务逻辑中只需要将数据放到值对象中，然后交给 Hibernate，或者从 Hibernate 那里得到值对象。至于用 DB2、Oracle、MySQL 还是 SQL Server，如何执行操作，与具体的系统无关，只需在 Hibernate 相关的 XML 文件里根据具体系统配置好即可。

B3.2 系统软件架构的分析与设计

现在我们通过下表来看看软件架构是如何来满足系统的关键质量属性需求的。

目标	实现方式	所采用的技术
性能	用户访问的系统应该能在规定的时间内做出响应，如果系统由于网络或者数据库原因不能在规定时间内做出响应，那么系统应该发出警告，不能出现用户无故长时间等待的情况	限制队列大小 缓冲池技术
易用性	遵从 J2EE 的系统提供了诸如 JSP 和 Servlet 这样的 Java 技术，它们支持内容的渲染，以满足不同用户的需要。用户对系统的操作能得到正确及时的反馈	单独的用户接口 支持用户主动
安全性	遵从 J2EE 的系统提供了由容器进行授权校验的基于角色的安全机制，以及已经为使用做好准备的在程序中进行授权检查的安全性机制，在多个用户进行并发操作时保持数据的一致性和有效性	身份验证 授权 数据机密性 验证码 维护完整性
可用性	当系统试图超出限制范围来进行票务查询或者订购票时必须进行错误检测并抛出异常，中止进一步的错误操作。遵从 J2EE 的系统提供了可以使用的事务服务，通过提供内建的故障恢复机制提高了应用的可用性和可靠性	异常检测 内建故障恢复机制 资源调度策略

1. 质量场景

（1）性能场景：在系统处于高峰时期，保证登录的每个顾客所做的选择和查询的响应时间能在 5 秒以内，如果需要等待，则给出友好的提示。系统可以保证以最快的速度同时响应 500 个用户的操作。

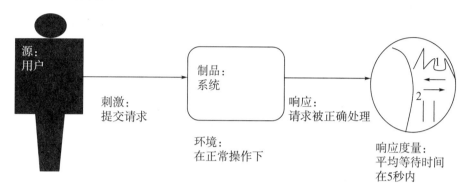

（2）安全性场景：杜绝非法用户试图绕过应用服务器直接连接到数据库服务器的端口上，防止非法窃取注册用户个人信息。屏蔽某 IP 短时间内大量无意义的访问，以防被挤爆，使正常用户无法使用。保证系统数据的机密性和完整性。

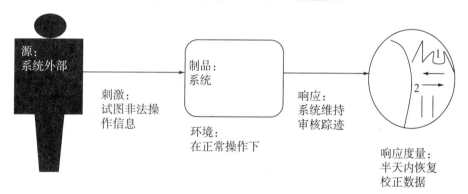

（3）易用性场景：在该系统中，用户希望在运行时能尽快取消某操作，使错误的影响降到最低，取消在 1 秒内发生。具有基本电脑操作常识的人可以根据良好的界面设计迅速学会使用方法，让熟手用户使用快捷键。

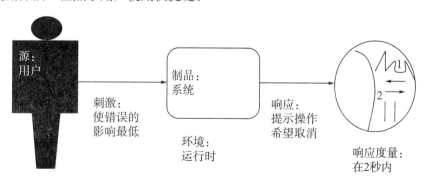

（4）可用性场景：在正常的工作时间内，系统必须具有极高的可用性，保证出现故障的概率最低。出现故障时系统有相应的处理机制。

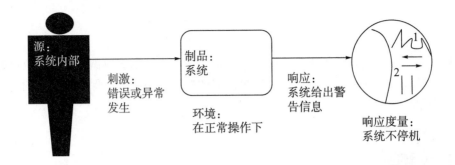

2. 数据持久层的软件架构分析

在数据持久层，我们使用 Hibernate 来进行处理，下面我们看看如何通过 Hibernate 来满足系统的质量属性需求。Hibernate 软件架构概要图如下：

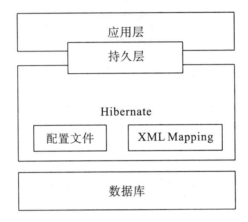

从这个图可以看出，Hibernate 通过配置文件和映射文件来实现与数据库的交互及实现对象关系映射（Object Relational Mapping，ORM），通过这种机制，将 Java 程序中的对象自动持久化到关系数据库中，对持久化对象的改动都会反映到数据库中。其中配置文件主要用来配置好数据库连接的各种参数以及定义数据映射文件，通常以 hibernate. cfg. xml 或者 hibernate. properties 形式出现；XML Mapping 配置文件是数据库中表的数据映射文件，通常以 *. hbm. xml 形式出现。

下面我们来更详细地看一下 Hibernate 软件架构方案。这种方案将应用层从底层的 JDBC/JTA API 中抽象出来，而让 Hibernate 来处理这些细节。

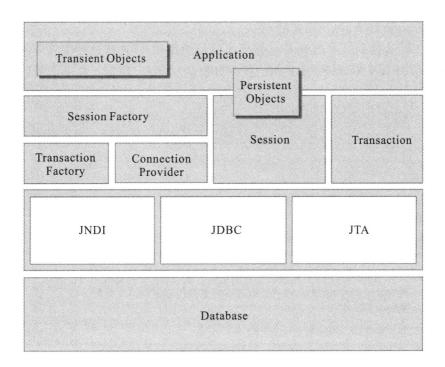

图中各个对象的定义如下：

• Session Factory

针对单个数据库映射关系经过编译后的内存镜像是线程安全的（不可变）。它是生成 Session 的工厂，本身要用到 Connection Provider。该对象可以在进程或集群的级别上为那些事务之间可以重用的数据提供可选的二级缓存。

• Session

表示应用程序与持久储存层之间交互操作的一个单线程对象，此对象生存期很短。它隐藏了 JDBC 连接，也是 Transaction 的工厂。它会持有一个针对持久化对象的必选（第一级）缓存，在遍历对象图或者根据持久化标识查找对象时会用到。

• 持久的对象及其集合

带有持久化状态的、具有业务功能的单线程对象生存期很短。这些对象可能是普通的 Java Beans/POJO，唯一特殊的是它们正与（仅仅一个）Session 相关联。一旦这个 Session 被关闭，这些对象就会脱离持久化状态，这样就可被应用程序的任何层自由使用（例如，用作与表示层打交道的数据传输对象）。

• 瞬态（transient）和脱管（detached）的对象及其集合

那些目前没有与 Session 关联的持久化类实例可能是在被应用程序实例化后尚未进行持久化的对象，也可能是因为实例化它们的 Session 已经被关闭而脱离持久化的对象。

• Transaction（可选的）

应用程序用来指定原子操作单元范围的对象，它是单线程的，生命周期很短。它通过抽象将应用从底层具体的 JDBC、JTA 以及 CORBA 事务隔离开。某些情况下，一个 Session 之内可能包含多个 Transaction 对象。尽管是否使用该对象是可选的，但无论是使用底层的 API 还是使用 Transaction 对象，事务边界的开启与关闭都是必不可少的。

• Connection Provider（可选的）

生成 JDBC 连接的工厂（同时也起到连接池的作用）。它通过抽象将应用从底层的 Datasource 或 Driver Manager 隔离开。仅供开发者扩展/实现用，并不暴露给应用程序使用。

• Transaction Factory（可选的）

生成 Transaction 对象实例的工厂。仅供开发者扩展/实现用，并不暴露给应用程序使用。

• 扩展接口

Hibernate 提供了很多可选的扩展接口，可以通过实现它们来定制持久层的行为。Hibernate 满足的质量属性需求见下表：

目标	实现方式	所采用的办法
性能	当应用程序在关联关系进行导航的时候，由 Hibernate 获取关联对象。同时，Hibernate 的 Session 在事务级别进行持久化数据的缓存操作	抓取策略 缓存机制
安全性	并发操作时，保证数据的排他性	使用锁机制
易用性	用户在进行 CRUD 操作请求时可以得到 Hibernate 的及时处理，迅速得到反馈	封装 JDBC

性能：Hibernate 本质上是包装了 JDBC 来进行数据操作的，由于 Hibernate 在调用 JDBC 时是优化了 JDBC 调用的，并且尽可能地使用最优化、最高效的 JDBC 调用，所以性能令人满意。同时应用程序需要在关联关系间进行导航的时候，由 Hibernate 获取关联对象，Hibernate 提供的对持久化数据的缓存机制也对系统性能的提升起了很大的作用。

安全性：Hibernate 提供的悲观锁/乐观锁机制能够在多个用户进行并发操作时保持数据库中数据的一致性与完整性，避免了对数据库中数据的破坏。

易用性：用户在对票务信息进行操作时都能得到 Hibernate 的支持。

3. 业务逻辑层的软件架构设计

业务逻辑层作为该系统的关键部分，对系统的灵活性实现起着决定性的作用。在本系统的业务逻辑层软件架构层中采取了 MVC 模式。下面简单介绍一下 MVC 模式的好处：

（1）实现了客户端表示层和业务逻辑层的完全分离。

（2）高效可靠的事务处理。

（3）具有良好的易用性、安全性。

MVC 模式访问流程如下：

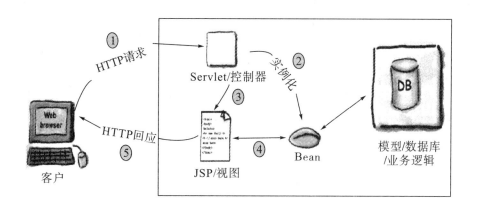

　　MVC 模式在本系统中的应用：当客户利用网页浏览器发出 HTTP 请求时，通常会涉及送出表单数据，例如用户名和密码。Servlet 收到这样的数据并解析数据。Servlet 扮演控制器的角色，处理你的请求，通常会向模型（一般是数据库）发出请求。处理结果往往以 Java Bean 的形式打包。视图就是 JSP，而 JSP 唯一的工作就是产生页面、表现模型的视图以及进一步动作所需要的所有控件。当页面返回浏览器作为视图显示出来时，用户提出的进一步请求也会以同样的方式处理。

　　由于 JSP 继承了 J2EE 良好的易用性和安全性，从而为实现系统的关键质量属性奠定了基础。在 MVC 模式中，视图不再是经典意义上的模型的观察者。当模型发生改变时，视图间接地从控制器收到了相当于通知的东西，控制器可以把 Bean 送给视图，以使视图取得模型的状态。因此，视图在 HTTP 响应返回到浏览器时只需要一个状态信息的更新。只有当页面被创建和返回时，创建视图并结合模型状态才有意义。这使得提升系统性能成为可能。只有当相应的操作被执行时，系统才会去获取关联对象，并且视图不会直接向模型注册去接受状态信息，这使得系统的安全性得到大大提高。

　　业务逻辑层的框架如下：

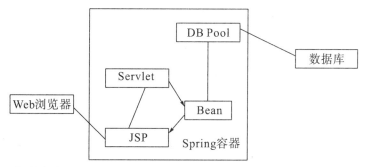

　　业务逻辑层软件架构分析：该业务逻辑层的软件架构是前面 MVC 模式的一种变形，它继承了 MVC 模式的优点。同时，具体到我们的软件架构中，它实现了表示层与业务层的完全分离。在业务逻辑层我们使用 Spring 框架作为容器，以便实现业务层与表示层和数据层的松耦合。该业务逻辑层软件架构具备良好的易用性、安全性和性能。

　　下表给出了 Spring 容器如何满足系统关键质量属性：

目标	实现方式	所采用的办法
安全性	Spring Framework 利用 AOP 来实现权限拦截，还提供了一个成熟的、简介清晰的安全框架，通过对 Spring Bean 的封装机制来实现	AOP Acegi 安全框架
可用性	Spring 框架不再强制开发者在持久层捕捉异常，通常持久层异常被包装成 Data Acess Exception 异常的子类，将底层数据库异常包装成业务异常，开发者可以自己决定在合适的层处理异常	异常检测 统一的异常处理机制

B3.3 软件架构表述

与软件架构商业周期的关系如下：

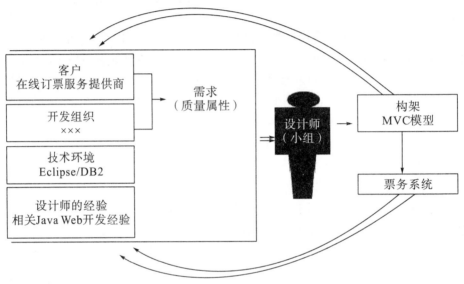

整体的软件架构如下：

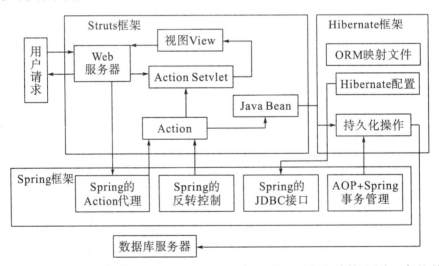

因为具体持久化层数据源是多样化的，可能是 XML 方式或其他不同厂商的关系数据库。我们通过使用 DAO 模式，业务部分就不用关心具体数据层是如何实现对数据库的操作的，对数据库的操作全部由 DAO 类实现，如下所示：

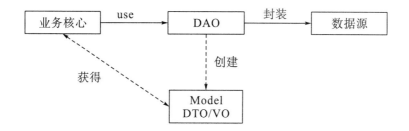